"十四五" 职业教育国家规划教材

大数据技术精品系列教材

Spark

大数据技术与应用

第 2 版 | 微课版

Big Data Technology and Application with Spark

肖芳 张良均 ◉ 主编

张天俊 席红旗 王宏刚 ◉ 副主编

人民邮电出版社

北 京

图书在版编目（CIP）数据

Spark大数据技术与应用：微课版 / 肖芳，张良均
主编. -- 2版. -- 北京：人民邮电出版社，2022.9
大数据技术精品系列教材
ISBN 978-7-115-59510-2

Ⅰ. ①S… Ⅱ. ①肖… ②张… Ⅲ. ①数据处理软件—
教材 Ⅳ. ①TP274

中国版本图书馆CIP数据核字(2022)第105062号

内 容 提 要

本书以任务为导向，较为全面地介绍 Spark 大数据技术的相关知识。全书共 9 章，具体内容包括
Spark 概述、Scala 基础、Spark 编程基础、Spark 编程进阶、Spark SQL——结构化数据文件处理、Spark
Streaming——实时计算框架、Spark GraphX——图计算框架、Spark MLlib——功能强大的算法库，以
及项目案例——广告检测的流量作弊识别。本书的大部分章节包含实训与课后习题，通过练习和实践
操作，可以帮助读者巩固所学的内容。

本书可以作为高校大数据技术类专业教材，也可作为大数据技术爱好者的自学用书。

◆ 主　编　肖　芳　张良均
　　副主编　张天俊　席红旗　王宏刚
　　责任编辑　初美呈
　　责任印制　王　郁　焦志炜
◆ 人民邮电出版社出版发行　北京市丰台区成寿寺路 11 号
　　邮编　100164　电子邮件　315@ptpress.com.cn
　　网址　https://www.ptpress.com.cn
　　北京盛通印刷股份有限公司印刷
◆ 开本：787×1092　1/16
　　印张：17.75　　　　　　　　　　　2022 年 9 月第 2 版
　　字数：426 千字　　　　　　　　　2024 年 12 月北京第 8 次印刷

定价：59.80 元

读者服务热线：**(010)81055256**　印装质量热线：**(010)81055316**
反盗版热线：**(010)81055315**
广告经营许可证：京东市监广登字 20170147 号

肖　刚（韩山师范学院）　　　　　吴阔华（江西理工大学）

邱炳城（广东理工学院）　　　　　何小苑（广东水利电力职业技术学院）

余爱民（广东科学技术职业学院）　沈　洋（大连职业技术学院）

沈凤池（浙江商业职业技术学院）　宋眉眉（天津理工大学）

张　敏（广东泰迪智能科技股份有限公司）

张兴发（广州大学）

张尚佳（广东泰迪智能科技股份有限公司）

张治斌（北京信息职业技术学院）　张积林（福建理工大学）

张雅珍（陕西工商职业学院）　　　陈　永（江苏海事职业技术学院）

武春岭（重庆电子科技职业大学）　周胜安（广东行政职业学院）

赵　强（山东师范大学）　　　　　赵　静（广东机电职业技术学院）

胡支军（贵州大学）　　　　　　　胡国胜（上海电子信息职业技术学院）

施　兴（广东泰迪智能科技股份有限公司）

韩宝国（广东轻工职业技术大学）　曾文权（广东科学技术职业学院）

蒙　飚（柳州职业技术大学）　　　谭　旭（深圳信息职业技术学院）

谭　忠（厦门大学）　　　　　　　薛　云（华南师范大学）

薛　毅（北京工业大学）

序 FOREWORD

随着大数据时代的到来，移动互联网和智能手机迅速普及，多种形态的移动互联网应用蓬勃发展，电子商务、云计算、互联网金融、物联网、虚拟现实、智能机器人等不断渗透并重塑传统产业，而与此同时，大数据当之无愧地成为新的产业革命核心。

2019 年 8 月，联合国教科文组织以联合国 6 种官方语言正式发布《北京共识——人工智能与教育》。其中提出，"通过人工智能与教育的系统融合，全面创新教育、教学和学习方式，并利用人工智能加快建设开放灵活的教育体系，确保全民享有公平、适合每个人且优质的终身学习机会"。这表明基于大数据的人工智能和教育均进入了新的阶段。

高等教育是教育系统中的重要组成部分，高等院校作为人才培养的重要载体，肩负着为社会培育人才的重要使命。2018 年 6 月 21 日的新时代全国高等学校本科教育工作会议首次提出了"金课"的概念。"金专""金课""金师"迅速成为新时代高等教育的热词。如何建设具有中国特色的大数据相关专业，以及如何打造世界水平的"金专""金课""金师""金教材"是当代教育教学改革的难点和热点。

实践教学是在一定的理论指导下，通过实践引导，使学习者获得实践知识、掌握实践技能、锻炼实践能力、提高综合素质的教学活动。实践教学在高校人才培养中有着重要的地位，是巩固和加深理论知识的有效途径。目前，高校大数据相关专业的教学体系设置过多地偏向理论教学，课程设置冗余或缺漏，知识体系不健全，且与企业实际应用契合度不高，学生无法把理论转化为实践技能。为了有效解决该问题，"泰迪杯"数据挖掘挑战赛组委会与人民邮电出版社共同策划了"大数据技术精品系列教材"，这恰好与 2019 年 10 月 24 日教育部发布的《教育部关于一流本科课程建设的实施意见》（教高〔2019〕8 号）中提出的"坚持分类建设""坚持扶强扶特""提升高阶性""突出创新性""增加挑战度"原则完全契合。

"泰迪杯"数据挖掘挑战赛自 2013 年创办以来，一直致力于推广高校数据挖掘实践教学，培养学生数据挖掘的应用和创新能力。挑战赛的赛题均为经过适当简化和加工的实际问题，来源于各企业、管理机构和科研院所等，非常贴近现实热点需求。赛题中的数据只做必要的脱敏处理，力求保持原始状态。竞赛围绕数据挖掘的整个流程，从数据采集、数据迁移、数据存储、数据分析与挖掘，到数据可视化，涵盖了企业应用中的各个环节，与目前大数据专业人才培养目标高度一致。"泰迪杯"数据挖掘挑战赛不依赖于数学建模，甚至不依赖传统模型的竞赛形式，使得"泰迪杯"数据挖掘挑战赛在全国各大高校反响热烈，且得到了全国各界专家学者的认可与支持。2018 年，"泰迪杯"增加了子赛项——数据分析技能赛，为应用型本科、高职和中职技能型人才培养提供理论、技术和资源方面的支持。截至 2021 年，全国共有超 1000 所高校，约 2 万名研究生、9 万名本科生、2 万名高职生参加了"泰迪杯"数据挖掘挑战赛和数据分析技能赛。

本系列教材的第一大特点是注重学生的实践能力培养，针对高校实践教学中的痛点，首次提出"鱼骨教学法"的概念。以企业真实需求为导向，学生学习技能时能紧紧围绕企业实际应用需求，将学生需掌握的理论知识，通过企业案例的形式进行衔接，达到知行合一、以用促学的目的。第二大特点是以大数据技术应用为核心，紧紧围绕大数据应用闭环的流程进行教学。本系列教材涵盖了企业大数据应用中的各个环节，符合企业大数据应用真实场景，使学生从宏观上理解大数据技术在企业中的具体应用场景及应用方法。

在教育部全面实施"六卓越一拔尖"计划 2.0 的背景下，对如何促进我国高等教育人才培养体制机制的综合改革，以及如何重新定位和全面提升我国高等教育质量，本系列教材将起到抛砖引玉的作用，从而加快推进以新工科、新医科、新农科、新文科为代表的一流本科课程的"双万计划"建设；落实"让学生忙起来、让教学活起来、让管理严起来"措施，让大数据相关专业的人才培养质量有一个质的提升；借助数据科学的引导，在文、理、农、工、医等方面全方位发力，培养各个行业的卓越人才及未来的领军人才。同时本系列教材将根据读者的反馈意见和建议及时改进、完善，努力成为大数据时代的新型"编写、使用、反馈"螺旋式上升的系列教材建设样板。

汕头大学校长
教育部高校大学数学课程教学指导委员会副主任委员
"泰迪杯"数据挖掘挑战赛组织委员会主任
"泰迪杯"数据分析技能赛组织委员会主任

2021 年 7 月于粤港澳大湾区

前 言 PREFACE

为什么要学习 Spark

新一代信息技术给我们带来了数字经济发展的巨大机遇。通过探索新技术、新业态、新模式，探寻新的增长动能和发展路径，中国经济进入了高质量发展阶段。2009 年，Spark 应运而生，随后在大数据产业迅速普及，受到了业界的广泛欢迎与肯定，现今已是 Apache 软件基金会下的顶级开源项目之一。相较于曾经"引爆"大数据产业革命的 Hadoop MapReduce 框架，Spark 带来的改进更加令人欢欣鼓舞。首先，基于内存计算的 Spark 的计算速度更快，减少了迭代计算时的 I/O 开销，而且支持交互性使用。其次，Spark 丰富的 API 提供了更强大的易用性，它支持使用 Scala、Java、Python 与 R 语言进行编程，有助于开发者轻松构建并行的应用程序。并且，Spark 支持多种运行模式，既可以运行于独立的集群模式或 Hadoop 集群模式中，也可以运行于 Amazon EC2 等云环境中，并且可以访问 HDFS、HBase、Hive、MySQL 等多种数据源。最后，Spark 是一个通用的引擎，支持各种各样的运算模式，除了传统批处理应用外，还包括 SQL 查询、流式计算、机器学习、图计算等应用。因此它能够更加灵活地满足不同场景下的应用需求，将多个组件无缝整合在同一个应用中。以上的这些优点，使 Spark 成为学习大数据技术的一个绝佳的起点。Spark 已经深入大数据产业的各个领域，目前社会对于大数据人才的需求量依旧很大，越来越多的人选择学习和使用 Spark。

如何带领读者从零基础开始学习 Spark 大数据技术，并能够结合理论和实践，运用 Spark 相关技术解决一些实际的业务问题，这正是本书致力于解决的问题。

第 2 版与第 1 版的区别

Spark 目前在大数据计算方面依旧具有强大的竞争力，我们结合 Spark 框架的发展现状及 Spark 未来的发展趋势，并根据广大读者的意见反馈，在保留第 1 版特色的基础上，进行了内容与代码的全面升级。第 2 版修订的主要内容如下。

● 第 1 章修改了 Spark 环境的搭建过程介绍，将使用的 CentOS 由 CentOS 6.7 升级至 CentOS 7.8，将使用的 JDK 由 JDK 1.7 升级至 JDK 1.8，将使用的 Hadoop 由 Hadoop 2.6.4 升级至 Hadoop 3.1.4，将使用的 Spark 由 Spark 1.6.3 升级至 Spark 3.2.1。

● 第 2 章修改了 Scala 的安装过程介绍，将 Scala 由 Scala 2.10.6 升级至 Scala 2.12.15。

● 第 3 章将案例数据由学生成绩数据更换为员工薪资数据，根据数据重新设置了任务名称，并修改了任务实现的内容。

- 第 4 章修改了 Spark 开发环境的搭建过程介绍，将 IntelliJ IDEA 由 IntelliJ IDEA 2017.1.5 升级至 IntelliJ IDEA 2018.3.6，将 IntelliJ IDEA 中 Scala 插件的版本由 2017.1.20 升级至 2018.3.6。
- 第 4 章的案例更换为"统计分析竞赛网站用户访问日志数据"。
- 第 5 章修改了 Spark SQL 的配置过程，将使用的 Hive 由 Hive 1.2.1 升级至 Hive 3.1.2，将 MySQL 驱动包版本由 5.1.32 升级至 8.0.26，并修改了 Spark SQL 与 Shell 交互的内容介绍。
- 第 5 章的案例更换为"探索分析房屋售价数据"。
- 第 6 章的案例更换为"实现书籍热度实时计算"。
- 第 7 章的案例更换为"统计网页价值排名前 10 的网页"。
- 第 8 章的案例更换为"使用决策树算法实现网络攻击类型识别"。
- 第 9 章的案例更换为"广告检测的流量作弊识别"。
- 更新了全书的实训和课后习题。

本书特色

本书是定位于 Spark 大数据技术从入门到应用的章节任务式教程，主要包括 Spark 基本原理与架构、集群安装和配置、Scala 与 Spark 编程、Spark 生态圈组件、完整项目案例等精选内容。本书涉及的知识点精练，众多案例融入社会主义核心价值观、爱国主义、奋斗精神、改革创新精神等课程思政内容，以贯彻坚定历史自信、文化自信自强、国家安全观、团结就是力量、高质量发展等精神，加快推进党的二十大精神进教材、进课堂、进头脑，实践可操作性强，可以有效指导读者学习、理解 Spark 大数据技术并进行应用开发，培养读者大数据思维及爱岗敬业精神，青年强，则国家强。

本书采用了以任务为导向的教学模式，按照完成实际任务的工作流程，逐步介绍相关的理论知识点、推导生成可行的解决方案并落实在任务实现环节。全书紧扣任务展开，不堆积知识点，着重于启发思路与实施解决方案。通过从任务描述到任务实现这一完整流程的体验，更有助于读者真正地理解与掌握 Spark 大数据技术。

本书适用对象

- 开设大数据相关课程的高校教师和学生。
- 大数据开发技术人员。
- 关注大数据技术应用的各行业技术人员。

代码下载及问题反馈

为了帮助读者更好地使用本书，本书提供了配套的原始数据文件、程序代码，以及 PPT 课件、教学大纲、教学进度表和教案等教学资源，读者可以从泰迪云教材网站免费下载，也可登录人民邮电出版社教育社区（www.ryjiaoyu.com）下载。同时欢迎教师加入 QQ 交流群"人邮大数据教师服务群"（669819871）进行交流探讨。

　　由于编者水平有限，书中难免出现一些疏漏和不足之处。如果读者有更多的宝贵意见和建议，欢迎在泰迪学社微信公众号（TipDataMining）回复"图书反馈"进行反馈。更多本系列图书的信息可以在泰迪云教材网站查阅。

编　者

2022 年 11 月

泰迪云教材

目录 CONTENTS

第 1 章　Spark 概述

素养目标

（1）通过了解 Spark 版本发展历史，培养终身学习的素质。
（2）通过 Spark 软件配置培养软件版权意识。
（3）通过配置各种 Spark 参数培养细致耐心、严谨认真的职业素养。

学习目标

（1）了解 Spark 的发展历史及特点。
（2）掌握 Spark 环境的搭建过程。
（3）了解 Spark 的运行架构与原理。

任务背景

大数据技术及人工智能的蓬勃发展，促进了我国经济更快更好地进入高质量发展阶段，加快建设制造强国、质量强国、航天强国、交通强国、网络强国、数字中国。基于开源技术的 Hadoop 分布式框架在行业中的应用十分广泛，但是 Hadoop 本身还存在诸多缺陷，主要的缺陷是 Hadoop 的 MapReduce 分布式计算框架在计算时延迟过高，无法满足实时、快速计算的需求。

Spark 继承了 MapReduce 分布式计算的优点并改进了 MapReduce 的明显缺陷。与 MapReduce 不同的是，Spark 的中间输出结果可以保存在内存中，从而大大减少了读写 Hadoop 分布式文件系统（Hadoop Distributed File System，HDFS）的次数，因此 Spark 能更好地适用于数据挖掘与机器学习中迭代次数较多的算法。为了让读者更好地认识 Spark，掌握 Spark 编程，本章将介绍 Spark 的发展历史、特点、生态圈及应用场景，并详细介绍 3 种不同模式的 Spark 环境搭建过程，最后简要介绍 Spark 的运行架构与原理。

任务 1.1　认识 Spark

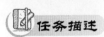

学习 Spark 编程之前，首先应该对 Spark 的理论知识有一定的了解，本节的任务是了解 Spark 的发展历史、特点，同时认识 Spark 的生态圈并了解 Spark 的应用场景，带领读者走进 Spark 世界。

认识 Spark

1.1.1　了解 Spark 的发展历史

Spark 的发展历史如图 1-1 所示，Spark 从诞生到正式版本的发布，经历的时间比较短。

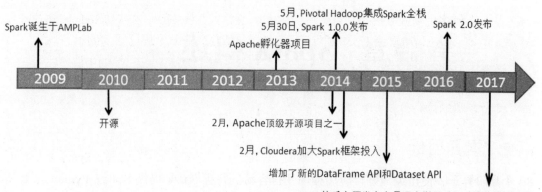

图 1-1　Spark 的发展历史

2009 年，Spark 诞生于美国加利福尼亚大学伯克利分校的 AMPLab（AMP 实验室），最初属于研究性项目。实验室的研究人员基于 Hadoop MapReduce 框架进行工作时，发现 MapReduce 对于迭代和交互式计算任务的计算效率并不高。因此，研究人员研究的 Spark 主要是为交互式查询和迭代算法而设计的，支持内存存储和高效的容错恢复。

2010 年，Spark 正式开源。

2013 年 6 月，Spark 成为 Apache 软件基金会的孵化器项目。

2014 年 2 月，仅仅经历 8 个月的时间，Spark 已成为 Apache 软件基金会的顶级开源项目之一。同月，大数据公司 Cloudera 宣称将加大对 Spark 框架的投入。

2014 年 5 月，Pivotal Hadoop 集成 Spark 全栈。同月 30 日，Spark 1.0.0 发布。

2015 年，Spark 增加了新的 DataFrame API 和 Dataset API。

2016 年，Spark 2.0 发布。Spark 2.0 与 Spark 1.0.0 的区别主要是，Spark 2.0 解决了 API 的兼容性问题。

2017 年，Spark Summit 2017 会议介绍了 2017 年 Spark 的重点开发方向是深度学习以及对流性能的改进。

而后 Spark 的发展主要是针对 Spark 的可用性、稳定性进行改进，并持续润色代码。随着 Spark 的逐渐成熟，并在社区的推动下，Spark 所提供的强大功能受到了越来越多技术团队和企业的青睐。Spark 于 2020 年发布了 3.0.0 版本。

1.1.2　了解 Spark 的特点

作为新一代轻量级大数据处理平台，Spark 具有如下特点。

1. 快速

逻辑回归算法一般需要多次迭代。分别使用 Hadoop MapReduce 和 Spark 运行逻辑回归算法，Spark 的运行速度是 Hadoop MapReduce 运行速度的 100 多倍，如图 1-2 所示。一般情况下，对

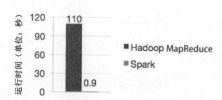

图 1-2　Hadoop MapReduce 与 Spark 运行速度的比较

于迭代次数较多的应用程序，Spark 在内存中的运行速度是 Hadoop MapReduce 运行速度的 100 多倍，Spark 在磁盘上的运行速度是 Hadoop MapReduce 运行速度的 10 多倍。

Spark 与 Hadoop MapReduce 的运行速度差异较大的原因是，Spark 的中间数据存放于内存中，有更高的迭代运算效率，而 Hadoop MapReduce 每次迭代的中间数据存放于 HDFS 中，涉及硬盘的读写，运算效率相对较低。

2. 易用

Spark 支持使用 Scala、Python、Java、R 等语言快速编写应用。此外，Spark 提供超过 80 个高阶算子，使得编写并行应用程序变得容易。并且 Spark 提供 Scala、Python 和 R 等语言的交互模式界面，使得 Spark 编程的学习更加简便。

3. 通用

Spark 可以与 SQL 语句、实时计算及其他复杂的分析计算进行良好的结合。Spark 框架包含多个紧密集成的组件，包括 Spark SQL（即席查询）、Spark Streaming（实时流处理）、Spark MLlib（机器学习库）、Spark GraphX（图计算），如图 1-3 所示，并且 Spark 支持在一个应用中同时使用这些组件。相较于 Hadoop 的 MapReduce 框架，Spark 无论在性能还是在方案统一性等方面，都有着极大的优势。Spark 全栈统一的解决方案非常具有吸引力，可极大地减少平台部署、开发和维护的人力和物力成本。

图 1-3　Spark 高级组件架构

4. 随处运行

用户可以使用 Spark 的独立集群模式运行 Spark，也可以在亚马逊弹性计算云（Amazon Elastic Compute Cloud，Amazon EC2）、Hadoop YARN 资源管理器或 Apache Mesos 上运行 Spark。Spark 作为一个分布式计算框架，本身并没有存储功能，但是 Spark 可以从 HDFS、Cassandra、HBase、Hive、Alluxio（Tachyon）等数据源中读取数据。

5. 代码简洁

Spark 支持使用 Scala、Python 等语言编写代码。Scala 和 Python 的代码相对 Java 的代码而言比较简洁，因此，在 Spark 中一般都使用 Scala 或 Python 编写应用程序，这也比在 MapReduce 中编写应用程序简单方便。例如，MapReduce 实现单词计数可能需要 60 多行代码，而 Spark 使用 Scala 语言实现只需要一行，如代码 1-1 所示。

代码 1-1　Spark 实现单词计数代码

```
sc.textFile("/user/root/test.txt").flatMap(_.split(" ")).map(
(_,1)).reduceByKey(_+_).saveAsTextFile("/user/root/output")
```

1.1.3　认识 Spark 的生态圈

现在 Apache Spark 已经形成一个丰富的生态圈，包括官方和第三方开发的组件或工具。Spark 生态圈也称为伯克利数据分析栈（Berkerley Data Analytics Stack, BDAS），由 AMPLab 打造，是致力于在算法（Algorithm）、机器（Machine）、人（People）之间通过大规模集成展现大数据应用的平台。大家要注意，开源软件的使用要遵循对应的授权协议，Spark 生态圈的大部分软件都是开源软件，但具体使用尤其是商业用途要参考其授权协议。

Spark 生态圈如图 1-4 所示，以 Spark Core 为核心，可以从 HDFS、Amazon S3 和 HBase 等数据源中读取数据，并支持不同的程序运行模式，能够以 Mesos、YARN、EC2、本地运行模式或独立运行模式（独立运行模式即以 Spark 自带的 Standalone 作为资源管理器）调度作业完成 Spark 应用程序的计算。Spark 应用程序计算的整个过程可以调用不同的组件，如 Spark Streaming 的实时流处理应用、Spark SQL 的即席查询、BlinkDB 的权衡查询、MLlib/MLBase 的机器学习、GraphX 的图处理和 SparkR 的数学计算等。

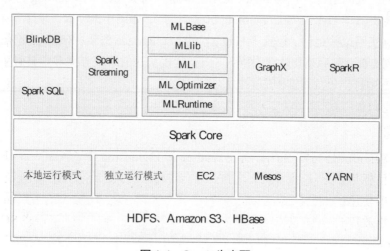

图 1-4　Spark 生态圈

Spark 生态圈中重要组件的简要介绍如下。

（1）Spark Core：Spark 的核心，提供底层框架及核心支持。

（2）BlinkDB：一个用于在海量数据上进行交互式 SQL 查询的大规模并行查询引擎，允许用户通过权衡数据精度缩短查询响应时间，数据的精度将被控制在允许的误差范围内。

（3）Spark SQL：可以执行 SQL 查询，支持基本的 SQL 语法和 HiveQL 语法，可读取的数据源包括 Hive、HDFS、关系数据库（如 MySQL）等。

（4）Spark Streaming：可以进行实时数据流式计算。例如，一个网站的流量是每时每刻都有可能产生的，如果想要分析过去 15 分钟或 1 小时的流量，则可以使用 Spark Streaming 组件解决这个问题。

（5）MLBase：MLBase 是 Spark 生态圈的一部分，专注于机器学习领域，学习门槛较低。因此，即使是一些可能并不了解机器学习的用户也可以方便地使用 MLBase。MLBase 由 4 部分组成：MLlib、MLI、ML Optimizer 和 MLRuntime。

（6）GraphX：图计算的应用在很多情况下处理的数据量都是很庞大的。如果用户需要自行编写相关的图计算算法，并且在集群中应用，难度是非常大的。而使用 GraphX 即可解决这个问题，因为它内置了许多与图相关的算法，如在移动社交关系分析中可使用图计算相关算法进行处理和分析。

（7）SparkR：SparkR 是 AMPLab 发布的一个 R 语言开发包，使得 R 语言编写的程序不只可以在单机运行，也可以作为 Spark 的作业运行在集群上，极大地提升了 R 语言的数据处理能力。

1.1.4　了解 Spark 的应用场景

在经济高质量发展阶段，大数据已应用于各行各业，大数据应用场景的普遍要求是计算量大、效率高；而 Spark 恰恰满足这些要求，一经推出便受到开源社区的广泛关注和好评。目前 Spark 已经发展成为大数据处理领域非常受欢迎的开源项目。国内外大多数大型企业对 Spark 的应用也十分广泛。

1. 腾讯

腾讯广点通是最早使用 Spark 的应用之一。腾讯公司的大数据精准推荐借助 Spark 迭代快速的优势，围绕"数据+算法+系统"这套技术方案，实现了"数据实时采集、算法实时训练、系统实时预测"的全流程实时并行高维算法，最终成功应用于广点通 pCTR 投放系统上，支持每天上百亿的请求量。

2. 雅虎

雅虎（Yahoo）公司将 Spark 用在 Audience Expansion 中，Audience Expansion 是广告者寻找目标用户的一种方法。首先广告者提供一些观看了广告并且购买了产品的样本客户，再使用 Spark 对样本数据进行学习，寻找更多可能会购买产品的用户，并对这些用户投放广告。雅虎公司采用的算法是逻辑回归。同时由于某些 SQL 负载需要更高的服务质量，又加入专门运行 Shark（AMPLab 开源的一款数据仓库产品，底层的计算框架采用的是 Spark）的大内存集群，用于取代商业的大数据分析工具，承担报表/仪表盘和交互式/即席查询，同时与桌面商务智能（Business Intelligence，BI）工具对接。

3. 阿里巴巴

阿里巴巴淘宝技术团队将 Spark 应用于需要进行多次迭代的机器学习算法、高计算复杂度的算法等。例如，将 Spark 运用于淘宝的推荐相关算法上。同时该团队还利用 GraphX 解决了许多计算场景的生产问题：基于度分布的中枢节点发现、基于最大连通图的社区发现、基于三角形计数的关系衡量、基于随机游走的用户属性传播等。

阿里巴巴全资子公司优酷土豆在视频推荐、广告业务等方面也使用了 Spark。Spark 的交互查询响应快，性能比 Hadoop 的提高了若干倍。一方面，使用 Spark 模拟广告投放的计算效率高、延迟小（与 Hadoop 相比，Spark 的延迟至少降低一个数量级）。另一方面，优酷土豆的视频推荐往往涉及机器学习及图计算，而使用 Spark 进行机器学习、图计算等迭代计算能够减少网络传输的次数，极大地提高计算性能。

任务 1.2 搭建 Spark 集群

任务描述

Spark 集群的环境可分为单机版环境、单机伪分布式环境和完全分布式环境。本节的任务是学习如何搭建不同模式的 Spark 集群，并查看 Spark 的服务监控。读者可从官网下载 Spark 安装包，本书使用的 Spark 安装包是 spark-3.2.1-bin-hadoop2.7.tgz。

Spark 不同模式的区别

1.2.1 搭建单机版集群

单机版环境可以支持对 Spark 的应用程序测试工作，对于初学者而言是非常有益的。搭建单机版 Spark 集群的步骤如下。

（1）在 Spark 官网选择对应版本的 Spark 安装包并下载至 Windows 本地路径下。

（2）将 Spark 安装包上传至 Linux 虚拟机的/opt 目录下。

（3）将 Spark 安装包解压至/usr/local 目录下，如代码 1-2 所示。解压后，单机版的 Spark 集群就搭建成功了。

代码 1-2　解压 Spark 安装包

```
tar -zxf /opt/spark-3.2.1-bin-hadoop2.7.tgz -C /usr/local/
```

（4）进入 Spark 安装目录的/bin 目录，使用"SparkPi"计算 Pi 的值，如代码 1-3 所示，其中，参数"2"是指两个并行度，运行结果如图 1-5 所示。

代码 1-3　使用"SparkPi"计算 Pi 的值

```
cd /usr/local/spark-3.2.1-bin-hadoop2.7/bin/
./run-example SparkPi 2
```

```
Pi is roughly 3.1447757238786194
```

图 1-5　使用"SparkPi"计算 Pi 的值的运行结果

1.2.2 搭建单机伪分布式集群

Spark 单机伪分布式集群指的是在一台机器上既有 Master 进程，又有 Worker 进程。Spark 单机伪分布式集群可在 Hadoop 伪分布式环境的基础上进行搭建。读者可自行了解如何搭建 Hadoop 伪分布式集群（本书使用的 Hadoop 版本为 3.1.4），本书不做介绍。搭建 Spark 单机伪分布式集群的步骤如下。

（1）将 Spark 安装包解压至 Linux 的/usr/local 目录下。

（2）进入解压后的 Spark 安装目录的/conf 目录下，复制 spark-env.sh.template 文件并重命名为 spark-env.sh，如代码 1-4 所示。

代码 1-4　复制和重命名后得到的 spark-env.sh 文件

```
cd /usr/local/spark-3.2.1-bin-hadoop2.7/conf/
cp spark-env.sh.template spark-env.sh
```

（3）打开 spark-env.sh 文件，在文件末尾添加代码 1-5 所示的内容。

代码 1-5 配置 spark-env.sh

```
export JAVA_HOME=/usr/java/jdk1.8.0_281-amd64
export HADOOP_HOME=/usr/local/hadoop-3.1.4
export HADOOP_CONF_DIR=/usr/local/hadoop-3.1.4/etc/hadoop
export SPARK_MASTER_IP=master
export SPARK_LOCAL_IP=master
```

各个参数的解释如表 1-1 所示。

表 1-1 spark-env.sh 文件的配置参数解释

参数	解释
JAVA_HOME	Java 的安装路径
HADOOP_HOME	Hadoop 的安装路径
HADOOP_CONF_DIR	Hadoop 配置文件的路径
SPARK_MASTER_IP	Spark 主节点的 IP 地址或机器名
SPARK_LOCAL_IP	Spark 本地的 IP 地址或机器名

（4）切换到 Spark 安装目录的/sbin 目录下，启动 Spark 集群，如代码 1-6 所示。

代码 1-6 启动 Spark 集群

```
cd /usr/local/spark-2.4.7-bin-hadoop2.7/sbin/
./start-all.sh
```

（5）通过命令"jps"查看进程，如果既有 Master 进程又有 Worker 进程，那么说明 Spark 集群启动成功，如图 1-6 所示。

（6）切换至 Spark 安装包的/bin 目录下，使用"SparkPi"计算 Pi 的值，如代码 1-7 所示，运行结果如图 1-7 所示。

代码 1-7 使用"SparkPi"计算 Pi 的值

```
./run-example SparkPi 2
```

```
[root@master sbin]# jps
5094 Master
5664 Jps
5156 Worker
```

```
Pi is roughly 3.1388956944784723
```

图 1-6 通过命令"jps"查看进程　　　　图 1-7 使用"SparkPi"计算 Pi 的值的运行结果

注意　　　　由于计算 Pi 的值时采用随机数，因此每次计算结果也会有差异。

1.2.3 搭建完全分布式集群

Spark 完全分布式集群使用主从模式，即其中一台机器作为主节点 master，其他的几台机器作为子节点 slave。本书使用的 Spark 完全分布式共有 3 个节点，分别为 1 个主节点和 2 个子节点，Spark 集群的拓扑图如图 1-8 所示。

图 1-8　Spark 集群的拓扑图

　　Spark 完全分布式集群是在 Hadoop 完全分布式集群的基础上进行搭建的。读者可自行了解如何搭建 Hadoop 完全分布式集群（本书使用的 Hadoop 版本为 3.1.4），本书不做介绍。搭建 Spark 完全分布式集群的步骤如下。

　　（1）将 Spark 安装包解压至/usr/local 目录下。

　　（2）切换至 Spark 安装目录的/conf 目录下。

　　（3）配置 spark-env.sh 文件。复制 spark-env.sh.template 文件并重命名为 spark-env.sh，打开 spark-env.sh 文件，并添加代码 1-8 所示的配置内容。

代码 1-8　spark-env.sh 配置内容

```
export JAVA_HOME=/usr/java/jdk1.8.0_281-amd64

export HADOOP_CONF_DIR=/usr/local/hadoop-3.1.4/etc/hadoop/

export SPARK_MASTER_IP=master

export SPARK_MASTER_PORT=7077

export SPARK_WORKER_MEMORY=512m

export SPARK_WORKER_CORES=1

export SPARK_EXECUTOR_MEMORY=512m

export SPARK_EXECUTOR_CORES=1

export SPARK_WORKER_INSTANCES=1
```

各个参数的解释如表 1-2 所示。

表 1-2　spark-env.sh 文件的配置参数解释

参数	解释
JAVA_HOME	Java 的安装路径
HADOOP_CONF_DIR	Hadoop 配置文件的路径
SPARK_MASTER_IP	Spark 主节点的 IP 地址或机器名
SPARK_MASTER_PORT	Spark 主节点的端口号

续表

参数	解释
SPARK_WORKER_MEMORY	工作（Worker）节点能给予 Executor 的内存大小
SPARK_WORKER_CORES	每个节点可以使用的内核数
SPARK_EXECUTOR_MEMORY	每个 Executor 的内存大小
SPARK_EXECUTOR_CORES	Executor 的内核数
SPARK_WORKER_INSTANCES	每个节点的 Worker 进程数

（4）配置 Workers 文件。复制 Workers.template 文件并重命名为 Workers，打开 Workers 文件，删除原有的内容，并添加代码 1-9 所示的配置内容，每行代表一个子节点的主机名。

代码 1-9　Workers 文件配置内容

```
slave1
slave2
```

（5）配置 spark-defaults.conf 文件。复制 spark-defaults.conf.template 文件并重命名为 spark-defaults.conf，打开 spark-defaults.conf 文件，并添加代码 1-10 所示的配置内容。

代码 1-10　spark-defaults.conf 文件配置内容

```
spark.master                    spark://master:7077
spark.eventLog.enabled          true
spark.eventLog.dir              hdfs://master:8020/spark-logs
spark.history.fs.logDirectory   hdfs://master:8020/spark-logs
```

各个参数的解释如表 1-3 所示。

表 1-3　spark-defaults.conf 文件的配置参数解释

参数	解释
spark.master	Spark 主节点所在机器及端口，默认写法是 spark://
spark.eventLog.enabled	是否打开任务日志功能，默认为 false，即不打开
spark.eventLog.dir	任务日志默认存放位置，配置为一个 HDFS 路径即可
spark.history.fs.logDirectory	存放历史应用日志文件的目录

（6）在主节点（master 节点）中，将配置好的 Spark 安装目录远程复制至子节点（slave1、slave2 节点）的/usr/local 目录下，如代码 1-11 所示。

代码 1-11　将 Spark 安装目录远程复制至子节点

```
scp -r /usr/local/spark-3.2.1-bin-hadoop2.7/ slave1:/usr/local/
scp -r /usr/local/spark-3.2.1-bin-hadoop2.7/ slave2:/usr/local/
```

（7）启动 Spark 集群前，需要先启动 Hadoop 集群，并创建/spark-logs 目录，如代码 1-12 所示。

代码 1-12　创建/spark-logs 目录

```
# 启动 Hadoop 集群
cd /usr/local/hadoop-3.1.4
./sbin/start-dfs.sh
./sbin/start-yarn.sh
./sbin/mr-jobhistory-daemon.sh start historyserver
# 创建/spark-logs 目录
hdfs dfs -mkdir /spark-logs
```

（8）通过命令"jps"分别查看 master 节点和 slave1 节点的进程，如图 1-9 所示（slave2 的进程名称与 slave1 的进程名称一致）。

（9）切换至 Spark 安装目录的/sbin 目录下，启动 Spark 集群，如代码 1-13 所示。

代码 1-13　启动 Spark 集群

```
cd /usr/local/spark-3.2.1-bin-hadoop2.7/sbin/
./start-all.sh
./start-history-server.sh
```

（10）通过命令"jps"查看进程，如图 1-10 所示。对比图 1-9 可以看到，开启 Spark 集群后，master 节点增加了 Master 进程，而子节点（如 slave1 节点）则增加了 Worker 进程。

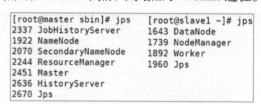

图 1-9　启动 Spark 集群之前的进程　　　图 1-10　启动 Spark 集群之后的进程

Spark 集群启动后，打开浏览器访问"http://master:8080"，可进入主节点的监控界面，如图 1-11 所示。其中，master 指代主节点的 IP 地址（192.168.128.130）。

图 1-11　Spark 主节点的监控界面

History Server 的监控端口为 18080 端口，打开浏览器访问"http://master:18080"，即可看到图 1-12 所示的界面，界面记录了作业的信息，包括已经运行完成的作业的信息和正在运行的作业的信息。因为目前没有执行过 Spark 任务，所以没有显示历史任务的相关信息。

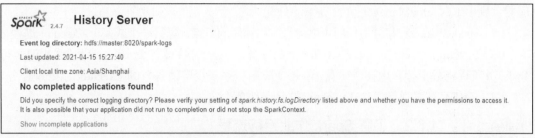

图 1-12　History Server 监控界面

任务 1.3　了解 Spark 运行架构与原理

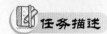

任务描述

Spark 集群为用户学习 Spark 编程提供 Spark 程序的运行环境。但学习 Spark 编程前，还需要理解 Spark 的运行架构及原理。本节的任务是了解 Spark 的架构、Spark 作业的运行流程以及 Spark 的核心数据集 RDD。

1.3.1　了解 Spark 架构

Spark 架构如图 1-13 所示，对于 Spark 架构中各个组件的解释说明如下。

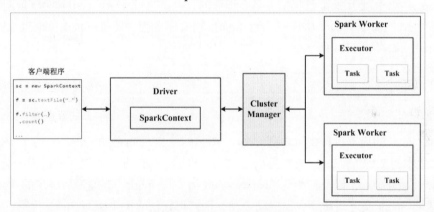

图 1-13　Spark 架构

（1）客户端：用户提交作业的客户端。

（2）Driver：负责运行应用程序（Application）的 main 函数并创建 SparkContext，应用程序包含 Driver 功能的代码和分布在集群中多个节点上的 Executor 代码。

（3）SparkContext：应用上下文，控制整个生命周期。

（4）Cluster Manager：资源管理器，即在集群上获取资源的外部服务，目前主要有 Standalone 和 YARN。

① Standalone 是 Spark 原生的资源管理器，由 Master 进程负责资源的分配，也可以理解为使用 Standalone 时 Cluster Manager 是 Master 进程所在节点。

② YARN 是 Hadoop 集群的资源管理器，若使用 YARN 作为 Spark 程序运行的资源管

理器，则由 ResourceManager 负责资源的分配。

（5）Spark Worker：集群中任何可以运行应用程序的节点，运行一个或多个 Executor 进程。

（6）Executor：运行在 Spark Worker 上的任务（Task）执行器，Executor 启动线程池运行 Task，并负责将数据存在内存或磁盘上，每个应用程序都会申请各自的 Executor 以处理任务。

（7）Task：被发送到某个 Executor 的具体任务。

Spark 运行架构

1.3.2　了解 Spark 作业运行流程

Spark 有 3 种运行模式，即 Standalone、YARN 和 Mesos。其中，在 Mesos 模式和 YARN 模式下，Spark 作业的运行流程类似。目前用得比较多的是 Standalone 模式和 YARN 模式。Standalone 模式和 YARN 模式的启动方式及运行流程如下。

1．Standalone 模式

Standalone 模式是 Spark 自带的资源管理器。在 Standalone 模式下，Driver 既可以运行在主节点上，也可以运行在本地客户端（Client）上。当使用 spark-shell 交互式工具提交 Spark 作业时，Driver 在主节点上运行；当使用 spark-submit 工具提交作业或直接在 Eclipse、IntelliJ IDEA 等开发工具上使用"new SparkConf().setMaster(spark://master:7077)"方式运行 Spark 任务时，Driver 是运行在本地客户端上的。

当用 spark-shell 交互式工具提交 Spark 作业时，需要执行 spark-shell 脚本，该脚本执行后会启动交互式的命令界面，供用户运行 Spark 相关命令程序。在 Spark 的安装目录下启动 spark-shell，如代码 1-14 所示。

代码 1-14　启动 spark-shell

```
cd /usr/local/spark-3.2.1-bin-hadoop2.7/
./bin/spark-shell
```

在 spark-shell 的启动过程中可看到图 1-14 所示的信息，Spark 的版本为 3.2.1，Spark 内嵌的 Scala 版本为 2.12.15，Java 版本为 1.8.0_281，同时 spark-shell 在启动的过程中会初始化 SparkContext 为变量 sc，以及初始化 SparkSession 为变量 spark。界面最后出现的"scala>"提示符，说明 Spark 交互式命令界面启动成功，用户可在该界面下编写 Spark 代码。

```
[root@master spark-3.2.1-bin-hadoop2.7]# ./bin/spark-shell
Setting default log level to "WARN".
To adjust logging level use sc.setLogLevel(newLevel). For SparkR, use setLogLevel(newLevel).
2022-06-15 00:17:02,909 WARN util.NativeCodeLoader: Unable to load native-hadoop library for your platf
orm... using builtin-java classes where applicable
Spark context Web UI available at http://master:4040
Spark context available as 'sc' (master = spark://master:7077, app id = app-20220615001707-0001).
Spark session available as 'spark'.
Welcome to
      ____              __
     / __/__  ___ _____/ /__
    _\ \/ _ \/ _ `/ __/  '_/
   /___/ .__/\_,_/_/ /_/\_\   version 3.2.1
      /_/

Using Scala version 2.12.15 (Java HotSpot(TM) 64-Bit Server VM, Java 1.8.0_281)
Type in expressions to have them evaluated.
Type :help for more information.

scala>
```

图 1-14　spark-shell 启动过程中的提示信息

spark-shell 启动成功后，访问 http://master:8080，可在 Spark 监控界面看到对应的 Spark 应用程序的相关信息，如图 1-15 所示。

▼ Running Applications (1)							
Application ID	Name	Cores	Memory per Executor	Resources Per Executor	Submitted Time	User	State	Duration
app-20220615001956-0002	(kill) Spark shell	2	512.0 MiB		2022/06/15 00:19:56	root	RUNNING	1.3 min

图 1-15　Spark 监控界面对应的应用程序的相关信息

在启动 spark-shell 时，也可以手动指定每个节点的内存和 Executor 使用的 CPU 内核数，如代码 1-15 所示。

代码 1-15　启动 spark-shell 时指定资源

```
./bin/spark-shell --executor-memory 512m --total-executor-cores 3
```

当使用 Standalone 模式向 Spark 集群提交作业时，作业的运行流程如图 1-16 所示。

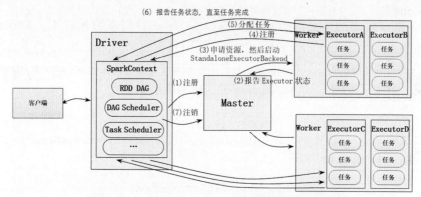

图 1-16　Spark Standalone 模式的作业运行流程

作业运行流程的具体描述如下。

（1）当有作业被提交至 Spark 集群时，SparkContext 将连接至 Master，向 Master 注册并申请资源。

（2）Worker 定期发送心跳信息给 Master 并报告 Executor 状态。

（3）Master 根据 SparkContext 的资源申请要求和 Worker 心跳周期内报告的信息决定在哪个 Worker 上分配资源，并在该 Worker 上获取资源，启动 StandaloneExecutorBackend（后台监控程序）。

（4）StandaloneExecutorBackend 向 SparkContext 注册并申请资源。

（5）SparkContext 将代码发送给 StandaloneExecutorBackend，并且 Spark Context 会解析代码，构建有向无环图（Directed Acyclic Graph，DAG），并提交给任务调度器（DAG Scheduler），任务调度器将该有向无环图分解成多个阶段（Stage）的有向无环图，形成 TaskSet，即多组任务，再将任务提交给 Task Scheduler。Task Scheduler 则负责将任务分配到相应的 Worker，最后提交给 StandaloneExecutorBackend 执行。

（6）StandaloneExecutorBackend 会建立 Executor 线程池，开始执行任务，并向 Spark Context 报告任务状态，直至任务完成。

（7）所有任务完成后，SparkContext 向 Master 注销，释放资源。

2. YARN 模式

YARN 模式根据 Driver 在集群中的位置又分为两种，一种是 YARN-Client 模式（YARN 客户端模式），另一种是 YARN-Cluster 模式（YARN 集群模式）。

在 YARN 模式中，是不需要启动 Spark 独立集群的，因此，"http:// master:8080" 是访问不了的。启动 YARN 客户端模式的 spark-shell，如代码 1-16 所示。

代码 1-16　启动 YARN 客户端模式的 spark-shell

```
./bin/spark-shell --master yarn --deploy-mode client
```

若启动 YARN 集群模式的 spark-shell，使用代码 1-17 所示的命令则会报错，不能成功启动。这其实与 YARN 集群模式和 YARN 客户端模式的作业运行流程有关。

代码 1-17　不能成功启动 YARN 集群模式的 spark-shell

```
./bin/spark-shell --master yarn --deploy-mode cluster
```

YARN 集群模式的作业运行流程如图 1-17 所示，在集群模式下，Driver 运行在 Application Master 上，Application Master 进程同时负责驱动 Application，并从 YARN 中申请资源，该进程运行在 YARN Container（容器）内。因此，启动 Application Master 的客户端可以立即关闭，不必持续到 Application 的执行周期结束。

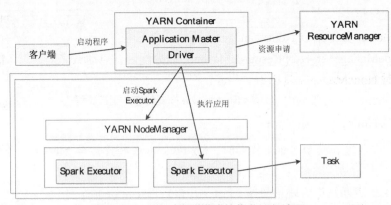

图 1-17　YARN 集群模式的作业运行流程

YARN 集群模式的作业运行流程描述如下。

（1）客户端生成作业信息并将其提交给 ResourceManager。

（2）YARN 框架的 ResourceManager 指定在某一个 NodeManager 启动 Container（Container 是资源分配和调度的基本单位），并将 Application Master 进程分配给该 NodeManager。

（3）NodeManager 接收到 ResourceManager 的分配后，启动 Application Master 进程并初始化作业，此时 NodeManager 称为 Driver。

（4）Application Master 进程向 ResourceManager 申请资源，在 ResourceManager 分配资源的同时通知其他 NodeManager 启动相应的 Executor。

（5）Executor 向 NodeManager 上的 Application Master 进程注册汇报并完成相应的任务。

　　YARN 客户端模式的作业运行流程如图 1-18 所示。Application Master 仅向 YARN 申请资源给 Executor，之后客户端会与 Container 通信进行作业的调度。

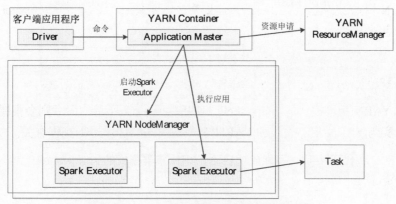

图 1-18　YARN 客户端模式的作业运行流程

　　YARN 客户端模式的作业运行流程描述如下。

　　（1）客户端生成作业信息并将其提交给 ResourceManager。

　　（2）YARN 框架的 ResourceManager 指定在某一个 NodeManager 启动 Container，并将 Application Master 分配给该 NodeManager。

　　（3）NodeManager 接收到 ResourceManager 的分配后，启动 Application Master 并初始化作业，此时 NodeManager 就称为 Driver。

　　（4）Application Master 向 ResourceManager 申请资源，在 ResourceManager 分配资源同时通知其他 NodeManager 启动相应的 Executor。

　　（5）Executor 向本地启动的 Application Master 注册汇报并完成相应的任务。

　　从图 1-17 和图 1-18 中可看出，在 YARN 集群模式下，Spark Driver 运行在 Application Master 中，Application Master 负责向 YARN 申请资源，并监督作业的运行状况。用户提交了作业后，即可关掉客户端，作业会继续在 YARN 上运行，因此 YARN 集群模式不适合运行交互性强的作业，更适用于实际的生产环境。在 YARN 客户端模式下，Application Master 只负责向 YARN 申请资源并将其交给 Executor，客户端会直接与 Container 通信进行作业的调度，因此，YARN 客户端模式适用于交互和调试，可以快速地看到应用程序的输出信息。

1.3.3　了解 Spark 核心数据集 RDD

　　弹性分布式数据集（Resilient Distributed Dataset，RDD）是 Spark 中非常重要的概念，可以简单地理解成一个提供了许多操作接口的数据集合。与一般数据集不同的是，RDD 被划分为一到多个分区（Partition，可以对比 HDFS 的文件块的概念进行理解），所有分区数据分布存储在不同机器的内存（Memory）或磁盘（如 HDFS）中。

　　将一个 Array 数组转化为一个 RDD，并将名称定义为 "myRDD"，RDD

弹性分布式
数据 RDD

数据被划分到多个分区中,不同分区的数据实际存储在不同机器的内存或磁盘中,如图 1-19 所示。

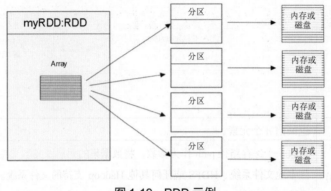

图 1-19　RDD 示例

RDD 支持两种类型的操作，分别为转换（Transformation）操作和行动（Action）操作，也称为转换算子和行动算子。转换操作主要是指将原始数据集加载为 RDD 数据或将一个 RDD 转换为另外一个 RDD 的操作。行动操作主要指将 RDD 存储至硬盘中或触发转换操作执行的操作。例如，map()方法是一个转换操作，作用于 RDD 上的每一个元素，并且返回一个新的 RDD 作为结果；reduce()方法是一个行动操作，该操作通过一些函数聚合 RDD 中的所有元素并且返回最终的结果。

常用的转换操作有 map()、filter()、flatMap()、union()、groupByKey()、reduceByKey() 等方法，相关解释说明如表 1-4 所示。

表 1-4　常用的转换操作

转换操作	描述
map(func)	对 RDD 中的每个元素都使用 func，返回一个新的 RDD
filter(func)	对 RDD 中的每个元素都使用 func，返回使 func 为 true 的元素构成的 RDD
flatMap(func)	和 map()类似，但是 flatMap()生成的是多个结果
union(otherDataset)	接收另一个 RDD 数据集 otherDataset 作为参数返回一个新的 RDD，包含源 dataset 和给定 otherDataset 的元素的集合
groupByKey(numTasks)	作用于键值 RDD，可根据相同的键分组。返回一个(K,Seq[v])类型的数据集。默认情况下，使用 8 个并行任务进行分组，也可传入一个可选参数 numTask，根据数据量设置并行任务数
reduceByKey(func,[numTasks])	用一个给定的 func 作用在 groupByKey()产生的(K,Seq[V])类型的数据集，如求和。和 groupByKey()类似，并行任务数量可以通过一个可选参数 numTasks 进行配置

常用的行动操作有 reduce()、collect()、count()、first()、take()、saveAsTextFile()、foreach()

等方法，相关解释说明如表 1-5 所示。

表 1-5　常用的行动操作

行动操作	描述
reduce(func)	通过函数 func 聚集数据集中的所有元素。func 函数接收两个参数，返回一个值
collect()	返回数据集中所有的元素
count(n)	返回数据集中所有元素的个数
first(n)	返回数据集中的第一个元素
take(n)	返回前 n 个元素
saveAsTextFile(path)	接收一个保存路径 path 作为参数，将数据集的元素以文本（Textfile）的形式保存到本地文件系统、HDFS 或任何其他 Hadoop 支持的文件系统。Spark 将会调用每个元素的 toString()方法，并将它转换为文件中的一行文本
foreach(func)	对数据集中的每个元素都执行函数 func

　　表 1-4 和表 1-5 只列出了一小部分转换操作和行动操作，对于其他的操作读者可先通过 Spark 官网的 Spark RDD API 进行查询，后文也会详细介绍转换操作和行动操作的用法。

　　所有的转换操作都是懒惰（Lazy）操作，它们只记录需要进行的转换操作，并不会马上执行，只有遇到行动操作时才会真正启动计算过程并进行计算。例如，在图 1-20 所示的 Spark RDD 转换操作和行动操作示例中，使用转换操作 textFile()方法将数据从 HDFS 加载至 RDDA、RDDC 中，但其实 RDDA 和 RDDC 中目前都是没有数据的，包括后续的 flatMap()、map()、reduceByKey()等方法，这些操作其实都是没有执行的，读者可以理解为转换操作只做了一个计划，但是并没有具体执行，只有最后遇到行动操作 saveAsSequenceFile()方法，才会触发转换操作并开始执行计算。

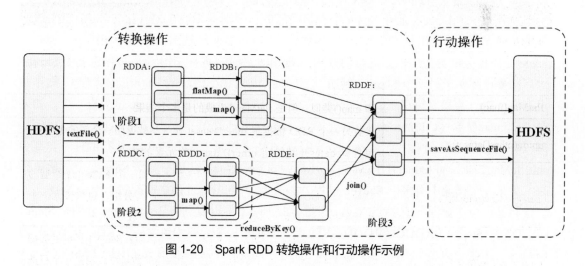

图 1-20　Spark RDD 转换操作和行动操作示例

1.3.4　了解 Spark 核心原理

　　为了更加深入地了解 Spark 的核心原理，需要先了解两个重要的概念，即窄依赖(Narrow

Dependency）和宽依赖（Wide Dependency），两者的关系如图 1-21 所示。

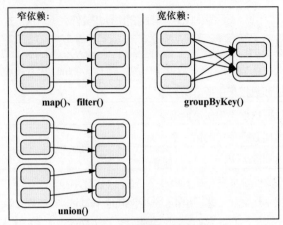

图 1-21　窄依赖与宽依赖

在图 1-21 中，每个小方格代表一个分区，而一个大方格（包含 2～4 个小方格）则代表一个 RDD，竖线左边显示的是窄依赖，竖线右边显示的是宽依赖。

窄依赖指的是子 RDD 的一个分区只依赖于某个父 RDD 中的一个分区。

宽依赖指的是子 RDD 的每一个分区都依赖于某个父 RDD 中一个以上的分区。

理解宽、窄依赖的区别，需要先了解父 RDD（Parent RDD）和子 RDD（Child RDD）。在图 1-21 中，map()、filter()方法上方箭头左边的 RDD 是父 RDD，而右边的 RDD 是子 RDD。union()方法上方箭头左边的两个 RDD 均为右边 RDD 的父 RDD，因此图 1-21 所示的 union()方法是有两个父 RDD 的。

Spark 中还有一个重要的概念，即 Stage（阶段）。一般而言，一个作业会被划分成一定数量的 Stage，各个 Stage 之间按照顺序执行。在 Spark 中，一个作业会被拆分成多组任务，每组任务即一个 Stage。而在 Spark 中有两类任务，分别是 ShuffleMapTask 和 ResultTask。ShuffleMapTask 的输出是 Shuffle 所需的数据，ResultTask 的输出则是最终的结果。因此，Stage 是以任务的类型为依据进行划分的，Shuffle 之前的所有操作属于一个 Stage，Shuffle 之后的操作则属于另一个 Stage。例如，"rdd.parallize(1 to 10).foreach(println)"这个操作并没有 Shuffle，直接就输出了，说明任务只有一个，即 ResultTask，Stage 也只有一个。如果是"rdd.map(x => (x, 1)).reduceByKey(_ + _).foreach (println)"，因为有 reduceByKey()方法，所以有一个 Shuffle 过程，那么 reduceByKey()方法之前属于一个 Stage，执行的任务类型为 shuffleMapTask，而 reduceByKey()方法及最后的 foreach()方法属于一个 Stage，直接输出结果。如果一个作业中有多个 Shuffle 过程，那么每个 Shuffle 过程之前都属于一个 Stage。

将某一个作业划分成多个 Stage，如图 1-22 所示，可以看到有 3 个 Stage，分别是 Stage1（RDDA）、Stage2（RDDC、RDDD、RDDE、RDDF）、Stage3（包含所有 RDD）。Spark 会将每一个作业分为多个不同的 Stage，而 Stage 之间的依赖关系则形成了有向无环图。Spark 遇到宽依赖则划分一个 Stage，遇到窄依赖则将这个 RDD 的操作加入该 Stage 中，由于宽依赖通常意味着 Shuffle 操作，因此 Spark 会将 Shuffle 操作定义为划分 Stage 的边界。因此，在图 1-22 中，RDDC、RDDD、RDDE、RDDF 被构建在一个 Stage 中，RDDA 被构建在一个单独的 Stage 中，而 RDDB 和 RDDG 又被构建在同一个 Stage 中。

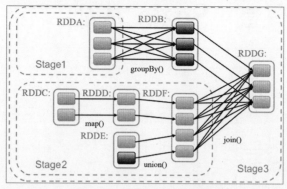

图 1-22　RDD Stage 划分

小结

本章首先简单介绍了 Spark 的发展历史、Spark 的特点，然后介绍了 Spark 的生态圈和 Spark 的应用场景，带领读者认识 Spark。接着详细介绍了单机模式、单机伪分布式模式和完全分布式模式下 Spark 集群的搭建过程。最后重点介绍了 Spark 的架构、Spark 的作业运行流程和 Spark 的核心数据集 RDD，为读者之后学习 Spark 编程奠定基础。

课后习题

选择题

（1）以下不属于 Spark 架构中的组件的是（　　　）。

  A．Driver　　　　　　　　　　　B．SparkContext

  C．ClusterManager　　　　　　　D．ResourceManager

（2）Spark 是 Hadoop 生态下（　　）组件的替代方案。

  A．Hadoop　　　　　　　　　　　B．YARN

  C．HDFS　　　　　　　　　　　　D．MapReduce

（3）Spark 支持的运行模式不包括（　　　）。

  A．Standalone 模式　　　　　　　B．Mesos 模式

  C．YARN 模式　　　　　　　　　D．HDFS 模式

（4）在 Spark 中，如果需要对实时数据进行流式计算，那么使用的子框架是（　　　）。

  A．Spark MLlib　　　　　　　　　B．Spark SQL

  C．Spark Streaming　　　　　　　D．Spark GraphX

（5）关于 Spark RDD，下列说法不正确的是（　　　）。

  A．Spark RDD 是一个抽象的弹性分布式数据集

  B．RDD 的行动操作指的是将原始数据集加载为 RDD 或将一个 RDD 转换为另一个 RDD 的操作

  C．窄依赖指的是子 RDD 的一个分区只依赖于某个父 RDD 中的一个分区

  D．宽依赖指的是子 RDD 的每一个分区都依赖于某个父 RDD 中一个以上的分区

第 2 章 Scala 基础

学习目标

（1）了解 Scala 的特性。

（2）熟悉 Scala 的安装过程。

（3）掌握 Scala 的常量、变量及函数的使用。

（4）掌握 Scala 的 if 判断和 for 循环的使用。

（5）掌握 Scala 的列表、集合、映射、元组的基本操作。

（6）掌握 Scala 类的定义和 Scala 单例模式、模式匹配的使用。

（7）掌握在 Scala 中进行文件的读写。

任务背景

　　智能手机给人们的生活提供了便利，但也可能会给人们造成困扰。对于陌生号码的未接来电，用户拨打回去可能需要支付长途费用，甚至该号码有可能是诈骗分子的。合理使用大数据技术，能够大幅提高诈骗电话识别率，为构建和谐社会提供助力，通过加强反诈骗技术保障社会安全，社会稳定是国家强盛的前提，而为民造福是立党为公、执政为民的本质要求。

　　对于陌生号码的未接来电，用户其实可以查询该号码的归属地，我国的手机号码一般分为 3 种类型，即中国移动、中国联通和中国电信。每一个手机号码都有固定的分布区域，这个区域即归属地。无论号码被多少人注册或注销过，其归属地都是不变的。在本次任务中，用户可以查询未接来电的归属地。如果未接来电号码的归属地是亲朋好友所在的城市，那么来电有可能是熟人的电话，可以拨打回去；如果不是，拨打回去则要做一定的诈骗防范措施。

　　一般情况下，知道手机号码的前 7 位数字即可查询到归属地。现有一份 2020phonelocation.txt 文件记录了某个年份我国的手机号码段及其归属地等相关信息，包含 7 个数据字段，分别为编号、号码段、省份、市、号码类型、区号和邮编，如表 2-1 所示。通过这份文件的数据可以查询特定手机号码的类型，统计某个地区的号码段个数，查询某个地区的所有号码段或查询手机号码的归属地等。

表 2-1　手机号码段及其归属地部分数据

1	1300000	山东	济南	中国联通	0531	250000
2	1300001	江苏	常州	中国联通	0519	213000
3	1300002	安徽	巢湖	中国联通	0565	238000
4	1300003	四川	宜宾	中国联通	0831	644000
5	1300004	四川	自贡	中国联通	0813	643000
6	1300005	陕西	西安	中国联通	029	710000

续表

```
3,1300002,安徽,巢湖,中国联通,0565,238000
4,1300003,四川,宜宾,中国联通,0831,644000
5,1300004,四川,自贡,中国联通,0813,643000
6,1300005,陕西,西安,中国联通,029,710000
7,1300006,江苏,南京,中国联通,025,210000
8,1300007,陕西,西安,中国联通,029,710000
9,1300008,湖北,武汉,中国联通,027,430000
10,1300009,陕西,西安,中国联通,029,710000
```

本章将首先介绍 Scala 语言及其特性，并简要介绍 Scala 在不同系统下的安装、配置过程，接着介绍 Scala 中的数据类型，并详细介绍 Scala 的常量、变量、函数、if 判断、for 循环等内容，结合手机号码归属地查询实例，编写 Scala 程序查询手机号码归属地等基本信息。

任务2.1 安装与运行 Scala

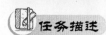

任务描述

Scala 是 Spark 编程常用的语言之一，本书进行 Spark 编程时使用的语言也是 Scala。因此，在学习 Spark 之前，需要先了解 Scala 语言、Scala 安装过程和基础编程操作。本节的任务是了解 Scala 语言及其特性并安装 Scala，为后续 Scala 程序提供运行环境。

2.1.1 了解 Scala 语言

Scala 是 Scalable Language 的缩写，是一种多范式的编程语言，由洛桑联邦理工学院的马丁·奥德斯在 2001 年基于 Funnel 的工作开始设计，设计初衷是想集成面向对象编程和函数式编程的各种特性。Scala 是一种纯粹的面向对象的语言，每个值都是对象。Scala 也是一种函数式语言，因此函数可以当成值使用。由于 Scala 整合了面向对象编程和函数式编程的特性，因此 Scala 相对于 Java、C#、C++等其他语言更加简洁。

Scala 源代码会被编译成 Java 字节码，因此 Scala 可以运行于 Java 虚拟机（Java Virtual Machine，JVM）之上，并可以调用现有的 Java 类库。

2.1.2 了解 Scala 特性

Scala 具有以下特性。

（1）面向对象

Scala 是一种纯粹的面向对象语言。一个对象的类型和行为是由类和特征描述的。类通过子类化和灵活的混合类进行扩展，成为多重继承的可靠解决方案。

（2）函数式编程

Scala 提供了轻量级语法来定义匿名函数，支持高阶函数，允许函数嵌套，并支持函数柯里化。Scala 的样例类与模式匹配支持函数式编程语言中的代数类型。Scala 的单例对象提供了方便的方法来组合不属于类的函数。用户还可以使用 Scala 的模式匹配，编写类似正则表达式的代码处理可扩展标记语言（Extensible Markup Language，XML）格式的数据。

（3）静态类型

Scala 配备了表现型的系统，以静态的方式进行抽象，以安全和连贯的方式进行使用。

系统支持将通用类、内部类、抽象类和复合类作为对象成员，也支持隐式参数、转换和多态方法等，这为抽象编程的安全重用和软件类型的安全扩展提供了强大的支持。

（4）可扩展

在实践中，专用领域的应用程序开发往往需要特定的语言扩展。Scala 提供了许多独特的语言机制，可以以库的形式无缝添加新的语言结构。

2.1.3 安装 Scala

进行 Scala 编程前，首先需要安装 Scala 并设置好 Scala 的编程环境。

1. 在网页上运行 Scala

在安装 Scala 前，可以使用在线的 Scala 运行环境进行体验。在在线运行环境中，可以简单地测试 Scala 代码。以输出 "hello world" 为例，介绍如何使用在线运行环境测试 Scala 代码。

（1）通过浏览器查找 Scastie 进入 Scala 在线运行环境。

（2）进入 Scastie 界面后，在上方窗格中输入 "println("hello world")"。

（3）单击 "Run" 按钮，输出信息将显示在下方窗格中，如图 2-1 所示。

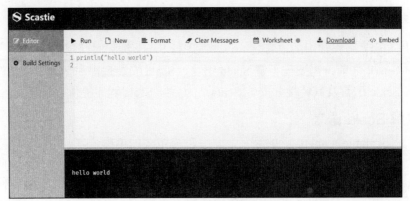

图 2-1　Scala 在线测试

2. Scala 环境设置

Scala 运行环境众多，可以运行在 Windows、Linux、macOS 等系统上。Scala 是运行在 JVM 上的语言，因此必须确保系统环境中安装了 JDK，即 Java 开发工具包，而且必须确保 JDK 版本与本书安装的 Spark 的 JDK 编译版本一致，本书中使用的 JDK 是 JDK 8（Java 1.8）。用户需要查看本地 Java 版本并确保配置好本机的环境变量。可通过命令 "java -version" 查看 Java 版本，如图 2-2 所示。

```
[root@master ~]# java -version
java version "1.8.0_281"
Java(TM) SE Runtime Environment (build 1.8.0_281-b09)
Java HotSpot(TM) 64-Bit Server VM (build 25.281-b09, mixed mode)
```

图 2-2　查看 Java 版本

3. Scala 安装

（1）在 Linux 和 macOS 系统上安装 Scala

首先从 Scala 官网下载 Scala 安装包，安装包名称为 "scala-2.12.15.tgz"，将其上传至/opt 目录。解压安装包至/usr/local 目录下，如代码 2-1 所示。

代码 2-1　解压 Scala 安装包到指定路径

```
tar -zxf scala-2.12.15.tgz -C /usr/local/
```

为方便使用 Scala 编程，使用命令"vim /etc/profile"打开配置文件/etc/profile，配置 Scala 环境变量，在文件末尾添加代码 2-2 所示的内容。保存并退出后，使用命令"source /etc/profile"重新加载/etc/profile 配置文件。

代码 2-2　配置 Scala 环境变量

```
export SCALA_HOME=/usr/local/scala-2.12.15
export PATH=$PATH:$SCALA_HOME/bin
```

（2）在 Windows 系统上安装 Scala

以 Windows 10 系统为例，安装 Scala 的步骤如下。

① 从 Scala 官网下载 Scala 安装包，安装包名称为"scala.msi"。

② 双击 scala.msi 安装包，开始安装软件。

③ 进入欢迎界面，单击右下角的"Next"按钮后出现许可协议选择提示框，选择接受许可协议中的条款并单击右下角的"Next"按钮。

④ 选择安装路径，本文 Scala 的安装路径选择在非系统盘的"D:\Program Files (x86)\spark\scala\"，如图 2-3 所示，单击"OK"按钮进入安装界面。

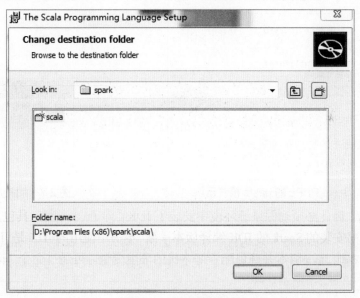

图 2-3　选择安装路径

⑤ 在安装界面中单击右下角的"Install"按钮进行安装，安装完成时单击"Finish"按钮完成安装。

⑥ 右键单击"此电脑"图标，选择"属性"选项，在弹出的窗口中选择"高级系统设置"选项。在弹出的对话框中选择"高级"选项卡，并单击"环境变量"按钮，在环境变量对话框中，选择"Path"变量并单击"编辑"按钮，在 Path 变量中添加 Scala 安装目录的 bin 文件夹所在路径，如"D:\Program Files (x86)\spark\scala\bin"。

2.1.4　运行 Scala

Scala 解释器也称为 REPL（Read-Evaluate-Print-Loop，读取-执行-输出-循环）。本文已在 Linux 虚拟机中安装了 Scala 并配置好了 Scala 环境变量。在命令行中输入 "scala"，即可进入 REPL，如图 2-4 所示。

```
[root@master ~]# scala
Welcome to Scala 2.11.12 (Java HotSpot(TM) 64-Bit Server VM, Java 1.8.0_281).
Type in expressions for evaluation. Or try :help.

scala>
```

图 2-4　进入 REPL

REPL 是一个交互式界面，用户输入命令时，可立即产生交互反馈，这对初学者进行实践练习非常有用。输入 ":quit" 命令即可退出 REPL，如图 2-5 所示。

```
scala> 3*3+3
res0: Int = 12

scala> :quit
[root@master ~]#
```

图 2-5　退出 REPL

Scala 的 REPL 提供了 paste 模式，用于粘贴大量的代码，在 REPL 中输入 ":paste"，进入 paste 模式，即可编写大量的代码，代码编写完成后可通过 "Ctrl+D" 组合键退出 paste 模式，如图 2-6 所示。

图 2-6 所示的内容是一个 Scala 类，该类实现了两个数相加的方法。如果要使用该方法，那么需要通过 import 加载该方法，如图 2-7 所示，其中，add 是类名，addInt 是方法名。

```
scala> :paste
// Entering paste mode (ctrl-D to finish)

object add{
 def addInt(a:Int,b:Int):Int={
        var sum:Int=0
        sum=a+b
        return sum
 }
}

// Exiting paste mode, now interpreting.

defined object add
```

图 2-6　Scala REPL 的 paste 模式示例

```
scala> import add.addInt;
import add.addInt

scala> addInt(2,3);
res0: Int = 5

scala>
```

图 2-7　加载方法

注意　Scala 语句末尾的分号是可选的。若一行里仅有一个语句，则可不加；若一行里包含多条语句，则需要使用分号将不同语句分隔开。

 定义函数识别号码类型

任务描述

中国移动、中国联通和中国电信这 3 种类型的手机号码都有特定的手机号码段。例如，中国移动的手机号码段有 1340～1348、135～139、150～152、157～159、182～184、187、188、178、147、1705 等，中国联通的手机号码段有 130～132、155、156、185、186、176、

145、1709 等，中国电信的手机号码段有 133、1349、153、180、181、189、1700、177 等。本节的任务是使用数组分别存储不同类型的手机号码段，并编写函数用于识别某个手机号码段的类型。

2.2.1 了解数据类型

任何一种计算机语言都有其数据类型，Scala 也不例外。Scala 的数据类型与 Java 数据类型相似，但不同于 Java，Scala 没有原生的数据类型。Scala 的数据类型均为对象，因此通过数据类型可以调用方法。在 Scala 中，所有数据类型的第一个字母都必须大写，Scala 的数据类型有 Byte、Short、Int、Long、Float、Double、Char、String、Boolean、Unit、Null、Nothing、Any 和 AnyRef，常用数据类型的说明如表 2-2 所示。

表 2-2 Scala 常用数据类型

数据类型	描述
Int	32 位有符号补码整数。数值区间为–32768 ~ 32767
Float	32 位 IEEE754（IEEE 浮点数算术标准）单精度浮点数
Double	64 位 IEEE754（IEEE 浮点数算术标准）双精度浮点数
String	字符序列，即字符串
Boolean	布尔值，true 或 false
Unit	表示无值，作用与 Java 中的 void 一样，是不返回任何结果的方法的结果类型。Unit 只有一个实例值，写成()

在表 2-2 中，Int 表示整数。Float 与 Double 均表示浮点数，当浮点数有 f 或 F 后缀时，表示 Float 类型；当浮点数没有后缀时，表示 Double 类型。String 表示字符串，使用双引号包含一系列字符。Boolean 只表示两个特殊的值，true 或 false。Unit 是 Scala 中比较特殊的一种数据类型，在 Java 中创建一个方法时经常使用 void 表示该方法无返回值，而在 Scala 中没有 void 关键字，使用 Unit 表示无返回值，因此，Unit 等同于 Java 中的 void。

Scala 会区分不同类型的值，并且会基于使用值的方式确定最终结果的数据类型，这称为类型推断。Scala 使用类型推断可以确定混合使用数据类型时最终结果的数据类型。如在加法中混用 Int 和 Double 类型时，Scala 将确定最终结果为 Double 类型，如图 2-8 所示。

```
scala> 1+1.5
res6: Double = 2.5
```

图 2-8 Scala 类型推断示例

2.2.2 定义与使用常量、变量

在 Scala 中，使用 val 关键字定义一个常量，使用 var 关键字定义一个变量。

（1）常量

在程序运行过程中值不会发生变化的量为常量或值，常量通过 val 关键字定义，常量一旦定义就不可更改，即不能对常量进行重新计算或重新赋值。定义一个常量的语法格式如下。

```
val name: type = initialization
```

val 关键字后依次跟着的是常量名称、冒号 ":"、数据类型、赋值运算符 "=" 和初始

值。由于 Scala 具备类型推断的功能，因此定义常量时可以不用显式地说明数据类型。若需要显式地指明常量的数据类型，则可以在常量名后通过 ":type"（type 指代某一种数据类型）说明类型。常量名要以字母或下划线开头，且变量名不能使用美元符号（$）。

一旦初始化一个常量，就不能再对其进行修改，若是强行改变常量的初始值，则 Scala 会提示 "error: reassignment to val" 的错误。如定义一个常量 x，x 的值为 2，若对 x 重新赋值为 3，则代码会报错，如图 2-9 所示。

（2）变量

变量是在程序运行过程中值可能发生改变的量。变量使用关键字 var 定义。与常量不同的是，变量定义之后可以重新被赋值。定义一个变量的语法格式如下。

```
var name: type = initialization
```

变量的命名规则与常量类似，也可以不显式地说明值的数据类型。需要注意的是，变量在重新赋值时，只能将同类型的值赋值给变量。否则 Scala 会提示 "error: type mismatch" 的错误，如图 2-10 所示。

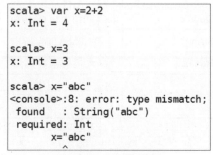

```
scala> val x=1+1
x: Int = 2

scala> val x:Int=1+1     //显式地说明常量x的数据类型
x: Int = 2

scala> x=3
<console>:8: error: reassignment to val
       x=3
        ^
```

图 2-9　常量的使用

```
scala> var x=2+2
x: Int = 4

scala> x=3
x: Int = 3

scala> x="abc"
<console>:8: error: type mismatch;
 found   : String("abc")
 required: Int
       x="abc"
```

图 2-10　变量的使用

2.2.3　使用运算符

Scala 是一种面向对象的函数式编程语言，内置了丰富的运算符，包括算术运算符、关系运算符、逻辑运算符、位运算符和赋值运算符等，如表 2-3 所示。Scala 运算符的意义与用法和其他语言的一致，因为 Scala 的运算符是函数的一种展现方式，所以 Scala 也可以通过 "值.运算符(参数)" 的方式使用运算符。

表 2-3　Scala 运算符

运算符		意义	示例
算术 运算符	+	两个数相加	1+2 或 1.+(2)
	−	两个数相减	1−2 或 1. − (2)
	*	两个数相乘	1*2 或 1.*(2)
	/	两个数相除	1/2 或 1./(2)
	%	两个数取余	1%2 或 1.%(2)
关系 运算符	>	判断左值是否大于右值，是则结果为真，否则结果为假	1>2 或 1.>(2)

运算符		意义	示例
关系 运算符	<	判断左值是否小于右值，是则结果为真，否则结 果为假	1<2 或 1.<(2)
	>=	判断左值是否大于等于右值，是则结果为真，否 则结果为假	1>=2 或 1.>=(2)
	<=	判断左值是否小于等于右值，是则结果为真，否 则结果为假	1<=2 或 1.<=(2)
	==	判断左值是否等于右值，是则结果为真，否则结 果为假	1==2 或 1.==(2)
	!=	判断左值是否不等于右值，是则结果为真，否则 结果为假	1!=2 或 1.!=(2)
逻辑 运算符	&&	若两个条件成立则结果为真，否则结果为假	1>2 && 2>3 或 1>2.&&(2>3)
	||	若两个条件有一个成立则结果为真,否则结果为假	1>2 || 2>3 或 1>2.||(2>3)
	!	对当前结果取反	!(1>2)
位 运算符	&	参加运算的两个数据，按二进制位进行&运算， 两位同时结果为1结果才为1，否则为0	0 & 1 或 0.&(1)
	|	参加运算的两个数据，按二进制位进行|运算， 两位只要有一个为1则结果为1	0 | 1 或 0.|(1)
	^	参加运算的两个数据，按二进制位进行^运算， 两位不同时结果为1，相同时结果为0	0^1 或 0.^(1)
赋值 运算符	=	将右侧的值赋予左侧	val a = 2
	+=	执行加法后再赋值左侧	a += 2
	-=	执行减法后再赋值左侧	a-= 1
	*=	执行乘法后再赋值左侧	a *= 2
	/=	执行除法后再赋值左侧	a /= 3
	%=	执行取余后再赋值左侧	a %= 5
	<<=	左移位后赋值左侧	a <<= 2
	>>=	右移位后赋值左侧	a >>= 2
	&=	按位&运算后赋值左侧	a &= 2
	|=	按位|运算后赋值左侧	a |= 2
	^=	按位^运算后赋值左侧	a ^= 2

2.2.4　定义与使用数组

　　数组是 Scala 中常用的一种数据结构，数组是一种存储了相同类型元素的固定大小的
顺序集合。Scala 定义一个数组的语法格式如下。

```
# 第 1 种方式
var arr: Array[String] = new Array[String](num)
# 第 2 种方式
var arr:Array[String] = Array(元素 1,元素 2,…)
```

定义一个不可变数组 z，长度为 3，并且为每个元素设置值，值为不同的搜索引擎名称，如代码 2-3 所示。

代码 2-3　定义数组

```
# 定义数组方式 1
var z: Array[String] = new Array[String](3)
z(0) = "baidu"; z(1) = "google"; z(2) = "bing"
# 定义数组方式 2
var z: Array[String] = Array("baidu", "google", "bing")
```

数组作为重要的数据结构，具备许多基本操作方法，数组常用的方法如表 2-4 所示。

表 2-4　数组操作常用方法

方法	描述
length	返回数组的长度
head	查看数组的第一个元素
tail	查看数组中除了第一个元素外的其他元素
isEmpty	判断数组是否为空
contains(x)	判断数组是否包含元素 x

使用表 2-4 所示的方法，分别查看数组 z 的长度、第一个元素等信息，如代码 2-4 所示。

代码 2-4　操作数组

```
# 查看数组 z 的长度
z.length
# 查看数组 z 的第一个元素
z.head
# 查看数组 z 中除了第一个元素外的其他元素
z.tail
# 判断数组 z 是否为空
z.isEmpty
# 判断数组 z 是否包含元素"baidu"
z.contains("baidu")
```

运行代码 2-4，结果如图 2-11 所示，数组 z 的长度为 3，第一个元素为"baidu"，除了第一个元素外的其他元素为"google""bing"。数组 z 中有元素，因此使用 isEmpty 方法，得到的结果为 false。数组中存在元素"baidu"，因此 z.contains("baidu")的结果为 true。

```
scala> z.length
res8: Int = 3

scala> z.head
res9: String = baidu

scala> z.tail
res10: Array[String] = Array(google, bing)

scala> z.isEmpty
res11: Boolean = false

scala> z.contains("baidu")
res12: Boolean = true
```

图 2-11　操作数组

　　连接两个数组既可以使用操作符 "++"，也可以使用 concat()方法。使用 concat()方法需要先通过"import Array._"命令导入包。定义数组 arr1 和 arr2，并分别使用操作符和concat()方法连接两个数组，如代码 2-5 所示，结果如图 2-12 所示。

代码 2-5　连接数组

```
# 通过操作符"++"连接数组
val arr1 = Array(1, 2, 3)
val arr2 = Array(4, 5, 6)
val arr3 = arr1 ++ arr2
# 通过 concat()方法连接数组
import Array._
val arr4 = concat(arr1, arr2)
```

```
scala> val arr1=Array(1,2,3)
arr1: Array[Int] = Array(1, 2, 3)

scala> val arr2=Array(4,5,6)
arr2: Array[Int] = Array(4, 5, 6)

scala> val arr3=arr1++arr2
arr3: Array[Int] = Array(1, 2, 3, 4, 5, 6)

scala> import Array._
import Array._

scala> val arr4=concat(arr1,arr2)
arr4: Array[Int] = Array(1, 2, 3, 4, 5, 6)
```

图 2-12　连接两个数组

　　Scala 可以使用 range()方法创建区间数组。使用 range()方法前同样需要先通过命令"import Array._"导入包。创建区间为 1～10 且步长为 2 的数组，如代码 2-6 所示。

代码 2-6　创建区间数组

```
# 创建区间数组，生成数组(1,3,5,7,9)
val arr = range(1, 10, 2)
```

注意　　　Scala 默认创建的是不可变数组，创建可变数组需要导入包 import scala.collection.mutable. ArrayBuffer。

Scala 函数的
定义与使用

2.2.5　定义与使用函数

函数是 Scala 的重要组成部分，Scala 作为支持函数式编程的语言，可以将函数作为对象，定义函数的语法格式如下。

```
def functionName(参数列表): [return type] = {}
```

函数的定义由一个 def 关键字开始，紧接着是函数名称和可选的参数列表，其次是一个冒号"："和函数的返回类型，之后是赋值运算符"="，最后是方法体。其中，参数列表中需要指定参数名称和参数类型。函数的返回类型[return type]可以是任意合法的 Scala 数据类型。若函数无返回值，则函数的返回类型为"Unit"。

例如，定义一个函数 add，实现两个数相加的功能，函数返回类型为 Int，两个数相加的结果作为返回值。在 Java 中，函数需要使用 return 关键字指明返回值，而 Scala 函数中，可以不加 return 关键字指明返回值，如代码 2-7 所示。

代码 2-7　定义两个整数相加的代码 1

```
def add(a: Int, b: Int): Int = {a + b}
```

Scala 也可以使用"return"关键字指明返回的结果，如代码 2-8 所示。

代码 2-8　定义两个整数相加的代码 2

```
def add(a: Int,b: Int): Int = {
    var sum = 0;
    sum = a + b;
    return sum
}
```

Scala 提供了多种不同的函数调用方式，以下是调用函数的标准格式。

```
functionName(参数列表)
```

例如，调用代码 2-7 定义的函数，代码为"add(1, 2)"。

如果函数定义在一个类中，那么可以通过"类名.方法名(参数列表)"的方式调用。例如，在 Test 类中定义两个整数相加的方法 addInt(a:Int,b:Int)，调用 addInt()方法的方式即"Test.addInt(a:Int,b:Int)"，如图 2-13 所示。

```
scala> :paste
// Entering paste mode (ctrl-D to finish)

object Test {
    def addInt( a:Int, b:Int ) : Int = {
        var sum:Int = 0
        sum = a + b
        return sum
    }
}

// Exiting paste mode, now interpreting.

defined module Test

scala> Test.addInt(2,3)
res16: Int = 5
```

图 2-13　调用类中的方法

Scala 作为一种函数式编程语言，函数是 Scala 语言的核心。为了帮助读者更好地理解 Scala 函数式编程，需要先了解一些重要的函数概念。

1. 匿名函数

匿名函数即在定义函数时不给出函数名的函数。Scala 中匿名函数是使用箭头 "=>" 定义的，箭头的左边是参数列表，箭头的右边是表达式，表达式将产生函数的结果。定义两个整数相加的匿名函数，如图 2-14 所示。

通常可以将匿名函数赋值给一个常量或变量，再通过常量名或变量名调用该函数，如图 2-15 所示。

```
scala> val addInt=(x:Int,y:Int)=>x+y
addInt: (Int, Int) => Int = <function2>

scala> addInt(1,2)
res21: Int = 3
```

```
scala> (x:Int,y:Int)=>x+y
res17: (Int, Int) => Int = <function2>
```

图 2-14　定义两个整数相加的匿名函数　　　　图 2-15　调用函数

若函数中的每个参数在函数中最多只出现一次，则可以使用占位符 "_" 代替参数。例如，图 2-15 所示的匿名函数也可以将参数替换成 "_"，如图 2-16 所示。读者可以将占位符看作表达式里需要被填入的空白，这个空白在每次函数被调用时用函数的参数填入。占位符的使用使代码变得更加简洁。

```
scala> val addInt=(_:Int)+(_:Int)
addInt: (Int, Int) => Int = <function2>

scala> addInt(1,2)
res61: Int = 3
```

图 2-16　Scala 占位符示例

2. 高阶函数——函数作为参数

高阶函数指的是操作其他函数的函数。高阶函数可以将函数作为参数，也可以将函数作为返回值。

高阶函数经常将只需要执行一次的函数定义为匿名函数并作为参数。一般情况下，匿名函数的定义是"参数列表=>表达式"。由于匿名参数具有参数推断的特性，即推断参数的数据类型，或根据表达式的计算结果推断返回结果的数据类型，因此定义高阶函数并使用匿名函数作为参数时，可以简化匿名函数的写法。如定义两个整数相加的高阶函数 addInt，函数 addInt 中使用了一个匿名函数 f、值 a 和值 b 作为参数，而函数 f 又调用了 a 和 b 作为参数，如图 2-17 所示。

```scala
scala> def addInt(f:(Int,Int)=>Int,a:Int,b:Int)=f(a,b)
addInt: (f: (Int, Int) => Int, a: Int, b: Int)Int

scala> addInt((a:Int,b:Int)=>a+b,1,2)
res22: Int = 3
```

图 2-17　使用匿名函数作为参数的高阶函数

3. 高阶函数——函数作为返回值

高阶函数可以产生新的函数，并将新的函数作为返回值。定义高阶函数计算矩形的周长，该函数传入一个 Double 类型的值作为参数，返回以一个 Double 类型的值作为参数的函数，如图 2-18 所示。

```scala
scala> def rectangle(length:Double)=(height:Double)=>(length+height)*2
rectangle: (length: Double)Double => Double

scala> val func=rectangle(4)
func: Double => Double = <function1>

scala> println(func(5))
18.0
```

图 2-18　定义高阶函数计算矩形周长

4. 函数柯里化

函数柯里化是指将接收多个参数的函数变换成接收单一参数（最初函数的第一个参数）的函数，新的函数返回一个以原函数余下的参数为参数的函数。

例如，定义两个整数相加的函数，一般函数的写法及其调用方式如图 2-19 所示。如果使用函数柯里化，那么图 2-19 中定义的函数可以改写成图 2-20 所示的形式。图 2-20 中的"addInt(1)(2)"实际上表示依次调用两个普通函数（非柯里化函数），第一次调用使用参数 a，返回一个函数类型的值，第二次使用参数 b 调用这个函数类型的值。

```scala
scala> def addInt(a:Int,b:Int):Int=a+b
addInt: (a: Int, b: Int)Int

scala> addInt(1,2)
res0: Int = 3
```

图 2-19　定义两个整数相加的函数的
写法及其调用方式

```scala
scala> def addInt(a:Int)(b:Int):Int=a+b
addInt: (a: Int)(b: Int)Int

scala> addInt(1)(2)
res1: Int = 3
```

图 2-20　函数柯里化

2.2.6　任务实现

实现手机号码类型识别，首先用数组存储各种类型的手机号码段，并编写一个函数识别手机号码类型。

（1）用数组分别存储各种类型的手机号码段，如代码 2-9 所示。

代码 2-9　数组存储手机号码段

```
val yidong= Array(
    1340, 1341, 1342, 1343, 1344, 1345, 1346,
    1347, 1348, 135, 136, 137, 138, 139, 150,
    151, 152, 157, 158, 159, 182, 183, 184, 187, 188, 178, 147, 1705)
val liantong = Array(130, 131, 132, 155, 156, 185, 186, 176, 145, 1709)
val dianxin = Array(133, 1349, 153, 180, 181, 189, 1700, 177)
```

（2）定义一个函数 identify 识别手机号码段，并使用该函数查询手机号码段为 133 的手机号码类型，如代码 2-10 所示。结果如图 2-21 所示，从图中可以看出手机号码段为 133 的号码是属于中国电信的。

代码 2-10　定义函数识别手机号码段

```
def identify(x: Int) = {
    if(yidong.contains(x)) {
        println("这个号码是属于中国移动的")
    }else if(liantong.contains(x)) {
        println("这个号码是属于中国联通的")
    }else if(dianxin.contains(x)) {
        println("这个号码是属于中国电信的")
    }else{
        println("这个号码不属于我国号码")
    }
}
# 调用函数
identify(133)
```

```
scala> identify(133)
这个号码是属于中国电信的
```

图 2-21　定义函数识别手机号码段

任务 2.3　统计广州号码段数量

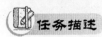 任务描述

　　手机号码都有特定的归属地，因此可以通过手机号码段的归属地统计某个地区的手机号码段数量。某个地区的号码段数量从某种意义上可以反映出该地区的人流量，该地区的手机号码段数量大，说明该地区的人流量也大。而人流量大的地区一般都是较为繁华的地区，因此统计某个地区的号码段数量从某个角度也可以反映该地区的繁华程度。本节的任务是以广东地区的手机号码为例，统计广州号码段的数量。

2.3.1　使用 if 判断

在实际业务中，经常需要对数据进行过滤处理，使用 if 判断即可满足这个需求。Scala 中的 if 判断根据复杂程度可分为 if 语句、if…else 语句、if…else if…else 语句、if…else 嵌套语句，语法格式如下。

```
# if 语句
if(布尔表达式) { 若布尔表达式为 true, 则执行该语句块}


# if…else 语句
if(布尔表达式) { 若布尔表达式为 true, 则执行该语句块}
else { 若布尔表达式为 false, 则执行该语句块}


# if…else if…else 语句
if(布尔表达式 1) {
    若布尔表达式 1 为 true, 则执行该语句块
} else if(布尔表达式 2) {
        若布尔表达式 2 为 true, 则执行该语句块
} else if(布尔表达式 3) {
        若布尔表达式 3 为 true, 则执行该语句块
} else {
        若以上布尔表达式都为 false, 则执行该语句块
    }
# if…else 嵌套语句
if (布尔表达式 1) {
    if(布尔表达式 2) {
        若布尔表达式 2 为 true, 则执行该语句块
    } else if(布尔表达式 3) {
        若布尔表达式 3 为 true, 则执行该语句块
    } else {
        若布尔表达式 2 为 false 且布尔表达式 3 为 false, 则执行该语句块
    }
} else {
    若以上条件都为 false, 则执行该语句块
}
```

例如，使用 if 判断实现判断一个变量是否等于 10，若是，则输出"x 的值为 10"，否则继续判断该变量是否等于 20，若是，则输出"x 的值为 20"，否则输出"无法判断 x 的值"，如代码 2-11 所示。

代码 2-11　if 判断示例

```
# 定义一个变量 x, 值为 10
var x = 10
# 使用 if 判断对变量的值进行判断并输出对应结果
if(x == 10) {
    println("x 的值为 10")
} else if(x == 20) {
    println("x 的值为 20")
} else{
    println("无法判断 x 的值")
}
```

2.3.2　使用 for 循环

Scala for 循环

循环是指在某种条件下将一段代码按顺序重复执行。在 Scala 中有 3 种循环结构，分别为 while 循环、do...while 循环和 for 循环。for 循环是相对较为常用的一种循环，因此后文将介绍 for 循环的用法，for 循环语法格式如下。

```
for(变量<- 集合) {循环语句}
```

例如，从 1 循环到 10，每循环一次则将该值输出，如图 2-22 所示。可以使用 "a to b" 表示从 a 到 b 的区间（区间包含 b），也可以使用 "a until b" 表示从 a 到 b 的区间（区间不包含 b）。

多重循环是常见的 for 循环，多重循环也称为 for 循环嵌套，是指在两个或多个区间内循环反复，多个循环区间用分号隔开。例如，使用 for 循环嵌套生成元组，如代码 2-12 所示，结果如图 2-23 所示。

代码 2-12　for 循环嵌套输出元组

```
var i, j = 0;
for(i <- 1 to 2) {
    for(j <- 1 to 2)
        println("(" + i + "," + j + ")")
}
```

```
scala> for(i<-1 to 10){
     |   print(i+" ")
     | }
1 2 3 4 5 6 7 8 9 10
```

图 2-22　for 循环输出 1～10

```
(1,1)
(1,2)
(2,1)
(2,2)
```

图 2-23　for 循环嵌套输出元组结果

Scala 可以在 for 循环中使用 if 判断过滤一些元素，多个过滤条件用分号隔开。输出 1～10 中大于 6 的偶数，如代码 2-13 所示。

代码 2-13　for 循环嵌套 if 判断示例

```
for(i <-1 to 10; if i%2 == 0; if i > 6) {
    println(i)
}
//输出结果
8
10
```

for 循环使用 yield 可以将返回值作为一个变量存储，语法格式如下。

```
var retVar = for(var x <- List; if condition1; if condition2…) yield x
```

retVar 是变量名，for 关键字后的括号用于指明变量和条件，而 yield 会将每一次循环得到的返回值保存在一个集合中，循环结束后将返回该集合，并赋值给变量 retVar。

例如，使用 yield 对 1～10 的偶数进行记录，并保存至变量 even 中，如代码 2-14 所示，结果如图 2-24 所示，可以看出 1～10 的偶数（2、4、6、8、10）已被保存为一个集合并赋值给了变量 even。

代码 2-14　for…yield 示例

```
var even = for(i <- 1 to 10; if i%2 == 0) yield i
```

```
scala> var even=for(i<-1 to 10;if i%2==0)yield i
even: scala.collection.immutable.IndexedSeq[Int] = Vector(
2, 4, 6, 8, 10)
```

图 2-24　for…yield 示例结果

2.3.3　任务实现

本小节还没有介绍使用 Scala 读取文件的方法，因此要实现广州号码段数量的统计可以先从表 2-1 所示的原始数据中取出部分数据进行测试。定义函数 count(area:String)统计广州号码段数量，首先使用一个数组存储数据，初始化 sum 为 0，再遍历该数组，判断数组中的元素是否包含参数 area，若是则 sum 加 1，如代码 2-15 所示。

代码 2-15　统计广州号码段数量

```
def count(area: String) = {
    val arr = Array("115036, 1477799, 广东, 广州, 中国移动, 020, 510000",
        "115038, 1477801, 广东, 东莞, 中国移动, 0769, 511700",
        "115033, 1477796, 广东, 广州, 中国移动, 020, 510000",
        "115032, 1477795, 广东, 广州, 中国移动, 020, 510000")
    var sum = 0
for(a <- arr; if a.contains(area)) {
    sum += 1
    }
    println(sum)
}
```

调用并执行 count("广州")函数，结果如图 2-25 所示，输出数组中广州号码段的数量为 3。

```
scala> count("广州")
3
```

图 2-25　统计广州号码段数量

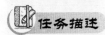

任务 2.4 根据归属地对手机号码段进行分组

任务描述

本节的任务是筛选某个地区的所有手机号码段，首先需要根据地区对手机号码段进行分组，再根据地区取出该分组内的所有手机号码段。

2.4.1 定义与使用列表

Scala 的列表（List）与数组非常相似，列表的所有元素都具有相同的类型。与数组不同的是，列表是不可变的，即列表的元素不能通过赋值进行更改。

定义列表时，需要写明列表元素的数据类型，具有类型 T 的元素的列表类型可写为 List[T]。或根据初值自动推断列表的数据类型。分别定义不同数据类型的列表，如代码 2-16 所示。

代码 2-16 分别定义不同数据类型的列表

```
# 定义 String 类型的列表
val fruit: List[String] = List("apple", "pears", "oranges")
# 定义 Int 类型的列表
val nums: List[Int] = List(1, 2, 3, 4, 5)
# 定义 Double 类型的列表
val double_nums: List[Double] = List(1.0, 2.5, 3.3)
# 定义 Nothing 类型的列表
val empty: List[Nothing] = List()
# 根据初值自动推断列表的数据类型
val fruit2 = List("apple", "pears", "oranges")
```

构造列表的两个基本单位是"Nil"和"::"。"Nil"可以表示空列表；"::"称为中缀操作符，表示列表从前端扩展，遵循右结合。对代码 2-16 所示的列表使用"Nil"和"::"的方式进行定义，如代码 2-17 所示。

代码 2-17 使用"Nil"和"::"定义列表

```
# 定义 String 类型的列表
val fruit: List[String] = "apple"::"pears"::"oranges"::Nil
# 定义 Int 类型的列表
val nums: List[Int] = 1::2::3::4::5::Nil
# 定义 Double 类型的列表
val double_nums: List[Double] = 1.0::2.5::3.3::Nil
# 定义 Nothing 类型的列表
val empty: List[Nothing] = Nil
```

列表作为 Scala 重要的数据结构之一，Scala 提供了许多方法用于操作列表，常用的方法如表 2-5 所示。

表 2-5　列表操作常用方法

方法	描述
def head: A	获取列表的第一个元素
def init:List[A]	返回所有元素，除了最后一个元素
def last:A	获取列表的最后一个元素
def tail:List[A]	返回所有元素，除了第一个元素
def :::(prefix: List[A]): List[A]	在列表开头添加指定列表的元素
def take(n: Int): List[A]	获取列表前 n 个元素
def contains(elem: Any): Boolean	判断列表是否包含指定元素

　　Scala 中常用的查看列表元素的方法有 head、init、last、tail 和 take()。其中 head 方法可查看列表的第一个元素，tail 方法可查看第一个元素之后的其余元素，last 可查看列表的最后一个元素，init 方法可查看除最后一个元素外的所有元素，take()方法可查看列表前 n 个元素，如图 2-26 所示。

　　如果需要合并两个列表，那么可以使用:::()。但需要注意，"列表 1:::列表 2"与"列表 1.:::(列表 2)"的结果是不一样的，对于前者，列表 2 的元素添加在列表 1 的后面；对于后者，列表 2 的元素添加在列表 1 的前面。合并两个列表还可以使用 concat()方法，如图 2-27 所示。

```
scala> fruit.head
res5: String = apple

scala> fruit.init
res6: List[String] = List(apple, pears)

scala> fruit.last
res7: String = oranges

scala> fruit.tail
res8: List[String] = List(pears, oranges)

scala> fruit.take(2)
res9: List[String] = List(apple, pears)
```

图 2-26　常用的查看列表元素的方法示例

```
scala> val num1:List[Int]=List(1,2,3)
num1: List[Int] = List(1, 2, 3)

scala> val num2:List[Int]=List(4,5,6)
num2: List[Int] = List(4, 5, 6)

scala> num1:::num2
res16: List[Int] = List(1, 2, 3, 4, 5, 6)

scala> num1.:::(num2)
res17: List[Int] = List(4, 5, 6, 1, 2, 3)

scala> List.concat(num1,num2)
res18: List[Int] = List(1, 2, 3, 4, 5, 6)
```

图 2-27　合并两个列表

　　用户可以使用 contains()方法判断列表中是否包含某个元素，若列表中存在指定的元素则返回 true，否则返回 false，如图 2-28 所示。

```
scala> val num:List[Int]=List(1,2,3,4,5)
num: List[Int] = List(1, 2, 3, 4, 5)

scala> num.contains(3)
res53: Boolean = true

scala> num.contains(6)
res54: Boolean = false
```

图 2-28　contains()方法示例

2.4.2　定义与使用集合

集合（Set）是没有重复对象的，所有元素都是唯一的，定义集合如图 2-29 所示。

```
scala> val set:Set[Int]=Set(1,2,3,4,5)
set: Set[Int] = Set(5, 1, 2, 3, 4)
```

图 2-29　定义集合

Scala 也为集合提供了许多操作方法，常用的方法如表 2-6 所示。Scala 合并两个列表时使用的是:::()或 concat()方法，而合并两个集合使用的是++()方法，如图 2-30 所示。

表 2-6　集合操作常用方法

方法	描述
def head: A	获取集合的第一个元素
def init:Set[A]	返回所有元素，除了最后一个
def last:A	获取集合的最后一个元素
def tail:Set[A]	返回所有元素，除了第一个
def ++(elems: A): Set[A]	合并两个集合
def take(n: Int): List[A]	获取列表前 n 个元素
def contains(elem: Any): Boolean	判断集合中是否包含指定元素

```
scala> val set1:Set[Int]=Set(1,2,3)
set1: Set[Int] = Set(1, 2, 3)

scala> val set2:Set[Int]=Set(4,5,6)
set2: Set[Int] = Set(4, 5, 6)

scala> set1.++(set2)
res41: scala.collection.immutable.Set[Int] = Set(5, 1, 6, 2, 3, 4)
```

图 2-30　合并两个集合

注意　　Scala 默认创建的是不可变集合，若要创建可变集合，则需要导入包 import scala.collection. mutable.Set。

2.4.3　定义与使用映射

映射（Map）是一种可迭代的键值对结构，所有值都可以通过键获取，并且映射中的键都是唯一的，定义如图 2-31 所示。

```
scala> val person:Map[String,Int]=Map("John"->21,"Betty"->20,"Mike"->22)
person: Map[String,Int] = Map(John -> 21, Betty -> 20, Mike -> 22)
```

图 2-31　定义映射

表 2-6 列出的方法同样也适合映射。另外映射还可以通过 keys 方法获取所有的键，通过 values 方法获取所有值，也可以通过 isEmpty 方法判断映射的数据是否为空。判断图 2-31 中的映射对象 person 是否为空，若不为空则获取 person 所有的键和值，如图 2-32 所示。

```
scala> person.isEmpty
res44: Boolean = false

scala> person.keys
res45: Iterable[String] = Set(John, Betty, Mike)

scala> person.values
res46: Iterable[Int] = MapLike(21, 20, 22)
```
图 2-32　获取 person 所有的键和值

2.4.4　定义与使用元组

元组（Tuple）是一种类似于列表的结构，但与列表不同的是，元组可以包含不同类型的元素。元组的值是通过将单个的值包含在圆括号中构成的。

例如，定义一个元组，元组中包含 3 个元素，对应的类型分别为(Int,Double,String)，如图 2-33 所示。

用户还可以通过图 2-34 所示的方式定义元组，其中"Tuple3"中的 3 代表的是 3 元组，即元组中包含 3 个元素，若定义的是 n 元组，则将"Tuple3"改为"Tuple$n$"。

```
scala> val t=(1,3.14,"a")
t: (Int, Double, String) = (1,3.14,a)
```
图 2-33　元组定义方式 1

```
scala> val t=new Tuple3(1,3.14,"a")
t: (Int, Double, String) = (1,3.14,a)
```
图 2-34　元组定义方式 2

目前，Scala 支持的元组最大长度为 22，即 Scala 元组最多只能包含 22 个元素。访问元组元素可以通过"元组名称._元素索引"进行，索引从 1 开始。访问定义的元组 t 中的第 1 个元素与第 3 个元素，如图 2-35 所示。

```
scala> t._1
res2: Int = 1

scala> t._3
res3: String = a
```
图 2-35　访问元组元素

2.4.5　使用函数组合器

Scala 为各种数据结构提供了很多函数组合器，函数组合器的参数都是一个函数，运用函数组合器的操作会对集合中的每个元素分别应用一个函数。以列表为例，介绍常用的函数组合器的用法。

1. map()方法

map()方法可通过一个函数重新计算列表中的所有元素，并且返回一个包含相同数目元素的新列表。例如，定义一个 Int 类型列表，列表中的元素为 1～5，使用 map()方法对列表中的元素进行平方计算，如图 2-36 所示。

```
scala> val num:List[Int]=List(1,2,3,4,5)
num: List[Int] = List(1, 2, 3, 4, 5)

scala> num.map(x=>x*x)
res52: List[Int] = List(1, 4, 9, 16, 25)
```
图 2-36　map()方法操作示例

2. foreach()方法

foreach()方法和 map()方法类似，但是 foreach()方法没有返回值，只用于对参数的结果进行输出。例如，使用 foreach()方法对 num 中的元素进行平方计算并输出，如图 2-37 所示。

3. filter()方法

使用 filter()方法可以移除传入函数的返回值为 false 的元素。例如，过滤列表 num 中的奇数，得到只包含偶数的列表，如图 2-38 所示。

```
scala> val num:List[Int]=List(1,2,3,4,5)
num: List[Int] = List(1, 2, 3, 4, 5)

scala> num.foreach(x=>print(x*x+"\t"))
1          4          9          16          25
```

图 2-37　foreach()方法操作示例

```
scala> val num:List[Int]=List(1,2,3,4,5)
num: List[Int] = List(1, 2, 3, 4, 5)

scala> num.filter(x=>x%2==0)
res59: List[Int] = List(2, 4)
```

图 2-38　filter()方法操作示例

4. flatten()方法

flatten()方法可以将嵌套的结构展开，即 flatten()方法可以将一个二维的列表展开成一个一维的列表。定义一个二维列表 list，通过 flatten()方法可以将 list 展开为一维列表，如图 2-39 所示。

```
scala> val list=List(List(1,2,3),List(4,5,6))
list: List[List[Int]] = List(List(1, 2, 3), List(4, 5, 6))

scala> list.flatten
res63: List[Int] = List(1, 2, 3, 4, 5, 6)
```

图 2-39　flatten()方法操作示例

5. flatMap()方法

flatMap()方法结合了 map()方法和 flatten()方法的功能，接收一个可以处理嵌套列表的函数，再对返回结果进行连接，如图 2-40 所示。

函数组合器：
flatMap()方法
的使用

```
scala> val str = List("a:b:c", "d:e:f")
str: List[String] = List(a:b:c, d:e:f)

scala> str.flatMap(x => x.split(":"))
res2: List[String] = List(a, b, c, d, e, f)
```

图 2-40　flatMap()方法操作示例

6. groupBy()方法

groupBy()方法可对集合中的元素进行分组操作，返回的结果是一个映射。对 1～10 根据奇偶性进行分组，因此 groupBy()方法传入的参数是一个计算偶数的函数，得到的结果是一个映射，包含两个键值对，键为 false 对应的值为奇数列表，键为 true 对应的值为偶数列表，如图 2-41 所示。

```
scala> val num:List[Int]=List(1,2,3,4,5,6,7,8,9,10)
num: List[Int] = List(1, 2, 3, 4, 5, 6, 7, 8, 9, 10)

scala> num.groupBy(x=>x%2==0)
res6: scala.collection.immutable.Map[Boolean,List[Int]] = Map(
false -> List(1, 3, 5, 7, 9), true -> List(2, 4, 6, 8, 10))
```

图 2-41　groupBy()方法操作示例

2.4.6　任务实现

实现根据归属地对手机号码段进行分组，需要先将数据存储至列表中，使用 groupBy()方法对列表中的元素进行分组。从原始数据中抽取 4 条数据，并存放至列表 phone 中，使用 groupBy()方法根据归属地对列表中的元素进行分组，如代码 2-18 所示，结果如图 2-42 所示，键为"广州"的值有两条记录，键为"深圳"的值也有两条记录。

代码 2-18　根据归属地对手机号码段进行分组

```
val phone:List[String]=List(
    "70999, 1371001, 广东, 广州, 中国移动, 020, 510000",
    "71000, 1371002, 广东, 广州, 中国移动, 020, 510000",
    "71348, 1371350, 广东, 深圳, 中国移动, 0755, 518000",
    "71349, 1371351, 广东, 深圳, 中国移动, 0755, 518000")
# 根据归属地对手机号码段进行分组
phone.groupBy(x => x.split(",")(3))
```

```
scala> phone.groupBy(x=>x.split(",")(3))
res0: scala.collection.immutable.Map[String,List[String]] = Map(广州 -> List(70999,1371001,广东,广州,中国移动,020,5100
00, 71000,1371002,广东,广州,中国移动,020,510000), 深圳 -> List(71348,1371350,广东,深圳,中国移动,0755,518000, 71349,137
1351,广东,深圳,中国移动,0755,518000))
```

图 2-42　根据归属地对手机号码段进行分组的结果

 编写手机号码归属地信息查询程序

任务描述

任务 2.2、任务 2.3 和任务 2.4 只抽取了表 2-1 所示的部分数据进行操作，本节的任务是读取文件中的所有数据，并根据完整数据编写手机号码归属地信息查询程序。

2.5.1　定义 Scala 类

Scala 是一种纯粹的面向对象语言，面向对象语言有两个重要的概念：类和对象。其中，类是对象的抽象，也可以将类理解为模板，对象才是真正的实体。一般定义类的格式如下。

```
class ClassName(参数列表) extends t {}
```

一个 Scala 源文件中可以有多个类，并且 Scala 类可以有参数。一般，Scala 类名的第一个字母需要大写，如果需要使用几个单词构成一个类的名称，那么每个单词的第一个字母都要大写。与 Java 等其他语言不同的是，Scala 中的类不定义为 public。例如，定义一个 Point 类计算二维坐标点移动后的坐标，如代码 2-19 所示。

代码 2-19　定义类 Point

```
class Point(xc: Int, yc: Int) {
    var x: Int = xc
    var y: Int = yc
    def move(dx: Int,dy: Int) {
        x = x + dx
        y = y + dy
        println("x 轴的坐标为: " + x)
        println("y 轴的坐标为: " + y)
    }
}
```

类的名称为 Point，包含两个 Int 类型参数，类中还定义了一个 move()方法。在 Scala 命令行中使用 paste 模式粘贴代码 2-19 所示的代码，再使用 new 实例化 Point 类并调用类中的 move()方法，如代码 2-20 所示。

代码 2-20　实例化类并调用类中的方法

```
# 实例化 Point 类，调用 move()方法将坐标为(1,2)的点向右移动 2 位，向上移动 3 位
new Point(1, 2).move(2, 3)
```

执行代码 2-20，结果如图 2-43 所示，将坐标为 (1,2)的点向右移动 2 位，向上移动 3 位，最终得到的 坐标点为(3,5)。

```
x轴的坐标为：3
y轴的坐标为：5
```

图 2-43　通过实例化类调用类中的方法

Scala 类继承一个类时需要使用关键字 extends。定义一个类 Location，该类继承了代码 2-19 中定义的 Point 类，如代码 2-21 所示。Point 是父类，Location 是子类。

代码 2-21　Scala 继承示例

```
class Location(val xc: Int,val yc: Int,val zc: Int) extends Point(xc, yc) {
    var z: Int = zc
    def move(dx: Int, dy: Int, dz: Int) {
        x = x + dx
        y = y + dy
        z = z + dz
        println("x轴坐标: " + x);
        println("y轴坐标: " + y);
        println("z轴坐标: " + z);
    }
}
```

Scala 只允许继承一个父类，并且继承父类的所有属性和方法。子类继承父类中已经实现的方法时，需要使用 override 关键字，子类继承父类中未实现的方法时，可以不用 override 关键字。

定义父类 Father，Father 类中有两个方法，一个是已经实现的 fun1()方法，另一个是未实现的 fun2()方法。再定义子类 Child 继承 Father 类，Child 继承 fun1()方法时需要使用 override 关键字，继承 fun2()方法时则不需要使用 override 关键字，如代码 2-22 所示。

代码 2-22　override 关键字的使用

```
abstract class Father {
    def fun1 = 1
    def fun2: Int
}

class Child extends Father {
```

```
    override def fun1 = 2
    def fun2 = 1
}
```

Scala 单例模式

2.5.2　使用 Scala 单例模式

　　Scala 中没有 static 关键字，因此 Scala 的类中不存在静态成员。但是 Scala 可以使用 object 关键字实现单例模式。

　　Scala 中使用单例模式时需要使用 object 定义一个单例对象（object 对象），单例对象在整个程序中只有一个实例。单例对象与类的区别在于单例对象不能带参数。定义单例对象的语法如下。

```
object ObjectName {}
```

　　例如，定义一个单例对象 Person，如代码 2-23 所示。

代码 2-23　定义单例对象 Person

```
object Person {
    val age = 10
    def getAge = age
}
```

　　包含 main()方法的单例对象可以作为程序的入口点。此外，当单例对象与某个类共享同一个名称时，单例对象被称作这个类的伴生对象，类被称为这个单例对象的伴生类。类和它的伴生对象可以互相访问对方的私有成员。需要注意的是，必须在同一个源文件里定义类和它的伴生对象。

　　定义一个类 Person，类中有私有成员 name 和私有方法 getSkill()，再定义类的伴生对象，伴生对象访问了伴生类的私有成员及私有方法，而伴生类访问了伴生对象的私有成员 skill，如代码 2-24 所示。

代码 2-24　伴生类和伴生对象

```
class Person private(val name: String) {
    private def getSkill() = name+"s skill is:" + Person.skill
}
object Person {
    private val skill = "basketball"
    private val person = new Person("Tracy")
    def printSkill = println(person.getSkill())
    def main(args: Array[String]): Unit = {
        Person.printSkill
    }
}
```

2.5.3　使用 Scala 模式匹配

Scala 模式匹配

Scala 具有强大的模式匹配机制，Scala 模式匹配的一般形式为"选择器match{备选项}"。一个模式匹配包含一系列备选项，每个备选项都开始于关键字 case。每个备选项都包含一个模式、一到多个表达式。模式和表达式之间使用 "=>" 隔开。

例如，定义一个函数 matchTest，函数的参数为一个 Int 类型变量，函数体的功能是对参数进行模式匹配。若参数匹配到的是 1，则输出 one；若参数匹配到的是 2，则输出 two；若参数匹配到的是除 1 和 2 之外的其他值，则输出 many，如代码 2-25 所示。

代码 2-25　变量模式匹配示例

```
def matchTest(x: Int) = x match {
    case 1 => println("one")
    case 2 => println("two")
    case _ => println("many")
}
```

在代码 2-25 中，match 对应 Java 中的 switch，需要写在选择器之后。match 与 Java 的 switch 的使用方式不同的是，Scala 的 match 语句不需要 break 关键字，每个 case 语句都有一个隐含的 break 存在，只要发现有一个匹配的 case 语句，剩下的 case 语句不会继续匹配。

match 前面的选择器不仅可以是变量，而且可以是列表。例如，定义一个函数 matchTest，函数的参数是元素为整数的列表，函数体的功能是对参数进行模式匹配，如代码 2-26 所示。其中，"_" 是占位符，"List(0,_,_)" 中，后面的两个 "_" 代表该位置各有一个元素，并且这个位置的元素可以是任意整数，"List(1,_*)" 中的 "_*" 代表 1 之后还可以有 0 到任意多个元素。

代码 2-26　列表模式匹配示例

```
def matchTest(x: List[Int]) = x match {
    case List(0, _, _) => println("列表x有3个元素并且第一个元素是0")
    case List(1, _*) => println("列表x有任意个元素并且第一个元素是1")
    case List(_, 1, _*) => println("列表至少有两个元素并且第二个元素是1")
}
```

在 Scala 中，使用 case 关键字定义的类称为样例类。样例类是一种特殊的类，经过优化可应用于模式匹配。例如，使用 case 定义样例类 Person，并在样例类中使用模式匹配，如代码 2-27 所示。

代码 2-27　样例类

```
case class Person(name: String,age: Int)
    val alice = new Person("Alice", 25)
    val bob = new Person("Bob", 22)
    val mike = new Person("Mike", 24)
for(person <- List(alice, bob, mike)) {
    person match {
```

```
        case Person("Alice", 25) => println("Hi, Alice!")
        case Person("Bob", 22) => println("Hi, Bob!")
        case Person(name, age) => println("name:" + name + "\t" + "age:" + age)
    }
}
```

Scala 编译器为样例类添加了一些语法上的便捷设定，具体如下。

（1）在伴生对象中提供了 apply()方法，因此不使用 new 关键字也可以构造对象。

（2）样例类参数列表中的所有参数已隐式获得 val 关键字。

（3）编译器为样例类添加了 toString()、hashCode()和 equals()等方法。

2.5.4 读写文件

在实践操作中，常常需要进行文件的读/写操作。Scala 不提供任何特殊文件写入能力，因此进行文件的写操作时使用的是 Java 的 I/O 类中的 PrintWriter。例如，将"I am learning Scala"写入/opt 目录下的 test.txt 文件中，如代码 2-28 所示。

代码 2-28　Scala 写入文件

```
import java.io._
val pw = new PrintWriter(new File("/opt/test.txt"))
pw.println("I am learning Scala")
# 也可以使用 write()方法写入数据，pw.write("I am learning Scala")
pw.close
```

有时候需要接收用户在屏幕上输入的指令来处理程序，这时可以使用 StdIn.readLine 接收用户输入的指令。用户可以在 REPL 中直接输入"StdIn.readLine"命令并按"Enter"键，并在屏幕上输入指令；也可以将 StdIn.readLine 赋值给一个变量，用户在屏幕上输入的内容即可赋值给该变量。使用 StdIn.readLine 接收用户输入的指令，并赋值给变量 line，如图 2-44 所示，其中，"I am happy"是用户在屏幕上输入的指令。

```
scala> import scala.io.StdIn
import scala.io.StdIn

scala> val line = StdIn.readLine
line: String = I am happy
```

图 2-44　在屏幕上输入指令

用户可以使用 Scala 的 Source 类读取文件内容，例如，读取/opt/test.txt 文件的内容，如代码 2-29 所示。

代码 2-29　Scala 读取文件

```
import scala.io.Source
Source.fromFile("/opt/test.txt").foreach{print}
```

2.5.5 任务实现

读取表 2-1 所示的完整数据，编写程序完成手机号码归属地信息查询。将 2020phonelocation.txt 文件上传至 Linux 虚拟机的/opt 目录下。首先使用 object 定义一个单例对象 Phone，在该对象中定义一个 checkPhone 方法，读取完整的数据，并将数据存储在一个列表中，使用 Console.readLine 接收用户输入的指令，用户在屏幕上输入要查询的手机号码段，程序接收到屏幕上的指令之后遍历存储数据的列表，若列表中某个元素包含该指令则输出该元素，如代码 2-30 所示。

代码 2-30　手机号码归属地信息查询程序

```scala
import scala.io.StdIn
object Phone {
    def checkPhone() {
    val phone = for(
        line <- Source.fromFile(
        "/opt/2020phonelocation.txt").getLines) yield line
    val phoneList: List[String] = phone.toList
    var num: String = StdIn.readLine
    for(line <- phoneList; if line.contains(num)) {println(line)}
    }
}
```

使用 paste 模式粘贴代码 2-30 中的代码。调用单例对象 Phone 中的 checkPhone 方法，在屏幕上输入一个手机号码段，按"Enter"键输出该手机号码段的信息，如图 2-45 所示。

```
scala> import Phone.checkPhone
import Phone.checkPhone

scala> checkPhone
115036,1477799,广东,广州,中国移动,020,510000
```

图 2-45　调用单例对象 Phone 中的 checkPhone 方法

小结

本章介绍了 Scala 的基础内容，为 Spark 的编程学习奠定了基础，本章首先介绍了 Scala 的特性及安装过程，接着结合手机号码归属地信息查询程序，介绍 Scala 函数、运算符、循环、数据结构和类的使用，使读者对 Scala 函数式编程有更加深刻的理解。

实训

实训 1　使用 Scala 编写函数过滤文本中的回文单词

1. 训练要点

（1）掌握 Scala 的数组、列表、映射的定义与使用。

（2）掌握 Scala 的 for 循环与 if 判断的使用。

（3）掌握 Scala 的函数式编程。

2. 需求说明

回文是指正向和逆向读起来相同的词，英语中也存在着回文现象，如"mom"和"dad"，英文中的回文单词给英语的学习增添了不少乐趣。现有一份英文文档 word.txt，如表 2-7 所示，请使用 Scala 编程读取文件，并编写一个函数判断文档中的每个单词是否为回文单词，若是则输出该单词。

表 2-7　word.txt 数据

My father was my hero, all throughout my life. When I was very little, he appeared to be so large. In my eyes he could do anything, we all knew he was in charge. He was a man of great strength both physically and in mind, but in him there was a gentleness, he found ways to be outgoing and kind. Many days of childhood were greeted with a kiss, and songs to me as I awoke, those days I surely miss. He made me feel so special, "Miss America" he would sing. I knew I had my father's love. It gave me courage to do most anything.

提示　　　使用 String.reverse 方法可以使字符串反转。

3. 实现思路及步骤

（1）读取 word.txt 数据，将数据放到缓存区。

（2）使用 flatMap()方法获取缓存区里面的数据，并使用空格进行分割。

（3）定义函数 isPalindrom(word:String)。

（4）在函数中判断单词正向与逆向是否一样，若是则输出该单词。

（5）调用 isPalindrom 函数。

实训 2　使用 Scala 编程输出九九乘法表

1. 训练要点

（1）掌握 Scala 循环的使用。

（2）掌握 Scala 函数式编程。

2. 需求说明

九九乘法表是我国古代人民的智慧结晶，在春秋战国时代就已在筹算中运算，到明代则改良并用在算盘上。标准、规范的九九乘法表可以帮助学生更快地记住乘法口诀。现需要使用 Scala 编程输出九九乘法表，要求输出的效果如图 2-46 所示。

```
1 * 1 = 1
1 * 2 = 2    2 * 2 = 4
1 * 3 = 3    2 * 3 = 6    3 * 3 = 9
1 * 4 = 4    2 * 4 = 8    3 * 4 = 12   4 * 4 = 16
1 * 5 = 5    2 * 5 = 10   3 * 5 = 15   4 * 5 = 20   5 * 5 = 25
1 * 6 = 6    2 * 6 = 12   3 * 6 = 18   4 * 6 = 24   5 * 6 = 30   6 * 6 = 36
1 * 7 = 7    2 * 7 = 14   3 * 7 = 21   4 * 7 = 28   5 * 7 = 35   6 * 7 = 42   7 * 7 = 49
1 * 8 = 8    2 * 8 = 16   3 * 8 = 24   4 * 8 = 32   5 * 8 = 40   6 * 8 = 48   7 * 8 = 56   8 * 8 = 64
1 * 9 = 9    2 * 9 = 18   3 * 9 = 27   4 * 9 = 36   5 * 9 = 45   6 * 9 = 54   7 * 9 = 63   8 * 9 = 72   9 * 9 = 81
```

图 2-46　九九乘法表

3. 实现思路及步骤

（1）定义函数 fun(n: Int)。

（2）在 fun 函数中，使用两个 for 循环构成算法结构。

（3）调用函数 fun(9)输出九九乘法表。

课后习题

1. 选择题

（1）以下关于 Scala 解释器（REPL）交互的基本方式说法错误的是（　　）。

A. R 表示读取（Read）　　　　　　B. E 表示执行（Evaluate）

C. P 表示解析（Parse）　　　　　　D. L 表示循环（Loop）

（2）以下关于 Scala 的特性说法错误的是（　　）。

A. Scala 是一种纯粹的面向过程的程序设计语言

B. Scala 支持函数式编程，可定义匿名函数、高阶函数，允许函数嵌套，并支持柯里化

C. Scala 以静态的方式进行抽象

D. Scala 提供了许多独特的语言机制，具有良好的可扩展性

（3）以下关于 Scala 的变量定义、赋值的代码，运行后一定会报错的是（　　）。

A. val a = 5　　　　　　　　　　　B. val a:String = "Math"

C. var b:Int = 3; b = 6　　　　　　D. val b = "Hello World!"; b = "World"

（4）以下关于数组 a 的定义，最终数组 a 的数据与其他选项不一致的是（　　）。

A. val a = Array[Int](0, 0)　　　　　B. val a = Array(0, 0)

C. val a = new Array[Int](2)　　　　D. val a = Array[Int](1, 1)

（5）以元组 pair 为例，以下关于元组说法错误的是（　　）。

A. 元组可以包含不同类型的元素

B. 元组是不可变的

C. 访问元组第一个元素的方式为 pair._1

D. 元组最多有 2 个元素

（6）表达式 for(i <- 1 to 3; for(j <- 1 to 3; if i != j)) print((10 * i + j)) + " "，输出结果正确的是（　　）。

A. 11 12 13 21 22 23 31 32 33　　　　B. 11 13 21 23 31 33

C. 12 13 21 23 31 32　　　　　　　　D. 11 12 21 22 31 32

（7）在 Scala 语言中，关于列表的定义，不正确的是（　　）。

A. val list:List[Int] = List(1,2,3)　　　B. val list = List[Int](1,2,3)

C. val list = List[String]('a', 'b', 'c')　　D. val list = List[String]()

（8）映射的示例代码如下，运行后 res 的正确结果是（　　）。

```
val data = Map(1 -> "Chinese", 2 -> "Math", 3 -> "English")
val res = for((k, v) <- data; if(k > 1)) yield v
```

A. List("Math")　　　　　　　　　B. List("Math", "English")

  C. Map(2 -> "Math", 3 -> "English") D. List(1, 2)

（9）以下关于 Scala 的类和单例对象之间的差别描述正确的是（   ）。

  A. 单例对象不可以定义方法，而类可以

  B. 单例对象不可以带参数，而类可以

  C. 单例对象不可以定义私有属性，而类可以

  D. 单例对象不可以继承，而类可以

（10）定义类 Counter，并通过 new 关键字实例化出 counter 对象，代码如下，以下选项的操作正确的是（   ）。

```
class Counter(name:String){
val a = 1
var b = "counter"
}
val counter = new Counter("computer")
```

  A. counter.name = "cpu"   B. counter.a = 2

  C. counter.b = "counter2"   D. counter.a = counter.b

2. 操作题

  "双减"政策落地后，为了体现"分数是一时之得，要从一生的长远目标来看"教育，需要通过大数据技术分析部分考试数据来提高学校老师的教学质量。某学校某班级经过期中考试后，该班级中每位同学的各科目考试成绩保存在一份文件 primary_midsemester.txt 中，文件共有 5 个数据字段，分别为学生学号（ID）、性别（gender）、语文成绩（Chinese）、英语成绩（English）、数学成绩（Math），部分数据如表 2-8 所示。

表 2-8 某学校某班级的学生各科目考试成绩部分数据

ID	gender	Chinese	English	Math
301610	male	80	64	78
301611	female	65	87	58
301612	female	44	71	77
301613	female	66	71	91
301614	female	70	71	100
301615	male	72	77	72
301616	female	73	81	75
301617	female	69	77	75
301618	male	73	61	65

  为了分析各科目老师的教学质量，请使用 Scala 函数式编程分别统计各科目考试成绩的平均分、最低分和最高分。

第3章 Spark 编程基础

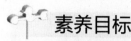

素养目标

（1）通过使用各种形式数据创建 RDD 培养严谨认真的职业素养。
（2）通过各种 RDD 键值对操作培养耐心细致的职业素养。
（3）通过将 RDD 输出为各种形式文件培养数据安全意识。

学习目标

（1）掌握创建 RDD 的方法。
（2）了解键值对 RDD 的概念。
（3）掌握 Spark 转换操作的基础用法。
（4）掌握 Spark 行动操作的基础用法。
（5）掌握不同格式的文件的读取方法。
（6）掌握将数据存储为不同格式的文件的方法。

任务背景

薪酬调整和绩效管理在现代企业的发展中发挥着重要的作用。一个企业的薪酬体系建立后，一般都会经历不断完善的过程。科学合理的企业薪酬体系能够提升员工的工作热情和积极性，激励他们为企业和社会做出更大的贡献，加强团队凝聚力，保持企业高效、稳定的发展，从而增强企业竞争力和为社会作贡献的能力。2021 年，某公司为了提高员工工作的积极性，将对公司员工进行一次调薪，促进机会公平，规范收入分配秩序，规范财富积累机制，保护合法收入，需要根据员工在 2020 年的薪资情况及在职表现重新调整薪资，对于爱岗敬业的公司员工，公司拟根据其业绩情况予以不同程度涨薪。公司有员工 2020 年上半年薪资文件（Employee_salary_first_half.csv）和下半年薪资文件（Employee_salary_ second_half.csv），两份文件的数据格式和数据字段均相同，以员工 2020 年上半年的薪资文件为例，文件共有 10 个数据字段，字段说明如表 3-1 所示。

表 3-1　员工 2020 年上半年薪资数据字段说明

字段名称	说明	字段名称	说明
EmpID	员工 ID	GROSS	总薪资
Name	姓名	Net_Pay	实际薪资
Gender	性别	Deduction	薪资扣除部分
Date_of_Birth	出生日期	Designation	职位
Age	年龄	Department	部门

为了保证较高的数据处理效率，将使用 Spark 统计每位员工 2020 年的薪资情况。本章

将介绍 Spark RDD 的创建方法、RDD 与键值对 RDD 的转换操作和行动操作的基础使用，并通过 Spark 编程实现员工薪资数据的统计分析。

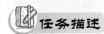
任务 3.1 读取员工薪资数据创建 RDD

任务描述

RDD 是一个容错的、只读的、可进行并行操作的数据结构，是一个分布在集群各个节点中的存放元素的集合。RDD 有 3 种不同的创建方法。第一种是将程序中已存在的 Seq 集合（如集合、列表、数组）转换成 RDD，第二种是对已有 RDD 进行转换得到新的 RDD，这两种方法都是通过内存中已有的数据创建 RDD 的。第三种是直接读取外部存储系统的数据创建 RDD。为方便后续的员工薪资分析，本节的任务是读取员工上半年和下半年的薪资数据创建 RDD。

3.1.1 从内存中读取数据创建 RDD

从内存中读取

数据创建 RDD

从内存中读取数据创建 RDD 有两种常用的方法，第一种是将内存中已有的 Seq 集合转换为 RDD，第二种是把已有 RDD 转换成新的 RDD，第二种方法将在 3.2.1 小节介绍。

SparkContext 类中有两个方法，即 parallelize()方法和 makeRDD()方法。parallelize()方法和 makeRDD()方法均利用内存中已存在的集合，复制集合的元素去创建一个可用于并行计算的 RDD。

1．parallelize()

parallelize()方法有两个输入参数，说明如下。

（1）要转化的集合：必须是 Seq 集合。Seq 表示序列，指的是一类具有一定长度的、可迭代访问的对象，其中每个数据元素均带有一个从 0 开始的、固定的索引。

（2）分区数。若不设分区数，则 RDD 的分区数默认为该程序分配到的资源的 CPU 核心数。

通过 parallelize()方法用一个数组的数据创建 RDD，并设置分区数为 4，如代码 3-1 所示，创建后查看该 RDD 的分区数，结果如图 3-1 所示。

代码 3-1　parallelize()方法创建 RDD 及查看分区个数

```
# 定义一个数组
val data = Array(1, 2, 3, 4, 5)
# 使用 parallelize()方法创建 RDD
val distData = sc.parallelize(data)
# 查看 RDD 默认分区个数
distData.partitions.size
# 设置分区个数为 4 后创建 RDD
val distData = sc.parallelize(data, 4)
# 再次查看 RDD 分区个数
distData.partitions.size
```

```
scala> val distData = sc.parallelize(data, 4)
distData: org.apache.spark.rdd.RDD[Int] = ParallelCollectionRDD[1] at parallelize at <console>:26

scala> distData.partitions.size
res1: Int = 4
```

图 3-1　查看分区个数的结果

2. makeRDD()

makeRDD()方法有两种使用方式，第一种使用方式与 parallelize()方法一致；第二种方式是通过接收一个 Seq[(T,Seq[String])]参数类型创建 RDD。第二种方式生成的 RDD 中保存的是 T 的值，Seq[String]部分的数据会按照 Seq[(T,Seq[String])]的顺序存放到各个分区中，一个 Seq[String]对应存放至一个分区，并为数据提供位置信息，通过 preferredLocations()方法可以根据位置信息查看每一个分区的值。调用 makeRDD()时不可以直接指定 RDD 的分区个数，分区的个数与 Seq[String]参数的个数是保持一致的。使用 makeRDD()方法创建 RDD，并根据位置信息查看每一个分区的值，如代码 3-2 所示，结果如图 3-2 所示。

代码 3-2　使用 makeRDD()方法创建 RDD 并查看各分区的值

```
# 定义一个序列 seq
val seq = Seq((1, Seq("iteblog.com", "sparkhost1.com")),
(3, Seq("itebolg.com", "sparkhost2.com")),
(2, Seq("iteblog.com", "sparkhost3.com")))
# 使用 makeRDD()方法创建 RDD
val iteblog = sc.makeRDD(seq)
# 查看 RDD 的值
iteblog.collect
# 查看分区个数
iteblog.partitioner
iteblog.partitions.size
# 根据位置信息查看每一个分区的值
iteblog.preferredLocations(iteblog.partitions(0))
iteblog.preferredLocations(iteblog.partitions(1))
iteblog.preferredLocations(iteblog.partitions(2))
```

```
scala> val seq = Seq((1, Seq("iteblog.com", "sparkhost1.com")),
     | (3, Seq("itebolg.com", "sparkhost2.com")),
     | (2, Seq("iteblog.com", "sparkhost3.com")))
seq: Seq[(Int, Seq[String])] = List((1,List(iteblog.com, sparkhost1.com)), (3,List(itebolg.com, sparkhost2.com)), (2,List(iteblog.com, sparkhost3.com)))

scala> val iteblog = sc.makeRDD(seq)
iteblog: org.apache.spark.rdd.RDD[Int] = ParallelCollectionRDD[2] at makeRDD at <console>:24

scala> iteblog.collect
res2: Array[Int] = Array(1, 3, 2)

scala> iteblog.partitioner
res3: Option[org.apache.spark.Partitioner] = None

scala> iteblog.partitions.size
res4: Int = 3

scala> iteblog.preferredLocations(iteblog.partitions(0))
res5: Seq[String] = List(iteblog.com, sparkhost1.com)

scala> iteblog.preferredLocations(iteblog.partitions(1))
res6: Seq[String] = List(itebolg.com, sparkhost2.com)

scala> iteblog.preferredLocations(iteblog.partitions(2))
res7: Seq[String] = List(iteblog.com, sparkhost3.com)
```

图 3-2　创建 RDD 及根据位置信息查看各分区的值

3.1.2　从外部存储系统中读取数据创建 RDD

从外部存储系统中读取数据创建 RDD 是指直接读取存放在文件系统中的数据文件创

建 RDD。从内存中读取数据创建 RDD 的方法常用于测试，从外部存储系统中读取数据创建 RDD 才是用于实践操作的常用方法。

从外部存储系统中读取数据创建 RDD 的方法可以有很多种数据来源，可通过 SparkContext 对象的 textFile()方法读取数据集。textFile()方法支持多种类型的数据集，如目录、文本文件、压缩文件和通配符匹配的文件等，并且允许设定分区个数，分别读取 HDFS 文件和 Linux 本地文件的数据并创建 RDD，具体操作如下。

（1）通过 HDFS 文件创建 RDD

这种方式较为简单和常用，直接通过 textFile()方法读取 HDFS 文件的位置即可。在 HDFS 的/user/root 目录下有一个文件 test.txt，读取该文件创建一个 RDD，如代码 3-3 所示。

代码 3-3　通过 HDFS 文件创建 RDD

```
val test = sc.textFile("/user/root/test.txt")
```

（2）通过 Linux 本地文件创建 RDD

本地文件的读取也是通过 sc.textFile("路径")的方法实现的，在路径前面加上"file://"表示从 Linux 本地文件系统读取。在 IntelliJ IDEA 开发环境中可以直接读取本地文件；但在 spark-shell 中，要求在所有节点的相同位置保存该文件才可以读取它，例如，在 Linux 的/opt 目录下创建一个文件 test.txt，任意输入 4 行数据并保存，将 test.txt 文件远程传输至所有节点的/opt 目录下，才可以读取文件 test.txt。读取 test.txt 文件，并且统计文件的数据行数，如代码 3-4 所示。

代码 3-4　通过 Linux 本地文件创建 RDD

```
# 读取本地文件 test.txt
val test = sc.textFile("file:///opt/test.txt")
# 统计 test.txt 文件的数据行数
test.count
```

3.1.3　任务实现

读取员工上、下半年薪资数据，并创建 RDD。由于数据比较多，因此适合通过读取 HDFS 上的数据创建 RDD。首先需要将数据上传至 HDFS 的/user/root 目录下，并在 spark-shell 中读取 HDFS 上的员工上、下半年薪资数据，创建 RDD，如代码 3-5 所示。

代码 3-5　创建 RDD

```
# 将数据上传至 HDFS
hdfs dfs -put /opt/data/Employee_salary_first_half.csv /user/root
hdfs dfs -put /opt/data/Employee_salary_second_half.csv /user/root
# 创建 RDD
val first_half = sc.textFile("/user/root/Employee_salary_first_half.csv")
val second_half = sc.textFile("/user/root/Employee_salary_second_half.csv")
```

注意　　读取数据的时候可以用数据的相对路径，即/user/root 可省略不写。

任务 3.2　查询上半年实际薪资排名前 3 的员工信息

任务描述

Spark RDD 提供了丰富的操作方法用于操作分布式的数据集合，包括转换操作和行动操作两部分。转换操作可以将一个 RDD 转换为一个新的 RDD，但是转换操作是懒操作，不会立刻执行计算，行动操作是用于触发转换操作的操作，经过触发后，转换操作才会真正开始进行计算。本节的任务是使用 RDD 的基本操作完成对员工上半年实际薪资的排名，并找出薪资排名前 3 的员工信息。

3.2.1　使用 map()方法转换数据

map()方法是一种基础的 RDD 转换操作，可以对 RDD 中的每一个数据元素通过某种函数进行转换并返回新的 RDD。map()方法是懒操作，不会立即进行计算。

转换操作是创建 RDD 的第二种方法，通过转换已有 RDD 生成新的 RDD。因为 RDD 是一个不可变的集合，所以如果对 RDD 数据进行了某种转换，那么会生成一个新的 RDD。例如，通过一个存放了 5 个 Int 类型的数据元素的列表创建一个 RDD，可通过 map()方法对每一个元素进行平方运算，结果会生成一个新的 RDD，如代码 3-6 所示。

代码 3-6　map()方法示例

```
# 创建 RDD
val distData = sc.parallelize(List(1, 3, 45, 3, 76))
# map()方法求平方值
val sq_dist = distData.map(x => x * x)
```

3.2.2　使用 sortBy()方法进行排序

sortBy()方法用于对标准 RDD 进行排序，有 3 个可输入参数，说明如下。

（1）第 1 个参数是一个函数 f:(T) => K，左边是要被排序对象中的每一个元素，右边返回的值是元素中要进行排序的值。

（2）第 2 个参数是 ascending，决定排序后 RDD 中的元素是升序的还是降序的，默认是 true，即升序排序，如果需要降序排序则需要将参数的值设置为 false。

（3）第 3 个参数是 numPartitions，决定排序后的 RDD 的分区个数，默认排序后的分区个数和排序之前的分区个数相等，即 this.partitions.size。

第一个参数是必须输入的，而后面的两个参数可以不输入。例如，通过一个存放了 3 个二元组的列表创建一个 RDD，对元组的第二个值进行降序排序，分区个数设置为 1，如代码 3-7 所示。

代码 3-7　sortBy()方法示例

```
# 创建 RDD
val data = sc.parallelize(List((1, 3),(45, 3),(7, 6)))
# 使用 sortBy()方法对元组的第二个值进行降序排序，分区个数设置为 1
val sort_data = data.sortBy(x => x._2, false, 1)
```

3.2.3　使用 collect()方法查询数据

collect()方法是一种行动操作，可以将 RDD 中所有元素转换成数组并返回到 Driver 端，适用于返回处理后的少量数据。因为需要从集群各个节点收集数据到本地，经过网络传输，并且加载到 Driver 内存中，所以如果数据量比较大，会给网络传输造成很大的压力。因此，数据量较大时，尽量不使用 collect()方法，否则可能导致 Driver 端出现内存溢出问题。collect()方法有以下两种操作方式。

（1）collect：直接调用 collect 返回该 RDD 中的所有元素，返回类型是一个 Array[T]数组，这是较为常用的一种方式。

使用 collect()方法查看在代码 3-6 和代码 3-7 中 sq_dist 和 sort_data 的结果，如代码 3-8 所示，结果如图 3-3 所示，分别返回了经过平方运算后的 Int 类型的数组和对元组第二个值进行降序排列后的数组。

代码 3-8　collect()方法示例

```
# 查看 sq_dist 和 sort_data 的结果
sq_dist.collect
sort_data.collect
```

```
scala> sq_dist.collect
res30: Array[Int] = Array(1, 9, 2025, 9, 5776)

scala> sort_data.collect
res31: Array[(Int, Int)] = Array((7,6), (45,3), (1,3))
```

图 3-3　collect()方法示例

（2）collect[U: ClassTag](f: PartialFunction[T, U])：RDD[U]。这种方式需要提供一个标准的偏函数，将元素保存至一个 RDD 中。首先定义一个函数 one，用于将 collect 方法得到的数组中数值为 1 的值替换为"one"，将其他值替换为"other"。创建一个只有 3 个 Int 类型数据的 RDD，在使用 collect()方法时将 one 函数作为参数，如代码 3-9 所示，结果如图 3-4 所示。

代码 3-9　collect(PartialFunction)方法示例

```
# 定义一个函数 one
val one:PartialFunction[Int, String] = {case 1 => "one";case _ => "other"}
# 创建 RDD
val data = sc.parallelize(List(2, 3, 1))
# 使用 collect()方法，将 one 函数作为参数
data.collect(one).collect
```

```
scala> val one:PartialFunction[Int, String] = {case 1 => "one";case _ => "other"}
one: PartialFunction[Int,String] = <function1>

scala> val data = sc.parallelize(List(2, 3, 1))
data: org.apache.spark.rdd.RDD[Int] = ParallelCollectionRDD[0] at parallelize at <console>:24

scala> data.collect(one).collect
res0: Array[String] = Array(other, other, one)
```

图 3-4　collect(PartialFunction)方法示例

3.2.4　使用 flatMap()方法转换数据

flatMap()方法将函数参数应用于 RDD 之中的每一个元素，将返回的迭代器（如数组、列表等）中的所有元素构成新的 RDD。使用 flatMap()方法时先进行 map（映射）再进行 flat（扁平化）操作，数据会先经过跟 map()方法一样的操作，为每一条输入返回一个迭代器（可迭代的数据类型），然后将所得到的不同级别的迭代器中的元素全部当成同级别的元素，返回一个元素级别全部相同的 RDD。这个转换操作通常用来切分单词。

例如，分别用 map()方法和 flatMap()方法分割字符串。用 map()方法分割后，每个元素对应返回一个迭代器，即数组。flatMap()方法在进行同 map()方法一样的操作后，将 3 个迭代器的元素扁平化（压成同一级别），保存在新 RDD 中，如代码 3-10 所示，结果如图 3-5 所示。

代码 3-10　flatMap()方法示例

```
# 创建 RDD
val test = sc.parallelize(List("How are you", "I am fine", "What about you"))
# 查看 RDD
test.collect
# 使用 map 分割字符串后，再查看 RDD
test.map(x => x.split(" ")).collect
# 使用 flatMap 分割字符串后，再查看 RDD
test.flatMap(x => x.split(" ")).collect
```

```
scala> val test = sc.parallelize(List("How are you", "I am fine", "What about you"))
test: org.apache.spark.rdd.RDD[String] = ParallelCollectionRDD[3] at parallelize at <console>:24

scala> test.collect
res1: Array[String] = Array(How are you, I am fine, What about you)

scala> test.map(x => x.split(" ")).collect
res2: Array[Array[String]] = Array(Array(How, are, you), Array(I, am, fine), Array(What, about, you)
)

scala> test.flatMap(x => x.split(" ")).collect
res3: Array[String] = Array(How, are, you, I, am, fine, What, about, you)
```

图 3-5　flatMap()方法示例

3.2.5　使用 take()方法查询某几个值

take(N)方法用于获取 RDD 的前 N 个元素，返回数据为数组。take()与 collect()方法的原理相似，collect()方法用于获取全部数据，take()方法获取指定个数的数据。获取 RDD 的前 5 个元素，如代码 3-11 所示，结果如图 3-6 所示。

代码 3-11　take()方法示例

```
# 创建 RDD
val data = sc.parallelize(1 to 10)
# 获取 RDD 的前 5 个元素
data.take(5)
```

```
scala> val data = sc.parallelize(1 to 10)
data: org.apache.spark.rdd.RDD[Int] = ParallelColle

scala> data.take(5)
res36: Array[Int] = Array(1, 2, 3, 4, 5)
```

图 3-6　take()方法示例

3.2.6　任务实现

查询上半年实际薪资排名前 3 的员工信息

查询上半年实际薪资排名前 3 的员工信息，需要对上半年的实际薪资进行排序，而创建 RDD 时，textFile()方法是将每一行数据作为一条记录存储的，所以在排序前需要先对数据进行转换，实现步骤如下。

（1）读取 CSV 文件，将第一行字段名称删除。

（2）将数据按分隔符“,”分隔，取出第 2 列员工姓名和第 7 列实际薪资数据，并将实际薪资数据转换成 Int 类型数据。

（3）通过 sortBy()方法根据实际薪资进行降序排列。

（4）通过 take()方法获取上半年实际薪资排名前 3 的员工信息。

实现过程如代码 3-12 所示，结果如图 3-7 所示。

代码 3-12　获取上半年实际薪资排名前 3 的员工信息

```
# 创建 RDD
val first_half = sc.textFile("/user/root/Employee_salary_first_half.csv")
# 去除首行数据
val drop_first = first_half.mapPartitionsWithIndex((ix, it) => {
    if (ix == 0) it.drop(1)
    it
    })
# 分割 RDD，并取出第 2 列员工姓名和第 7 列实际薪资数据
val split_first = drop_first.map(line => {val data = line.split(",");
    (data(1), data(6).toInt)})
# 使用 sortBy()方法根据实际薪资降序排序
```

```
val sort_first = split_first.sortBy(x => x._2, false)
# 取出上半年实际薪资排名前 3 的员工信息

sort_first.take(3)
```

```
scala> val first_half = sc.textFile("/user/root/Employee_salary_first_half.csv")
first_half: org.apache.spark.rdd.RDD[String] = /user/root/Employee_salary_first_half.csv MapPartitio
nsRDD[27] at textFile at <console>:24

scala> val drop_first = first_half.mapPartitionsWithIndex((ix, it) => {
     |             if (ix == 0) it.drop(1)
     |             it
     |         })
drop_first: org.apache.spark.rdd.RDD[String] = MapPartitionsRDD[28] at mapPartitionsWithIndex at
<console>:25

scala> val split_first = drop_first.map(line => {val data = line.split(",");(data(1), data(6).toInt)
})
split_first: org.apache.spark.rdd.RDD[(String, Int)] = MapPartitionsRDD[29] at map at <console>:27

scala> val sort_first = split_first.sortBy(x => x._2, false)
sort_first: org.apache.spark.rdd.RDD[(String, Int)] = MapPartitionsRDD[34] at sortBy at <console>:25

scala> sort_first.take(3)
res7: Array[(String, Int)] = Array((Alejandro Cantrell,330405), (Brady Calhoun,293806), (Alfred Hick
man,257302))
```

图 3-7　获取上半年实际薪资排名前 3 的员工信息

任务 3.3　查询上半年或下半年实际薪资大于 20 万元的员工姓名

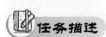任务描述

　　Spark 的转换操作和行动操作除了可以针对一个 RDD 进行操作，也可以进行 RDD 与 RDD 之间的操作。本节的任务是查询上半年或下半年实际薪资大于 20 万元的员工姓名，并将最终结果合并为一个 RDD。

3.3.1　使用 union() 方法合并多个 RDD

　　union() 方法是一种转换操作，用于将两个 RDD 合并成一个，不进行去重操作，而且两个 RDD 中每个元素中的值的个数、数据类型需要保持一致。创建两个存放二元组的 RDD，通过 union() 方法合并两个 RDD，不处理重复数据，并且每个二元组的值的个数、数据类型都是一致的，如代码 3-13 所示，结果如图 3-8 所示。

代码 3-13　union() 方法示例

```
# 创建 RDD
val rdd1 = sc.parallelize(List(('a', 1),('b', 2),('c', 3)))
val rdd2 = sc.parallelize(List(('a', 1),('d', 4),('e', 5)))
# 通过 union() 方法合并两个 RDD
rdd1.union(rdd2).collect
```

```
scala> rdd1.union(rdd2).collect
res8: Array[(Char, Int)] = Array((a,1), (b,2), (c,3), (a,1), (d,4), (e,5))
```

图 3-8　union() 方法示例

3.3.2　使用 filter()方法进行过滤

filter()方法是一种转换操作，用于过滤 RDD 中的元素。filter()方法需要一个参数，这个参数是一个用于过滤的函数，该函数的返回值为 Boolean 类型。filter()方法将返回值为 true 的元素保留，将返回值为 false 的元素过滤掉，最后返回一个存储符合过滤条件的所有元素的新 RDD。

创建一个 RDD，并且过滤掉每个元组第二个值小于等于 1 的元素，如代码 3-14 所示。其中第一个 filter()方法中使用了 "_._2"，第一个 "_" 与第二个 filter()方法中的 "x" 一样，均表示 RDD 的每一个元素，结果如图 3-9 所示。

代码 3-14　filter()方法示例

```
# 创建 RDD
val rdd1 = sc.parallelize(List(('a', 1),('b', 2),('c', 3)))
# 通过 filter()方法过滤其中每个元组第二个值小于等于 1 的元素
rdd1.filter(_._2 > 1).collect
rdd1.filter(x => x._2 > 1).collect
```

```
scala> rdd1.filter(_._2 > 1).collect
res9: Array[(Char, Int)] = Array((b,2), (c,3))

scala> rdd1.filter(x => x._2 > 1).collect
res10: Array[(Char, Int)] = Array((b,2), (c,3))
```

图 3-9　filter()方法示例

3.3.3　使用 distinct()方法进行去重

distinct()方法是一种转换操作，用于 RDD 的数据去重，去除两个完全相同的元素，没有参数。创建一个带有重复数据的 RDD，并使用 distinct()方法去重，如代码 3-15 所示，通过 collect()方法查看结果，如图 3-10 所示，其中重复的数据('a',1)已经被删除。

代码 3-15　distinct()方法示例

```
# 创建 RDD
val rdd = sc.makeRDD(List(('a', 1),('a', 1),('b', 1),('c', 1)))
# 使用 distinct()方法对 RDD 进行去重
rdd.distinct().collect
```

```
scala> val rdd = sc.makeRDD(List(('a', 1),('a', 1),('b', 1),('c', 1)))
rdd: org.apache.spark.rdd.RDD[(Char, Int)] = ParallelCollectionRDD[0] at makeRDD at <console>:24

scala> rdd.distinct().collect
res0: Array[(Char, Int)] = Array((a,1), (b,1), (c,1))
```

图 3-10　distinct()方法示例

3.3.4　使用简单的集合操作

RDD 是一个分布式的数据集合，因此也有一些与数学中的集合操作类似的操作，如求交集、并集、补集和笛卡儿积等。Spark 中的集合操作常用方法如表 3-2 所示。

表 3-2　集合操作常用方法

方法	描述
union()	参数是 RDD，合并两个 RDD 的所有元素
intersection()	参数是 RDD，求出两个 RDD 的共同元素
subtract()	参数是 RDD，将原 RDD 里和参数 RDD 里相同的元素去掉
cartesian()	参数是 RDD，求两个 RDD 的笛卡儿积

表 3-2 所示的集合操作均为转换操作。

（1）intersection()方法

intersection()方法用于求出两个 RDD 的共同元素，即找出两个 RDD 的交集，参数是另一个 RDD，先后顺序与结果无关。创建两个 RDD，其中有相同的元素，通过 intersection()方法求出两个 RDD 的交集，如代码 3-16 所示，结果如图 3-11 所示，共同元素为(a,1)、(b,1)。

代码 3-16　intersection()方法示例

```
# 创建 RDD
val c_rdd1 = sc.parallelize(List(('a', 1),('a', 1),('b', 1),('c', 1)))
val c_rdd2 = sc.parallelize(List(('a', 1),('b', 1),('d', 1)))
# 使用 intersection()方法求出两个 RDD 的共同元素
c_rdd1.intersection(c_rdd2).collect
```

```
scala> val c_rdd1 = sc.parallelize(List(('a', 1),('a', 1),('b', 1),('c', 1)))
c_rdd1: org.apache.spark.rdd.RDD[(Char, Int)] = ParallelCollectionRDD[4] at parallelize at <console>
:24

scala> val c_rdd2 = sc.parallelize(List(('a', 1),('b', 1),('d', 1)))
c_rdd2: org.apache.spark.rdd.RDD[(Char, Int)] = ParallelCollectionRDD[5] at parallelize at <console>
:24

scala> c_rdd1.intersection(c_rdd2).collect
res1: Array[(Char, Int)] = Array((a,1), (b,1))
```

图 3-11　intersection()方法示例

（2）subtract()方法

subtract()方法用于将前一个 RDD 中在后一个 RDD 出现的元素删除，可以认为是求补集的操作，返回值为前一个 RDD 去除与后一个 RDD 相同元素后的剩余值所组成的新的 RDD。两个 RDD 的顺序会影响结果。创建两个 RDD，分别为 rdd1 和 rdd2，包含相同元素和不同元素，通过 subtract()方法求 rdd1 和 rdd2 彼此的补集，如代码 3-17 所示，结果如图 3-12 所示。

代码 3-17　subtract()方法示例

```
# 创建 RDD
val rdd1 = sc.parallelize(List(('a', 1),('b', 1),('c', 1)))
val rdd2 = sc.parallelize(List(('d', 1),('e', 1),('c', 1)))
# 通过 subtract()方法求 rdd1 和 rdd2 彼此的补集
rdd1.subtract(rdd2).collect
rdd2.subtract(rdd1).collect
```

```
scala> val rdd1 = sc.parallelize(List(('a', 1),('b', 1),('c', 1)))
rdd1: org.apache.spark.rdd.RDD[(Char, Int)] = ParallelCollectionRDD[12] at parallelize at <console>:
24

scala> val rdd2 = sc.parallelize(List(('d', 1),('e', 1),('c', 1)))
rdd2: org.apache.spark.rdd.RDD[(Char, Int)] = ParallelCollectionRDD[13] at parallelize at <console>:
24

scala> rdd1.subtract(rdd2).collect
res2: Array[(Char, Int)] = Array((a,1), (b,1))

scala> rdd2.subtract(rdd1).collect
res3: Array[(Char, Int)] = Array((d,1), (e,1))
```

图 3-12　subtract()方法示例

（3）cartesian()方法

cartesian()方法可将两个集合的元素两两组合成一组，即求笛卡儿积。假设集合 A 有 5 个元素，集合 B 有 10 个元素，集合 A 的每个元素都会和集合 B 的每个元素组合成一组，结果会返回 50 个元素组合。例如，创建两个 RDD，分别有 4 个元素，通过 cartesian()方法求两个 RDD 的笛卡儿积，如代码 3-18 所示，结果如图 3-13 所示，得到一个包含 16 个元组的 RDD。

代码 3-18　cartesian()方法示例

```
# 创建 RDD
val rdd01 = sc.makeRDD(List(1, 3, 5, 3))
val rdd02 = sc.makeRDD(List(2, 4, 5, 1))
# 通过 cartesian()方法求两个 RDD 的笛卡儿积
rdd01.cartesian(rdd02).collect
```

```
scala> val rdd01 = sc.makeRDD(List(1, 3, 5, 3))
rdd01: org.apache.spark.rdd.RDD[Int] = ParallelCollectionRDD[0] at makeRDD at <console>:24

scala> val rdd02 = sc.makeRDD(List(2, 4, 5, 1))
rdd02: org.apache.spark.rdd.RDD[Int] = ParallelCollectionRDD[1] at makeRDD at <console>:24

scala> rdd01.cartesian(rdd02).collect
res0: Array[(Int, Int)] = Array((1,2), (1,4), (1,5), (1,1), (3,2), (3,4), (3,5), (3,1), (5,2), (3,2)
, (5,4), (3,4), (5,5), (5,1), (3,5), (3,1))
```

图 3-13　cartesian()方法示例

3.3.5　任务实现

输出上半年或下半年实际薪资大于 20 万元的员工姓名，首先需要过滤出两个 RDD 中实际薪资大于 20 万元的员工姓名，再将两个 RDD 得到的员工姓名合并到一个 RDD 中，对员工姓名进行去重，即可得到上半年或下半年实际薪资大于 20 万元的员工姓名，如代码 3-19 所示。

查询上半年或下半年实际薪资大于 20 万元的员工姓名

代码 3-19　输出上半年或下半年实际薪资大于 20 万元的员工姓名

```
# 创建 RDD
val first_half = sc.textFile("/user/root/Employee_salary_first_
half.csv")
    val second_half = sc.textFile("/user/root/Employee_salary_
second_half.csv")
```

```
# 删除首行字段名称数据
val drop_first = first_half.mapPartitionsWithIndex((ix, it) => {
  if (ix == 0) it.drop(1)
  it
  })
val drop_second = second_half.mapPartitionsWithIndex((ix, it) => {
  if (ix == 0) it.drop(1)
  it
  })
# 分割 RDD，并取出第 2 列员工姓名和第 7 列实际薪资数据
val split_first = drop_first.map(
    line => {val data = line.split(",");(data(1), data(6).toInt)})
val split_second = drop_second.map(
    line => {val data = line.split(",");(data(1), data(6).toInt)})
# 筛选出上半年或下半年实际薪资大于 20 万元的员工姓名
val filter_first = split_first.filter(x => x._2 > 200000).map(x => x._1)
val filter_second = split_second.filter(x => x._2 > 200000).map(x => x._1)
# 合并两个 RDD 并去重后输出结果
val name = filter_first.union(filter_second).distinct()
name.collect
```

结果如图 3-14 所示，上半年或下半年实际薪资大于 20 万元的员工共有 9 位。

```
scala> name.collect
res10: Array[String] = Array(Tyrell Cross, Paris Lozano, Brady Calhoun, Nestor Parsons, Clyde Frankl
in, Luther Glenn, Alfred Hickman, Alejandro Cantrell, Alfredo Hodges)
```

图 3-14　上半年或下半年实际薪资大于 20 万元的员工姓名

任务 3.4　输出每位员工 2020 年的总实际薪资

 任务描述

　　键值对 RDD 存储二元组，二元组分为键和值，RDD 的基本转换操作对于键值对 RDD 也同样适用。因为键值对 RDD 中包含的是二元组，所以需要传递的函数会由原来的操作单个元素的函数改为操作二元组的函数。本节的任务是计算每位员工 2020 年的总实际薪资，要求对上、下半年员工的实际薪资进行相加。

了解键值对
RDD

3.4.1　了解键值对 RDD

　　Spark 的大部分 RDD 操作支持所有类型的单值 RDD，但是也有少部分特殊的操作只能作用于键值对 RDD。键值对 RDD 是由一组组的键值对组成的，键值对 RDD 也被称为 PairRDD。键值对 RDD 提供了并行操作各个键或跨节点重新进行数据分组的操作接口，如 reduceByKey()、join() 等方法。

3.4.2　创建键值对 RDD

键值对 RDD 有多种创建方式。很多键值对类型的数据在读取时可以直接返回一个键值对 RDD。当需要将一个普通的 RDD 转化为一个键值对 RDD 时，可以使用 map() 方法进行操作。

以一个由英语单词组成的文本行为例，提取每行的第一个单词作为键（Key），将整个句子作为值（Value），创建一个键值对 RDD，如代码 3-20 所示，结果如图 3-15 所示。

代码 3-20　创建键值对 RDD

```
# 创建普通 RDD
val rdd = sc.parallelize(
    List("this is a test","how are you","I am fine","can you tell me"))
# 建立键值对 RDD
val words = rdd.map(x => (x.split(" ")(0), x))
# 查看键值对 RDD 数据
words.collect
```

```
scala> val rdd = sc.parallelize(List("this is a test","how are you","I am fine","can you tell me"))
rdd: org.apache.spark.rdd.RDD[String] = ParallelCollectionRDD[2] at parallelize at <console>:24

scala> val words = rdd.map(x => (x.split(" ")(0), x))
words: org.apache.spark.rdd.RDD[(String, String)] = MapPartitionsRDD[3] at map at <console>:25

scala> words.collect
res1: Array[(String, String)] = Array((this,this is a test), (how,how are you), (I,I am fine), (can,
can you tell me))
```

图 3-15　创建键值对 RDD

3.4.3　使用键值对 RDD 的 keys 和 values 方法

键值对 RDD，包含键和值两个部分。Spark 提供了两种方法，分别获取键值对 RDD 的键和值。keys 方法返回一个仅包含键的 RDD，values 方法返回一个仅包含值的 RDD。通过 keys 和 values 方法分别查看图 3-15 中 words 的键与值，如代码 3-21 所示，结果如图 3-16 所示。

代码 3-21　keys 和 values 方法示例

```
# 使用 keys 方法返回一个仅包含键的 RDD
val key = words.keys
# 查看 key
key.collect
# 使用 values 方法返回一个仅包含值的 RDD
val value = words.values
```

```
# 查看 value
value.collect
```

```
scala> val key = words.keys
key: org.apache.spark.rdd.RDD[String] = MapPartitionsRDD[4] at keys at <console>:25

scala> key.collect
res2: Array[String] = Array(this, how, I, can)

scala> val value = words.values
value: org.apache.spark.rdd.RDD[String] = MapPartitionsRDD[5] at values at <console>:25

scala> value.collect
res3: Array[String] = Array(this is a test, how are you, I am fine, can you tell me)
```

图 3-16   keys 和 values 方法示例

3.4.4   使用键值对 RDD 的 reduceByKey()方法

当数据集以键值对形式展现时，合并统计键相同的值是很常用的操作。reduceByKey()方法用于合并具有相同键的值，作用对象是键值对，并且只对键的值进行处理。reduceByKey()方法需要接收一个输入函数，键值对 RDD 相同键的值会根据函数进行合并，并创建一个新的 RDD 作为返回结果。

键值对 RDD
reduceByKey()
方法

在进行处理时，reduceByKey()方法将相同键的前两个值传给输入函数，产生一个新的返回值，新产生的返回值与 RDD 中相同键的下一个值组成两个元素，再传给输入函数，直到最后每个键只有一个对应的值为止。reduceByKey()方法不是一种行动操作，而是一种转换操作。

定义一个含有多个相同键的键值对 RDD，使用 reduceByKey()方法对每个键的值进行求和，如代码 3-22 所示，结果如图 3-17 所示。

代码 3-22   reduceByKey()方法示例

```
# 创建 RDD
val rdd_1 = sc.parallelize(
    List(('a', 1),('a', 2),('b', 1),('c', 1),('c', 1)))
# 使用 reduceByKey()方法将值相加
val re_rdd_1 = rdd_1.reduceByKey((a, b) => a+b)
# 查看结果
re_rdd_1.collect
```

```
scala> val rdd_1 = sc.parallelize(List(('a', 1),('a', 2),('b', 1),('c', 1),('c', 1)))
rdd_1: org.apache.spark.rdd.RDD[(Char, Int)] = ParallelCollectionRDD[2] at parallelize at <console>:23

scala> val re_rdd_1 = rdd_1.reduceByKey((a, b) => a+b)
re_rdd_1: org.apache.spark.rdd.RDD[(Char, Int)] = ShuffledRDD[3] at reduceByKey at <console>:23

scala> re_rdd_1.collect
res0: Array[(Char, Int)] = Array((b,1), (a,3), (c,2))
```

图 3-17   reduceByKey()方法示例

键值对 RDD
groupByKey()
方法

3.4.5 使用键值对 RDD 的 groupByKey()方法

groupByKey()方法用于对具有相同键的值进行分组，可以对同一组的数据进行计数、求和等操作。对于一个由类型 K 的键和类型 V 的值组成的 RDD，通过 groupByKey()方法得到的 RDD 类型是[K,Iterable[V]]。

例如，对图 3-17 中的 rdd_1 根据键进行分组，查看分组中的值，并对每个分组的值的数量进行统计，如代码 3-23 所示，结果如图 3-18 所示。

代码 3-23 groupByKey()方法示例

```
# 使用 groupByKey()方法对具有相同键的值进行分组
val g_rdd = rdd_1.groupByKey()
# 查看分组结果
g_rdd.collect
# 使用 map()方法查看分组后每个分组中的值的数量
g_rdd.map(x => (x._1, x._2.size)).collect
```

```
scala> val g_rdd = rdd_1.groupByKey()
g_rdd: org.apache.spark.rdd.RDD[(Char, Iterable[Int])] = ShuffledRDD[3] at groupByKey at <cons
ole>:23

scala> g_rdd.collect
res3: Array[(Char, Iterable[Int])] = Array((b,CompactBuffer(1)), (a,CompactBuffer(1, 2)), (c,C
ompactBuffer(1, 1)))

scala> g_rdd.map(x => (x._1, x._2.size)).collect
res4: Array[(Char, Int)] = Array((b,1), (a,2), (c,2))
```

图 3-18 groupByKey()方法示例

3.4.6 任务实现

在读取上、下半年员工薪资数据并将其转换为 RDD 的过程中，已经将数据转换成键值对 RDD。统计每位员工 2020 年的总实际薪资，首先需要将数据合并到一个 RDD 中，通过相同的键对同一个员工的上半年实际薪资和下半年实际薪资进行累加，实现步骤如下。

（1）获取上、下半年员工薪资数据并将其转换为 RDD，分别为 split_first 和 split_second。

（2）使用 union()方法将两个 RDD 合并成一个新的 RDD。

（3）通过 reduceByKey()方法统计员工总实际薪资并输出结果。

实现过程如代码 3-24 所示，结果如图 3-19 所示。

代码 3-24 统计每位员工 2020 年的总实际薪资

```
# 对代码 3-19 创建的两个 RDD，即 split_first 和 split_second，使用 union()方法合并
val all_salary = split_first.union(split_second)
# 使用 reduceByKey()方法统计员工总实际薪资
val salary = all_salary.reduceByKey((a, b) => a+b)
salary.collect
```

```
scala> val all_salary = split_first.union(split_second)
all_salary: org.apache.spark.rdd.RDD[(String, Int)] = UnionRDD[35] at union at <console>:27

scala> val salary = all_salary.reduceByKey((a, b) => a+b)
salary: org.apache.spark.rdd.RDD[(String, Int)] = ShuffledRDD[36] at reduceByKey at <console>:25

scala> salary.collect
res14: Array[(String, Int)] = Array((Bobby Horton,98683), (Victoria Werner,88513), (Harland Murray,3
02502), (Patsy Ferguson,113279), (Benito Owen,84841), (Alonso Abbott,119544), (Domenic Ross,78651),
(Lottie Johnston,97446), (Alyson Cook,119719), (Maxwell Wilcox,98238), (Lorna Bryant,121566), (Nicko
las Gill,112686), (Gabriel Knapp,110468), (Royal Hahn,140892), (Houston Montes,263356), (Monroe Wash
ington,153167), (Eldridge Mclaughlin,98007), (Darrin Guzman,242791), (Earnest Park,161030), (Fritz
Rivers,107738), (Sammie Porter,183731), (Andre Malone,226959), (Scott Brewer,121620), (Augusta Zimmer
man,131190), (Kasey Hoffman,181162), (Aldo Barajas,98424), (Michale Vincent,122753), (Kristy Orozco,
100404), (Lynne Mccann,102086), (Wendell Valencia,125453), (Ashlee Cochran,115847), (Lesley Domin...
```

图 3-19　统计每位员工 2020 年的总实际薪资

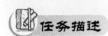

查询每位员工 2020 年的月均实际薪资

任务描述

　　在 Spark 中，键值对 RDD 提供了很多基于多个 RDD 的键进行操作的方法。本节的任务是输出每位员工 2020 年的每月平均实际薪资，需要先计算每位员工 2020 年的总实际薪资，再求出每位员工 2020 年的月均实际薪资。

3.5.1　使用 join()方法连接两个 RDD

　　将一组有键的数据与另一组有键的数据根据键进行连接，是对键值对数据常用的操作之一。与合并不同，连接会对键相同的值进行合并，连接方式多种多样，包含内连接、右外连接、左外连接、全外连接，不同的连接方式需要使用不同的连接方法，如表 3-3 所示。

键值对 RDD
join()方法

表 3-3　连接方法

连接方法	描述
join()	对两个 RDD 进行内连接
rightOuterJoin()	对两个 RDD 进行连接操作，确保第二个 RDD 的键必须存在（右外连接）
leftOuterJoin()	对两个 RDD 进行连接操作，确保第一个 RDD 的键必须存在（左外连接）
fullOuterJoin()	对两个 RDD 进行全外连接

　　对不同连接方式的连接方法的详细描述如下。

　　（1）join()方法

　　join()方法用于根据键对两个 RDD 进行内连接，将两个 RDD 中键相同的数据的值存放在一个元组中，最后只返回两个 RDD 中都存在的键的连接结果。例如，在两个 RDD 中分别有键值对(K,V)和(K,W)，通过 join()方法连接会返回(K,(V,W))。

　　创建两个 RDD，含有相同键和不同的键，通过 join()方法进行内连接，如代码 3-25 所示，查看新的 RDD 的结果，如图 3-20 所示。

代码 3-25　join()方法示例

```
# 创建 RDD
val rdd1 = sc.parallelize(List(('a', 1),('b', 2),('c', 3)))
val rdd2 = sc.parallelize(List(('a', 1),('d', 4),('e', 5)))
# 使用 join()方法对两个 RDD 进行内连接
val j_rdd = rdd1.join(rdd2)
# 查看内连接结果
j_rdd.collect
```

```
scala> val rdd1 = sc.parallelize(List(('a', 1),('b', 2),('c', 3)))
rdd1: org.apache.spark.rdd.RDD[(Char, Int)] = ParallelCollectionRDD[38] at parallelize at <console>:
24

scala> val rdd2 = sc.parallelize(List(('a', 1),('d', 4),('e', 5)))
rdd2: org.apache.spark.rdd.RDD[(Char, Int)] = ParallelCollectionRDD[39] at parallelize at <console>:
24

scala> val j_rdd = rdd1.join(rdd2)
j_rdd: org.apache.spark.rdd.RDD[(Char, (Int, Int))] = MapPartitionsRDD[42] at join at <console>:27

scala> j_rdd.collect
res15: Array[(Char, (Int, Int))] = Array((a,(1,1)))
```

图 3-20　join()方法示例

（2）rightOuterJoin()方法

rightOuterJoin()方法用于根据键对两个 RDD 进行右外连接，连接结果是右边 RDD 的所有键的连接结果，不管这些键在左边 RDD 中是否存在。在 rightOuterJoin()方法中，如果在左边 RDD 中有对应的键，那么连接结果中值显示为 Some 类型值；如果没有，那么显示为 None 值。对图 3-20 中的 rdd1 和 rdd2 进行右外连接，如代码 3-26 所示，结果如图 3-21 所示。

代码 3-26　rightOuterJoin()方法示例

```
# 使用 rightOuterJoin()方法对两个 RDD 进行右外连接
val right_join = rdd1.rightOuterJoin(rdd2)
# 查看右外连接结果
right_join.collect
```

```
scala> val right_join = rdd1.rightOuterJoin(rdd2)
right_join: org.apache.spark.rdd.RDD[(Char, (Option[Int], Int))] = MapPartitionsRDD[45] at rightOute
rJoin at <console>:27

scala> right_join.collect
res16: Array[(Char, (Option[Int], Int))] = Array((d,(None,4)), (a,(Some(1),1)), (e,(None,5)))
```

图 3-21　rightOuterJoin()方法示例

（3）leftOuterJoin()方法

leftOuterJoin()方法用于根据键对两个 RDD 进行左外连接，与 rightOuterJoin()方法相反，返回结果保留左边 RDD 的所有键。对图 3-20 的 rdd1 和 rdd2 进行左外连接，如代码 3-27 所示。结果如图 3-22 所示，rdd2 存在的键对应的值为 Some 类型值，不存在的键对应的值为 None 值。

代码 3-27　leftOuterJoin()方法示例

```
# 使用 leftOuterJoin()方法对两个 RDD 进行左外连接
val left_join = rdd1.leftOuterJoin(rdd2)
# 查看左外连接结果
left_join.collect
```

```
scala> val left_join = rdd1.leftOuterJoin(rdd2)
left_join: org.apache.spark.rdd.RDD[(Char, (Int, Option[Int]))] = MapPartitionsRDD[51] at leftOuterJ
oin at <console>:27

scala> left_join.collect
res19: Array[(Char, (Int, Option[Int]))] = Array((c,(3,None)), (a,(1,Some(1))), (b,(2,None)))
```

图 3-22　leftOuterJoin()方法示例

（4）fullOuterJoin()方法

fullOuterJoin()方法用于对两个 RDD 进行全外连接，保留两个 RDD 中所有键的连接结果，对图 3-20 中的 rdd1 和 rdd2 进行全外连接，如代码 3-28 所示，结果如图 3-23 所示。

代码 3-28　fullOuterJoin()方法示例

```
# 使用 fullOuterJoin()方法对两个 RDD 进行全外连接
val full_join = rdd1.fullOuterJoin(rdd2)
# 查看全外连接结果
full_join.collect
```

```
scala> val full_join = rdd1.fullOuterJoin(rdd2)
full_join: org.apache.spark.rdd.RDD[(Char, (Option[Int], Option[Int]))] = MapPartitionsRDD[54] at fu
llOuterJoin at <console>:27

scala> full_join.collect
res20: Array[(Char, (Option[Int], Option[Int]))] = Array((c,(Some(3),None)), (d,(None,Some(4))), (a,
(Some(1),Some(1))), (e,(None,Some(5))), (b,(Some(2),None)))
```

图 3-23　fullOuterJoin()方法示例

3.5.2　使用 zip()方法组合两个 RDD

zip()方法用于将两个 RDD 组合成键值对 RDD，要求两个 RDD 的分区数量以及元素数量相同，否则会抛出异常。

将两个非键值对 RDD 组合成一个键值对 RDD，两个 RDD 的元素个数和分区个数都相同，如代码 3-29 所示，结果如图 3-24 所示。

代码 3-29　zip()方法示例

```
# 创建 RDD
var rdd1 = sc.makeRDD(1 to 5, 2)
var rdd2 = sc.makeRDD(Seq("A","B","C","D","E"), 2)
# 使用 zip()方法组合 RDD 时，rdd1 在前和在后的两种方式如下
rdd1.zip(rdd2).collect
rdd2.zip(rdd1).collect
```

```
scala> var rdd1 = sc.makeRDD(1 to 5, 2)
rdd1: org.apache.spark.rdd.RDD[Int] = ParallelCollectionRDD[56] at makeRDD at <console>:24

scala> var rdd2 = sc.makeRDD(Seq("A","B","C","D","E"), 2)
rdd2: org.apache.spark.rdd.RDD[String] = ParallelCollectionRDD[57] at makeRDD at <console>:24

scala> rdd1.zip(rdd2).collect
res21: Array[(Int, String)] = Array((1,A), (2,B), (3,C), (4,D), (5,E))

scala> rdd2.zip(rdd1).collect
res22: Array[(String, Int)] = Array((A,1), (B,2), (C,3), (D,4), (E,5))
```

图 3-24   zip()方法示例

键值对 RDD

combineByKey()

方法

3.5.3   使用 combineByKey()方法合并相同键的值

combineByKey()方法是 Spark 中一个比较核心的高级方法，键值对的一些其他高级方法的底层均是使用 combineByKey()方法实现的，如 groupByKey()方法、reduceByKey()方法等。

combineByKey()方法用于将键相同的数据合并，并且允许返回与输入数据的类型不同的返回值，combineByKey()方法的使用方式如下。

```
combineByKey(createCombiner,mergeValue,mergeCombiners,numPartitions=None)
```

combineByKey()方法接收 3 个重要的参数，具体说明如下。

（1）createCombiner:V=>C，V 是键值对 RDD 中的值部分，将该值转换为另一种类型的值 C，C 会作为每一个键的累加器的初始值。

（2）mergeValue:(C,V)=>C，该函数将元素 V 合并到之前的元素 C(createCombiner)上（这个操作在每个分区内进行）。

（3）mergeCombiners:(C,C)=>C，该函数将两个元素 C 进行合并（这个操作在不同分区间进行）。

由于合并操作会遍历分区中所有的元素，因此每个元素（这里指的是键值对）的键只有两种情况：以前没出现过或以前出现过。对于这两种情况，3 个参数的执行情况描述如下。

（1）如果该键以前没出现过，则执行的是 createCombiner，createCombiner 会在新遇到的键对应的累加器中赋予初始值，否则执行 mergeValue。

（2）对于已经出现过的键，调用 mergeValue 进行合并操作，对该键的累加器对应的当前值（C）与新值（V）进行合并。

（3）由于每个分区都是独立处理的，因此对于同一个键可以有多个累加器。如果有两个或更多的分区都有对应同一个键的累加器，就需要使用用户提供的 mergeCombiners 对各个分区的结果（全是 C）进行合并。

例如，使用 combineByKey()方法对一个含有多个相同键值对的数据求平均值，如果一个键是首次出现的，那么为这个键生成一个累加器，初始值是键对应的值转换的元组(值,1)；如果这个键已经出现过，那么调用 mergeValue，将值加到对应键的累加器中的值部分，计数部分加 1。当每个分区都累加完毕后，将所有分区的元素进行合并，如果在不同分区有相同的键，那么调用 mergeCombiners，将不同分区的相同键的值各个部分对应相加，返回(键,(累加值,计数值))的结果，最后通过 map()方法得到平均值，如代码 3-30 所示，结果如图 3-25 所示。

代码 3-30　combineByKey()方法示例

```
# 创建 RDD
val test = sc.parallelize(
    List(("panda", 1),("panda", 8),("pink", 4),("pink", 8),("pirate", 5)))
# 使用 combineByKey()方法求平均值
val cb_test = test.combineByKey(
    count => (count, 1),
    (acc:(Int, Int), count) => (acc._1 + count, acc._2 + 1),
    (acc1:(Int, Int), acc2:(Int, Int)) => (acc1._1 + acc2._1, acc1._2 + acc2._2)
    )
cb_test.map(x => (x._1, x._2._1.toDouble / x._2._2)).collect
```

```
scala> val test = sc.parallelize(List(("panda", 1),("panda", 8),("pink", 4),("pink", 8),("pirate", 5
)))
test: org.apache.spark.rdd.RDD[(String, Int)] = ParallelCollectionRDD[63] at parallelize at <console
>:24

scala>  val cb_test = test.combineByKey(
     |     count => (count, 1),
     |     (acc:(Int, Int), count) => (acc._1 + count, acc._2 + 1),
     |     (acc1:(Int, Int), acc2:(Int, Int)) => (acc1._1 + acc2._1, acc1._2 + acc2._2))
cb_test: org.apache.spark.rdd.RDD[(String, (Int, Int))] = ShuffledRDD[64] at combineByKey at <consol
e>:25

scala> cb_test.map(x => (x._1, x._2._1.toDouble/x._2._2)).collect
res24: Array[(String, Double)] = Array((panda,4.5), (pirate,5.0), (pink,6.0))
```

图 3-25　combineByKey()方法示例

提示　　初次实现 combineByKey()方法非常容易出错，此部分代码需要耐心细致地实现！

3.5.4　使用 lookup()方法查找指定键的值

lookup(key:K)方法用于返回键值对 RDD 指定键的所有对应值。例如，通过 lookup()方法查询图 3-25 的 test 中键为 panda 的所有对应值，如代码 3-31 所示，结果如图 3-26 所示。

代码 3-31　lookup()方法示例

```
# 通过 lookup()方法查询 test 中键为 panda 的所有对应值
test.lookup("panda")
```

```
scala> test.lookup("panda")
res25: Seq[Int] = WrappedArray(1, 8)
```

图 3-26　lookup()方法示例

3.5.5　任务实现

查询每位员工 2020 年的月均实际薪资需要先筛选出上、下半年的员工薪资数据中的员工姓名和实际薪资两个字段数据并创建 RDD，然后将筛选后的两个 RDD 合并，再根据员工姓名对实际薪资求和，最后查询出 2020 年的每位员工的月均实际薪资，具体实现步骤如下。

（1）获取代码 3-19 所示的两个 RDD，即 split_first 和 split_second，使用 union()方法合并两个 RDD。

（2）使用 combineByKey()方法计算每位员工 2020 年的月均实际薪资。

实现过程如代码 3-32 所示，结果如图 3-27 所示。

代码 3-32　每位员工 2020 年的月均实际薪资

```
# 合并两个 RDD: split_first 和 split_second
val salary = split_first.union(split_second)
# 求每位员工 2020 年的月均实际薪资
val avg_salary = salary.combineByKey(
    count => (count, 0),
    (acc:(Int, Int), count) => (acc._1 + count, acc._2 + 0),
    (acc1:(Int, Int), acc2:(Int, Int)) => (acc1._1 + acc2._1, acc1._2 + acc2._2)
)

avg_salary.map(x => (x._1, x._2._1.toDouble / 12)).collect
```

```
scala> val avg_salary = salary.combineByKey(
     |                count => (count, 0),
     |                (acc:(Int, Int), count) => (acc._1 + count, acc._2 + 0),
     |                (acc1:(Int, Int), acc2:(Int, Int)) => (acc1._1 + acc2._1, acc1._2 + acc2._2))
avg_salary: org.apache.spark.rdd.RDD[(String, (Int, Int))] = ShuffledRDD[129] at combineByKey at <co
nsole>:76

scala> avg_salary.map(x => (x._1, x._2._1.toDouble / 12)).collect
res38: Array[(String, Double)] = Array((Bobby Horton,8223.583333333334), (Victoria Werner,7376.08333
3333333), (Harland Murray,25208.5), (Patsy Ferguson,9439.916666666666), (Benito Owen,7070.0833333333
33), (Alonso Abbott,9962.0), (Domenic Ross,6554.25), (Lottie Johnston,8120.5), (Alyson Cook,9976.583
333333334), (Maxwell Wilcox,8186.5), (Lorna Bryant,10130.5), (Nicklas Gill,9390.5), (Gabriel Knapp,
9205.666666666666), (Royal Hahn,11741.0), (Houston Montes,21946.333333333332), (Monroe Washington,12
763.916666666666), (Eldridge Mclaughlin,8167.25), (Darrin Guzman,20232.583333333332), (Earnest Park,
13419.166666666666), (Fritz Rivers,8978.166666666666), (Sammie Porter,15310.916666666666), (Andre Ma
lone,18913.25), (Scott Brewer,10135.0), (Augusta Zimmerman,10932.5), (Kasey Hoffman,15096.8333333...
```

图 3-27　每位员工 2020 年的月均实际薪资

任务 3.6　存储汇总后的员工薪资为文本文件

 任务描述

在实际生产环境中，需要读取的文本格式不仅包含普通的文本文件，还包含其他格式的文件，如 JSON、SequenceFile 等。此外，当数据计算或处理结束后，通常需要将结果保存，以便后续环节的分析与应用。本节的任务是学习不同格式文件的数据读取和保存，并对员工薪资统计结果进行汇总并存储为文本文件。

3.6.1　读取与存储 JSON 文件

Spark 支持的一些常见文件格式如表 3-4 所示。

表 3-4　常见文件格式

格式名称	结构化	描述
JSON	半结构化	常见的基于文本的格式，半结构化；大多数库要求每行一条记录
CSV	是	非常常见的基于文本的格式，通常在电子表格应用中使用
SequenceFile	是	一种用于键值对数据的常见 Hadoop 文件格式
文本文件	否	普通的文本文件，每一行一条记录
对象文件	是	用来存储 Spark 作业中的数据，改变类时会失效，因为对象文件依赖于 Java 序列化

　　JavaScript 对象表示法（JavaScript Object Notation，JSON）是一种使用较广泛的半结构化数据格式，被设计用于可读的数据交换，是轻量级的文本数据交换格式。JSON 解析器和 JSON 库支持许多不同的编程语言。

　　JSON 数据的书写格式是名称/值对。名称/值对包括字段名称（在双引号中）、冒号和值。数据由逗号分隔，花括号用于保存对象，方括号用于保存数组，如图 3-28 所示。

```
{
"employees": [
{ "firstName":"John" , "lastName":"Doe" },
{ "firstName":"Anna" , "lastName":"Smith" },
{ "firstName":"Peter" , "lastName":"Jones" }
]
}
```

图 3-28　JSON 数据的书写格式

　　读取 JSON 文件是指将 JSON 文件作为文本文件读取，再通过 JSON 解析器对 RDD 中的值进行映射。类似地，也可以通过 JSON 序列化库将数据转为字符串，再写出字符串作为 JSON 文件。Java 和 Scala 可以使用 Hadoop 自定义格式操作 JSON 数据。Spark SQL 读取 JSON 数据的方式将在第 5 章详述。

　　JSON 文件的读取与存储操作如下。

　　（1）JSON 文件的读取

　　读取 JSON 文件，将其作为文本文件，再对 JSON 数据进行解析。要求文件每行是一条 JSON 记录，如果记录跨行，则需要读取整个文件，对文件进行解析。在 Scala 中有很多包可以实现 JSON 文件的读取。

　　如在 HDFS 的/user/root 目录下有一份 JSON 文件 testjson.json，数据如表 3-5 所示。

表 3-5　testjson.json 数据

{"name":"jack","age":12}
{"name":"lili"," age":22}
{"name":"cc"," age":11}
{"name":"vv"," age":13}
{"name":"lee"," age":14}

　　解析 JSON 文件通常需要将记录读入一个含有数据结构格式的类中，再根据这个格式解析 JSON 文件。自定义一个 Person 类，"implicit val formats"定义了隐式参数 formats，该参数是 parse()方法和 extract()方法转换数据所依赖的参数，如代码 3-33 所示，其中 DefaultFormats 是 org.json4s 提供的一种默认转换类型，结果如图 3-29 所示。如果不加 parse(x).extract[Person]，那么代码会出错。

代码 3-33　解析 JSON 文件

```
# 导入相应包
import org.json4s._
import org.json4s.jackson.JsonMethods._
# 读取 HDFS 绝对路径/user/root 下的文件 testjson.json
val input = sc.textFile("testjson.json")
# 定义一个 Person 样例类
case class Person(name: String, age:Int)
# 定义隐式参数 formats
implicit val formats = DefaultFormats
# 解析 JSON 文件
val in_json = input.collect.map{x => parse(x).extract[Person]}
```

```
scala> import org.json4s._
import org.json4s._

scala> import org.json4s.jackson.JsonMethods._
import org.json4s.jackson.JsonMethods._

scala> val input = sc.textFile("testjson.json")
input: org.apache.spark.rdd.RDD[String] = testjson.json MapPartitionsRD
D[1] at textFile at <console>:33

scala> case class Person(name:String,age:Int)
defined class Person

scala> implicit val formats = DefaultFormats;
formats: org.json4s.DefaultFormats.type = org.json4s.DefaultFormats$@46
034134

scala> val in_json = input.collect.map{x => parse(x).extract[Person]}
in_json: Array[Person] = Array(Person(jack,12), Person(lili,22), Person
(cc,11), Person(vv,13), Person(lee,14))
```

图 3-29　解析 JSON 文件

（2）JSON 文件的存储

JSON 文件的存储比读取更加简单，不需要考虑格式错误问题，只需将由结构化数据解析成的 RDD 转化为字符串 RDD，再使用 Spark 的文本文件 API 写入即可。

例如，将图 3-29 所示的解析后的 JSON 文件重新转化成 JSON 文件并保存，结果采用 RDD 的 repartition()方法将多个分区数据写到一个分区中，如代码 3-34 所示，结果如图 3-30 所示，数据将被存储在同一个文件中。

代码 3-34　JSON 文件存储

```
# 导入相应包
import org.json4s.JsonDSL._
# 将由结构化数据解析成的 RDD 转化为字符串 RDD
val json = in_json.map{x => ("name" -> x.name)~("age" -> x.age)}
val jsons = json.map{x => compact(render(x))}
```

```
# 保存为 JSON 文件
sc.parallelize(jsons).repartition(1).saveAsTextFile("json_out")
```

```
scala> import org.json4s.JsonDSL._
import org.json4s.JsonDSL._

scala> val json = in_json.map{x =>
     |          ("name" -> x.name)~("age" -> x.age)}
json: Array[org.json4s.JsonAST.JObject] = Array(JObject(List((name,JString(jack)), (age,JInt(12)))),
 JObject(List((name,JString(lili)), (age,JInt(22)))), JObject(List((name,JString(cc)), (age,JInt(11)
))), JObject(List((name,JString(vv)), (age,JInt(13)))), JObject(List((name,JString(lee)), (age,JInt(
14)))))

scala> val jsons = json.map{x => compact(render(x))}
jsons: Array[String] = Array({"name":"jack","age":12}, {"name":"lili","age":22}, {"name":"cc","age":
11}, {"name":"vv","age":13}, {"name":"lee","age":14})

scala> sc.parallelize(jsons).repartition(1).saveAsTextFile("json_out")
```

图 3-30　JSON 文件存储

在 HDFS 的 Web 端中也可以查看存储的结果，如图 3-31 所示。

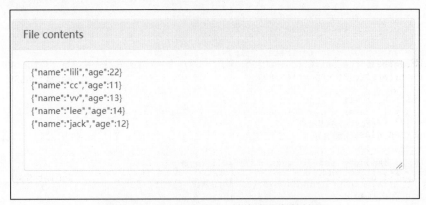

图 3-31　在 HDFS Web 端中查看存储结果

3.6.2　读取与存储 CSV 文件

逗号分隔值（Comma Separated Values，CSV）文件每行都有固定数目的字段，字段间用逗号隔开［在制表符分隔值文件（Tap Separated Value，TSV）中用制表符隔开］。在 CSV 文件的所有数据字段均没有包含换行符的情况下，可以使用 textFile() 方法读取并解析数据。同读取 JSON 文件一样，读取 CSV 文件时，先读取文本，再通过解析器解析数据。

读取与存储
CSV 文件

CSV 文件的读取与存储操作如下。

（1）CSV 文件的读取

读取 CSV 文件时需要先将文件当成文本文件读取，再对数据进行处理。以一份 CSV 格式的数据文件 testcsv.csv 为例，数据如表 3-6 所示。

表 3-6　testcsv.csv 数据

0	first	first line
1	second	second line

读取 testcsv.csv 文件的数据，如代码 3-35 所示，结果如图 3-32 所示。

代码 3-35　CSV 文件读取 1

```
# 导入相应包
import java.io.StringReader
import au.com.bytecode.opencsv.CSVReader
# 读取 CSV 文件
val input = sc.textFile("/tipdm/testcsv.csv")
# 解析 CSV 文件数据
val result = input.map{ line =>
    val reader = new CSVReader(new StringReader(line));
    reader.readNext();}
    result.collect
```

```
scala> import java.io.StringReader
import java.io.StringReader

scala> import au.com.bytecode.opencsv.CSVReader
import au.com.bytecode.opencsv.CSVReader

scala> val input = sc.textFile("/tipdm/testcsv.csv")
input: org.apache.spark.rdd.RDD[String] = /tipdm/testcsv.csv MapPartitionsRDD[
22] at textFile at <console>:68

scala> val result = input.map{ line =>
    | val reader = new CSVReader(new StringReader(line));
    |     reader.readNext();}
result: org.apache.spark.rdd.RDD[Array[String]] = MapPartitionsRDD[23] at map
at <console>:70

scala> result.collect
res14: Array[Array[String]] = Array(Array(0, first, first line), Array(1, seco
nd, second line))
```

图 3-32　CSV 文件读取 1

如果在字段中嵌有换行符，那么需要完整读入整个文件，再解析各字段。如果文件很大，那么读取和解析的过程可能会成为性能瓶颈。

读取嵌有换行符的 CSV 文件时，根据数据的结构定义一个 Data 类，将整个文件的数据加载到该类中，如代码 3-36 所示，结果如图 3-33 所示，可以看到输出结果中的数据按照类的结构读取。

代码 3-36　CSV 文件读取 2

```
# 导入相应包
import java.io.StringReader
import scala.collection.JavaConversions._
import au.com.bytecode.opercsv.CSVReader
# 定义一个 Data 类
case class Data(index:String, title:String, content:String)
# 读取 CSV 文件
val input = sc.wholeTextFiles("/tipdm/testcsv.csv")
```

```
# 解析 CSV 文件数据
val result = input.flatMap{case(_, txt) =>
    val reader = new CSVReader(new StringReader(txt));reader.readAll().map(
    x => Data(x(0),x(1),x(2)))}
result.collect
```

```
scala> import java.io.StringReader
import java.io.StringReader

scala> import scala.collection.JavaConversions  ._
import scala.collection.JavaConversions._

scala> import au.com.bytecode.opencsv.CSVReader
import au.com.bytecode.opencsv.CSVReader

scala> case class Data(index:String, title:String, content:String)
defined class Data

scala> val input = sc.wholeTextFiles("/tipdm/testcsv.csv")
input: org.apache.spark.rdd.RDD[(String, String)] = /tipdm/testcsv.csv MapPartitions
RDD[1] at wholeTextFiles at <console>:29

scala> val result = input.flatMap{case(_, txt) =>
     | val reader = new CSVReader(new StringReader(txt));reader.readAll().map(
     | x => Data(x(0),x(1),x(2)))}
result: org.apache.spark.rdd.RDD[Data] = MapPartitionsRDD[2] at flatMap at <console>
:32

scala> result.collect
res0: Array[Data] = Array(Data(0,first,first line), Data(1,second,second line))
```

图 3-33　CSV 文件读取 2

（2）CSV 文件的存储

CSV 文件的存储相当简单，可以通过重用输出编码器加速。在 CSV 格式数据的输出中，并不会对每条数据都记录对应的字段名，因此需要创建一种映射关系使数据的输出顺序保持一致。其中一种方法是通过函数将各字段都转化为指定顺序的数组，需要注意，数据字段必须是已知的。

例如，对图 3-33 转化后的数据进行存储，如图 3-34 所示。

```
scala> import java.io.{StringReader, StringWriter}
import java.io.{StringReader, StringWriter}

scala> import au.com.bytecode.opencsv.{CSVReader, CSVWriter}
import au.com.bytecode.opencsv.{CSVReader, CSVWriter}

scala> result.map(data => List(data.index, data.title, data.content).toArray).
mapPartitions { data =>
     |     val stringWriter = new StringWriter();
     |     val csvWriter = new CSVWriter(stringWriter);
     |     csvWriter.writeAll(data.toList)
     |     Iterator(stringWriter.toString)
     |   }.saveAsTextFile("/tipdm/csv_out")
```

图 3-34　CSV 文件存储

3.6.3 读取与存储 SequenceFile 文件

SequenceFile 是由没有相对关系结构的键值对组成的常用 Hadoop 文件格式。

SequenceFile 文件的存储与读取操作如下。

（1）SequenceFile 文件的存储

SequenceFile 文件的存储非常简单，首先保证有一个键值对 RDD，直接调用 saveAsSequenceFile()方法保存数据，可以自动将键和值的类型转化为 Writable 类型。转化一个存储二元组的列表创建 RDD，其中二元组的第一个值表示动物名，第二个值表示该动物的数量，将 RDD 存储为序列化文本，如代码 3-37 所示，结果如图 3-35 所示。

代码 3-37   SequenceFile 文件的存储

```
# 导入相应包
import org.apache.hadoop.io.{IntWritable, Text}
# 创建 RDD
val rdd = sc.parallelize(List(("Panda", 3),("Monkey", 6),("Snail", 2)))
# 保存
rdd.saveAsSequenceFile("/tipdm/outSeq")
```

```
scala> import org.apache.hadoop.io.{IntWritable, Text}
import org.apache.hadoop.io.{IntWritable, Text}

scala> val rdd = sc.parallelize(List(("Panda", 3),("Monkay", 6),("Snail", 2)))
rdd: org.apache.spark.rdd.RDD[(String, Int)] = ParallelCollectionRDD[0] at parallelize at <console>:
25

scala> rdd.saveAsSequenceFile("/tipdm/outSeq")
```

图 3-35   SequenceFile 文件的存储

查看 HDFS 上 SequenceFile 文件的存储情况，如图 3-36 所示，显示的数据虽然是乱码，但存储并没有问题。数据存储时键的类型被转化为 Text 类型，值的类型被转化为 IntWritable 类型。

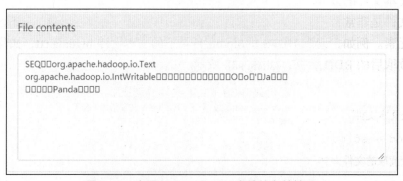

图 3-36   查看 SequenceFile 文件的存储情况

（2）SequenceFile 文件的读取

Spark 有专门读取 SequenceFile 文件的接口，如 SparkContext 中的 sequenceFile(path, keyClass,valueClass,minPartitions)方法。SequenceFile 文件的数据类型是 Hadoop 的 Writable

类型，所以 keyClass 和 valueClass 参数必须定义为正确的 Writable 类。

例如，读取图 3-35 中输出的 SequenceFile 文件，如代码 3-38 所示。数据有两个字段，分别是动物名和动物数量，因此，keyClass 是 Text 类型的，valueClass 是 IntWritable 类型的。结果如图 3-37 所示。

代码 3-38　SequenceFile 文件的读取

```
# 读取 SequenceFile 文件
val output = sc.sequenceFile(
    "/tipdm/outSeq", classOf[Text], classOf[IntWritable]).map{
    case(x,y)=>(x.toString, y.get())}
# 查看读取的文件内容
output.collect.foreach(println)
```

```
scala> val output = sc.sequenceFile("/tipdm/outse", classOf[Text], classOf[Int
Writable]).map{case (x, y) => (x.toString, y.get())}
output: org.apache.spark.rdd.RDD[(String, Int)] = MapPartitionsRDD[38] at map
at <console>:69

scala> output.collect.foreach(println)
(Panda,3)
(Kay,6)
(Snail,2)
```

图 3-37　SequenceFile 文件的读取

3.6.4　读取与存储文本文件

文本文件是一种典型的顺序文件，按文件的逻辑结构划分又属于流式文件。文本文件中只能存储文件有效字符信息（包括能用 ASCII 字符表示的回车符、换行符等信息），不能存储其他信息，因此文本文件不能存储声音、动画、图像、视频等信息。在 Windows 系统中，文本文件的扩展名是 ".txt"。

文本文件的读取和存储操作如下。

（1）文本文件的读取

文本文件是非常常用的一种文件，通过 textFile()方法即可直接读取，一条记录（一行）作为一个元素。例如，读取 HDFS 的/tipdm 目录下的文本文件 bigdata.txt，如代码 3-39 所示，查看读取后的 RDD 数据，如图 3-38 所示。

代码 3-39　文本文件的读取

```
# 读取文本文件
val rdd = sc.textFile("/tipdm/bigdata.txt")
# 查看读取的文件内容
rdd.collect
```

```
scala> rdd.collect
res40: Array[String] = Array(1008 大数据基础 93, 1009 大数据基础 89, 1010 应用数学 91,
 1011 应用数学 96)
```

图 3-38　文本文件的读取

（2）文本文件的存储

文本文件的存储也是非常常用的，对数据进行处理之后，通常需要将结果保存以用于分析或存储。RDD 数据可以直接调用 saveAsTextFile()方法将数据存储为文本文件。

例如，将代码 3-40 所创建的 RDD 数据存储为一个文本文件，并通过 repartition()方法重新设置分区数量为 1，如代码 3-40 所示。

代码 3-40　文本文件的存储

```
# 文本文件的存储

rdd.repartition(1).saveAsTextFile("/tipdm/bigDataOutPut")
```

查询 HDFS Web 端上的数据存储结果，如图 3-39 所示。

图 3-39　HDFS Web 端上的数据存储结果

将汇总后的员工
薪资数据保存为
文本文件

3.6.5　任务实现

对员工 2020 年的薪资情况已经进行了统计，现需要将员工姓名、上半年实际薪资、下半年实际薪资、2020 年总实际薪资和 2020 年员工月均实际薪资的统计结果保存为文本文件。根据任务 3.1～3.5 获取所需的 RDD 数据，将 RDD 数据根据员工姓名进行连接，并使用 saveAsTextFile()方法将连接后的新的 RDD 数据保存为文本文件，如代码 3-41 所示。

代码 3-41　存储汇总结果为文本文件

```
# 读取上、下半年员工薪资数据

val first_half = sc.textFile("/user/root/Employee_salary_first_half.csv")

val second_half = sc.textFile("/user/root/Employee_salary_second_half.csv")

# 去除首行

val drop_first = first_half.mapPartitionsWithIndex((ix, it) => {

    if (ix == 0) it.drop(1)

    it

    })

val drop_second = second_half.mapPartitionsWithIndex((ix, it) => {
```

```
    if (ix == 0) it.drop(1)
    it
    })
```

获取员工姓名、上半年实际薪资和下半年实际薪资

```
val split_first = drop_first.map(
    line => {val data = line.split(",");(data(1), data(6).toInt)})
val split_second = drop_second.map(
    line => {val data = line.split(",");(data(1), data(6).toInt)})
```

获取员工 2020 年总实际薪资

```
val all_salary = split_first.union(split_second)
val salary = all_salary.reduceByKey((a, b) => a+b)
```

2020 年月均实际薪资

```
val avg_salary = all_salary.combineByKey(
    count => (count, 0),
    (acc:(Int, Int), count) => (acc._1 + count, acc._2 + 0),
    (acc1:(Int, Int), acc2:(Int, Int)) => (acc1._1 + acc2._1, acc1._2 + acc2._2)
    )
val avg = avg_salary.map(x => (x._1, x._2._1.toDouble / 12))
```

使用 join 合并所需 RDD，并转换数据成"员工姓名,上半年实际薪资,下半年实际薪资,
2020 年总实际薪资,2020 年月均实际薪资"的形式

```
val total = split_first.join(split_second).join(salary).join(avg).map(
    x => Array(x._1, x._2._1._1._1, x._2._1._1._2,
    x._2._1._2, x._2._2).mkString(","))
```

保存结果成文本文件存储到 HDFS 上

```
total.repartition(1).saveAsTextFile("/tipdm/total")
```

在 HDFS Web 端查看存储的数据，如图 3-40 所示。数据已成功保存为文本文件。

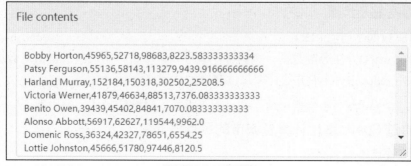

图 3-40　汇总结果

小结

本章主要介绍了 Spark RDD 的转换操作和行动操作。以员工薪资统计为任务，介绍了普通 RDD 和键值对 RDD 操作方法的作用及使用方法，根据员工薪资统计的需求使用合适的转换操作和行动操作，在 spark-shell 中实现员工薪资统计，为后面的 Spark 高阶编程和 Spark 子框架的使用奠定了基础。

本部分任务将为后续分析任务提供 RDD 数据基础,任务最终实现对公司中爱岗敬业员工的正向激励，从而提升企业效率，使企业能够为社会做出更大贡献。

实训

实训 1　通过 Spark 编程统计某月份的客户总消费金额

1. 训练要点

（1）掌握数据读取和存储的方法。

（2）掌握 RDD 基本操作。

2. 需求说明

大数据和人工智能技术的应用，使得我国广大科技工作者能够把握大势、抢占先机、直面问题、迎难而上，瞄准世界科技前沿，引领科技发展方向。

本任务中，某互联网企业，创建了线上购物平台，开拓了新的商品销售渠道。现有一份某电商 2020 年 12 月份的订单数据文件 online_retail.csv，记录了每位顾客每笔订单的购物情况，包含 3 个数据字段，字段说明如表 3-7 所示。因为该电商准备给重要的客户发放购物津贴作为福利回馈，提高顾客满意度，所以需要统计每位客户的总消费金额，并筛选出消费金额排在前 50 名的客户。

表 3-7　某电商的订单数据字段说明

字段名称	说明
Invoice	订单编号
Price	订单价格（单位：元）
Customer ID	客户编号

3. 实现思路及步骤

（1）读取数据并创建 RDD。

（2）通过 map()方法分割数据，选择客户编号和订单价格字段组成键值对数据。

（3）使用 reduceByKey()方法计算每位客户的总消费金额。

（4）使用 sortBy()方法对每位客户的总消费金额进行降序排序，取出前 50 条数据。

实训 2　通过 Spark 编程计算各城市的平均气温

1. 训练要点

（1）掌握 RDD 创建方法。

（2）掌握 map()、groupBy()、mapValues()、reduce()方法的使用。

2. 需求说明

天气预报每天都会显示各城市的温度，方便出行人士根据当天的温度穿上合适的衣物。现有一份各城市的温度数据文件 avgTemperature.txt，数据如表 3-8 所示，记录了某段时间范围内各城市每天的温度，文件中每一行数据分别表示城市名和温度，现要求使用 Spark 编程计算出各城市的平均气温。

表 3-8　各城市温度部分数据

beijing	28.1
shanghai	28.7
guangzhou	32.0
shenzhen	33.1
beijing	27.3
shanghai	30.1
guangzhou	33.3
shenzhen	28.6
beijing	28.2
shanghai	29.1
guangzhou	32.0
shenzhen	32.1

3. 实现思路及步骤

（1）通过 textFile()方法读取数据创建 RDD。

（2）使用 map()方法将输入数据按制表符进行分割，并转化成(城市,温度)的形式。

（3）使用 groupBy()方法按城市分组，得到每个城市对应的所有温度。

（4）使用 mapValues()和 reduce()方法计算各城市平均气温。

课后习题

1. 选择题

（1）以下方法中，从外部存储系统中创建 RDD 使用的方法是（　　　）。

    A．makeRDD()　　　　　　　　　　B．parallelize()

    C．textFile()　　　　　　　　　　　D．testFile()

（2）以下是转换操作的方法是（　　　）。

    A．reduce()　　　　　　　　　　　B．saveAsTextFile()

    C．filter()　　　　　　　　　　　　D．foreach()

（3）以下是行动操作的方法是（　　　）。

    A．collect()　　　　　　　　　　　B．map()

    C．union()　　　　　　　　　　　　D．distinct()

（4）关于 sortBy()方法的三个可输入参数，以下选项中描述错误的是（　　　）。

    A. 第一个可输入参数是一个函数 f:(T) => K，左边是被排序对象中的每一个元素，右边返回的值是元素中要进行排序的值

    B. 第二个可输入参数决定 RDD 里的元素是升序排列还是降序排列，默认是降序排列

    C. 第三个可输入参数是 numPartitions，该参数决定排序后的 RDD 的分区个数

    D. 第一个参数是必须输入的

（5）关于 RDD 集合操作方法，以下选项中描述错误的是（　　　）。

    A. intersection()方法：求出两个 RDD 的共同元素

    B. union()方法：合并两个 RDD 的所有元素

    C. subtract()方法：将原 RDD 里和参数 RDD 里不相同的元素去掉

    D. cartesian()方法：求两个 RDD 的笛卡儿积

（6）关于键值对 RDD 的连接操作，以下选项中描述正确的是（　　　）。

    A. join()方法：对两个 RDD 进行全外连接

    B. rightOuterJoin()方法：对两个 RDD 进行左外连接

    C. leftOuterJoin()方法：对两个 RDD 进行右外连接

    D. fullOuterJoin()方法：对两个 RDD 进行全外连接

（7）对于 RDD((a, 1), (a, 2), (a, 3))，使用"reduceByKey(_ + _)"进行合并，得到的结果是（　　　）。

    A. (a, 3)   B. (a, 6)

    C. (3a, 6)   D. (3a, 1, 2, 3)

（8）对于 RDD1((a, 1), (b, 2), (c, 3))和 RDD2((b, 4), (b, 5), (a, 6))，使用"RDD1.join(RDD2)"，得到的结果是（　　　）。

    A. (a, (1, 6))、(b, (2, 4))、(b, (2, 5))

    B. (a, (6, 1))、(b, (4, 2))、(b, (5, 2))

    C. (a, (1, 6))、(b, (2, 4))、(b, (2, 5))、(c, (3, null))

    D. (a, (1, 6))、(b, (2, 4))、(b, (2, 5))、(c, 3)

（9）以下程序的输出结果是（　　　）。

```scala
val alphabet = List("A", "B", "C")
val nums = List(1,2)
print(alphabet.zip(nums))
```

    A. List((A, 1), (B, 2), (C, null))   B. List((A, 1), (B, 2), (C))

    C. ((A, 1), (B, 2))   D. List((A, 1), (B, 2))

（10）saveAsTextFile()方法用于将（　　　）以文本文件的格式存储到文件系统中。

    A. 列表   B. 数组

    C. Seq   D. RDD

2. 操作题

普通高等学校招生全国统一考试，简称"高考"。"今天的学生就是未来实现中华民族

伟大复兴中国梦的主力军，广大教师就是打造这支民族'梦之队'的筑梦人。"通过高考，广大学子走上了实现中国梦的新征程。现有一份 2019 年我国部分省份高考分数线数据文件 examination2019.csv，共有 4 个数据字段，字段说明如表 3-9 所示。

表 3-9　高考分数线数据字段说明

字段名称	说明
地区	省、直辖市或自治区
考生类别	考生报考类别，如理科
批次	划定的学校级别，如本科批次
分数线	达到所属批次的最低分

为了解 2019 年全国各地的高考分数线情况，请使用 Spark 编程，完成以下需求。

（1）读取 examination2019.csv 并创建 RDD。

（2）查找出各地区本科批次的分数线。

（3）将结果以文本格式存储到 HDFS 上。

第 ④ 章　Spark 编程进阶

素养目标

（1）通过配置使用 IntelliJ IDEA 软件培养耐心细致、严谨踏实的职业素养。
（2）通过使用 RDD 持久化技能培养精益求精的工匠精神。
（3）通过使用 Spark-submit 提交程序培养耐心细致的职业素养。

学习目标

（1）掌握在 IntelliJ IDEA 中安装 Scala 插件。
（2）掌握在 IntelliJ IDEA 中搭建 Spark 开发环境。
（3）熟悉 Spark 工程的创建过程。
（4）掌握运行 Spark 程序的方法。
（5）了解持久化与数据分区。

任务背景

　　企业等市场主体是我国经济活动的主要参与者、就业机会的主要提供者、技术进步的主要推动者。在全面建设社会主义现代化国家新征程中，如何为企业培养急需的人才，是教育尤其是职业教育急需解决的重要问题，通过科学教育满足企业需求人才、实现国家强盛，深入实施科教兴国战略、人才强国战略、创新驱动发展战略。具体到大数据产业，通过组织相关竞赛对新人进行培养和考察无疑是一个很好的解决方案，竞赛的发展与大数据技术人才的培养是互相促进的，青年强，则国家强。数据竞赛通常会作为高校推进大数据相关学科建设的重要手段，以赛促学，以赛促教，而部分企业也会通过竞赛的方式挖掘优秀人才。

　　通过数据竞赛网站，学生可以浏览和选择合适的竞赛。数据竞赛网站的出现也意味着有相应的用户访问记录；网站运营商通过对用户访问记录的分析，可以对当前网站或竞赛项目进行合理、有效的改良，吸引更多的人参与到竞赛项目中。

　　某竞赛网站经过几年的运营，保存了众多用户对该网站的访问日志数据。依据用户的历史浏览记录研究用户的兴趣爱好，改善用户体验，需要对网站用户的访问日志数据进行分析。现有一份该竞赛网站 2020 年 5 月至 2021 年 2 月的用户访问日志数据文件 raceData.csv，数据字段说明如表 4-1 所示。

表 4-1　竞赛网站用户访问日志数据字段说明

字段名称	说明
id	序号
content_id	网页 ID
userid	用户 ID

续表

字段名称	说明
sessionid	会话 ID
date_time	访问时间
page_path	网址

　　网站的访问次数分布情况对网站运营商来说是非常重要的指标之一，因此需要针对网站的用户访问日志数据，统计竞赛网站每月的访问量。考虑到网站的用户访问日志数据的数据规模非常庞大，使用一般的数据分析工具处理这些数据的效率很低，因此将使用 Spark 框架对网站的用户访问日志数据进行统计分析，并且为了模拟真实的生产环境，将使用 IntelliJ IDEA 工具进行 Spark 编程。

　　本章将首先介绍 IntelliJ IDEA 工具及 Scala 插件的安装过程，并介绍在 IntelliJ IDEA 中配置 Spark 运行环境的过程，再详细介绍如何在开发环境中和集群环境中提交并运行 Spark 程序，结合竞赛网站用户访问日志数据实例，在 IntelliJ IDEA 中进行 Spark 编程、实现网站的访问量统计。

任务 4.1　搭建 Spark 开发环境

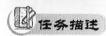

　　使用 Spark 框架进行数据分析需要有合适的编程环境。第 3 章介绍了 Spark 编程的基础操作，操作的过程是在 spark-shell 的交互式环境中进行的，这样的交互式环境会对每个指令做出反馈，适合初学者学习或调试代码时使用。而在真实的生产环境中，完成一个任务通常需要很多行代码，并且需要多个类协作才能实现，因此需要更加适合的开发环境，如 IntelliJ IDEA。本节的任务是下载并安装 IntelliJ IDEA，并在 IntelliJ IDEA 中安装 Scala 插件，添加 Spark 开发依赖包，配置 Spark 运行环境，实现 Spark 工程的创建、Spark 程序的编写与运行。

4.1.1　下载与安装 IntelliJ IDEA

　　在相关官网下载 IntelliJ IDEA 安装包，安装包名称为"ideaIC-2018.3.6.exe"（Windows 版本），本书使用的 IntelliJ IDEA 版本为社区版，即 Community 版，社区版是开源的。

　　下载与安装 IntelliJ IDEA 的操作步骤如下。

　　（1）双击 IntelliJ IDEA 安装包，进入安装向导界面，单击"Next"按钮。弹出图 4-1 所示的界面，设置好 IntelliJ IDEA 的安装目录后，单击"Next"按钮。完成一系列设置后，单击"Install"按钮。

图 4-1　设置 IntelliJ IDEA 安装目录

（2）弹出图 4-2 所示的界面，单击"Finish"按钮完成安装。

（3）双击桌面生成的 IntelliJ IDEA 图标启动 IntelliJ IDEA，或在"开始"菜单中，依次单击"JetBrains"→"IntelliJ IDEA Community Edition 2018.3.6"启动 IntelliJ IDEA。第一次启动 IntelliJ IDEA 时会询问是否导入以前的设定，选择不导入，如图 4-3 所示，单击"OK"按钮进入下一步。

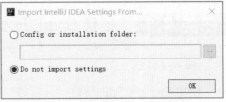

图 4-2 安装完成　　　　　　　　　　图 4-3 询问是否导入以前的设定

（4）进行 UI 主题的选择，如图 4-4 所示，可以选择深色或浅色背景，单击左下角的"Skip Remaining and Set Defaults"按钮，跳过其他设置，采用默认设置即可。

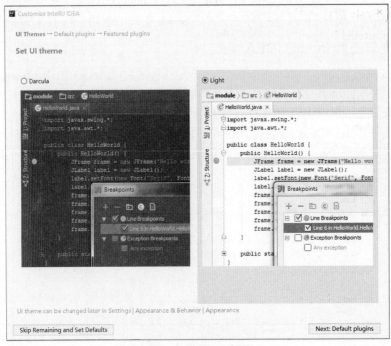

图 4-4 选择 UI 主题

（5）设置完成，出现图 4-5 所示的界面。

图 4-5　IntelliJ IDEA 欢迎界面

4.1.2　Scala 插件安装与使用

在 4.1.1 小节中，因为安装 IntelliJ IDEA 时选择了默认设置，所以 Scala 插件并没有被安装。Spark 是由 Scala 语言编写而成的，因此 IntelliJ IDEA 还需要安装 Scala 插件，配置 Scala 开发环境。Scala 插件的安装有在线安装和离线安装两种方式，具体操作过程如下。

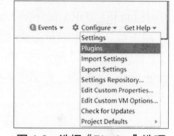

1．在线安装 Scala 插件

在线安装 Scala 插件的操作步骤如下。

（1）打开 IntelliJ IDEA，打开界面右下角的"Configure"下拉列表，选择"Plugins"选项，如图 4-6 所示。

（2）弹出"Plugins"对话框，如图 4-7 所示，直接单击"Scala"下方的"Install"按钮安装 Scala 插件即可。

图 4-6　选择"Plugins"选项

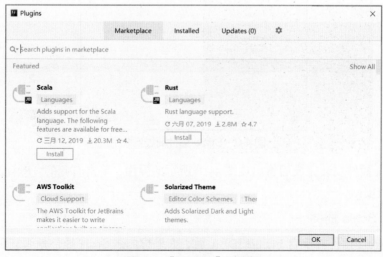

图 4-7　"Plugins"对话框

（3）安装完成后，单击"Restart IDE"按钮重启 IntelliJ IDEA，如图 4-8 所示。

图 4-8　Scala 插件在线安装

2. 离线安装 Scala 插件

使用离线安装的方式安装 Scala 插件时，Scala 插件需要提前下载至本地计算机中。本书中 IntelliJ IDEA 使用的 Scala 插件为"scala-intellij-bin-2018.3.6.zip"，可从 IntelliJ IDEA 官网下载。离线安装 Scala 插件的操作步骤如下。

（1）在图 4-7 所示的"Plugins"对话框中，单击 ✿ 按钮，在下拉列表中选择"Install plugin from disk..."选项，弹出图 4-9 所示的界面，选择 Scala 插件所在路径，单击"OK"按钮进行安装。

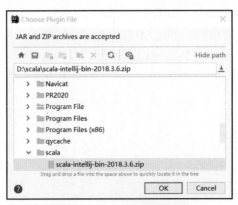

图 4-9　Scala 插件离线安装

（2）Scala 插件安装完成后将出现图 4-10 所示的界面，单击右侧的"Restart IDE"按钮重启 IntelliJ IDEA。

3. 测试 Scala 插件

安装了 Scala 插件并重启 IntelliJ IDEA 后，如果想测试 Scala 插件是否安装成功，那么可以通过创建 Scala 工程进行测试。

图 4-10　Scala 插件安装完成

（1）在图 4-5 所示的界面中，选择"Create New Project"选项，弹出"New Project"界面。选择左侧窗格的"Scala"选项，再选择右侧项目构建窗格的"IDEA"选项，单击"Next"按钮进入下一步，如图 4-11 所示。

图 4-11　新建工程

（2）弹出图 4-12 所示的界面，将工程名称定义为"HelloWorld"，自定义该工程存放路径，并选择工程所用 JDK 和 Scala SDK 版本（如果没有可用的 Scala SDK 版本，那么可以单击"Create…"按钮自行选择，并单击"OK"按钮），单击"Finish"按钮，完成 Scala 工程创建。

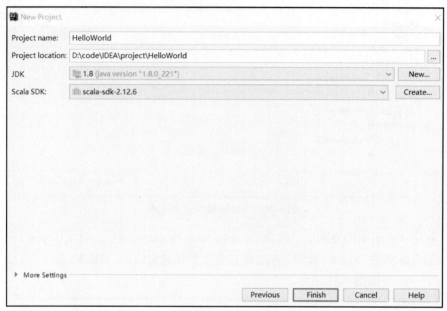

图 4-12　Scala 工程

（3）Scala 工程创建完成后，自动进入 IntelliJ IDEA 主界面，在左侧导航栏可以看到创建好的工程，HelloWorld 工程结构如图 4-13 所示。

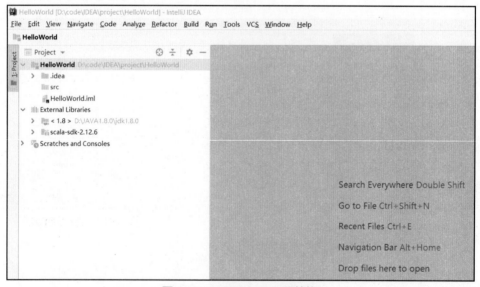

图 4-13　HelloWorld 工程结构

（4）右键单击 HelloWorld 工程下的 src 文件夹，依次选择"New"→"Package"选项，新建一个包，包名为"com.tipdm.scalaDemo"。右键单击 com.tipdm.scalaDemo 包，依次选择"New"→"Scala Class"选项，在包下新建一个 Scala 类，如图 4-14 所示。

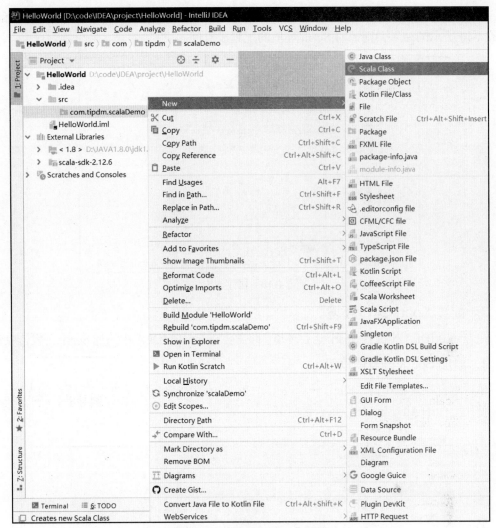

图 4-14　"Scala Class"选项

（5）弹出图 4-15 所示界面，将 Scala 类的类名设置为"HelloWorld"，并在"Kind"下拉列表中选择"Object"选项，单击"OK"按钮，完成 Scala 类的创建。

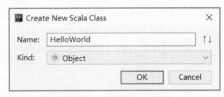

图 4-15　创建 Scala 类

（6）在类 HelloWorld 中即可编写 Scala 程序，如代码 4-1 所示。

代码 4-1　编写 Scala 程序

```scala
package com.tipdm.scalaDemo
object HelloWorld {
  def main(args: Array[String]): Unit = {
println("Hello World!")
  }
}
```

（7）选择菜单栏中的"Run"，再依次选择"Run"→"HelloWorld"选项，若控制台输出图 4-16 所示的结果，则证明 Scala 环境的配置没有问题。

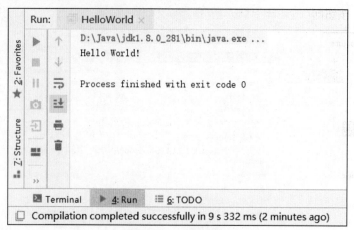

图 4-16 程序输出

4.1.3 配置 Spark 运行环境

在 IntelliJ IDEA 中配置 Spark 运行环境，即需要在 IntelliJ IDEA 中添加 Spark 开发依赖包。

1. 添加 Spark 开发依赖包

依次选择菜单栏中的"File"→"Project Structure"选项，打开图 4-17 所示的界面。也可以使用"Ctrl+Alt+Shift+S"组合键打开。

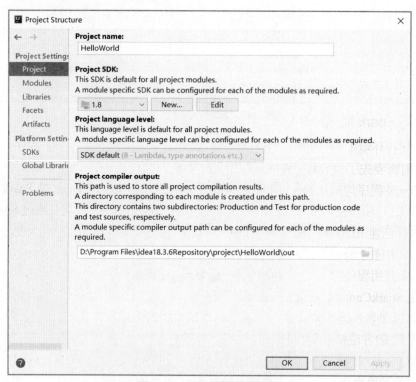

图 4-17 工程结构配置界面

打开图 4-17 所示的工程结构配置界面后，选择 "Libraries" 选项，单击 "+" 按钮，选择 "Java" 选项，在弹出的界面中找到 Spark 安装目录下的 jars 文件夹，将整个文件夹导入，如图 4-18 所示，单击 "OK" 按钮即可将 Spark 开发依赖包加入工程中。至此 Spark 的编程环境配置完成。

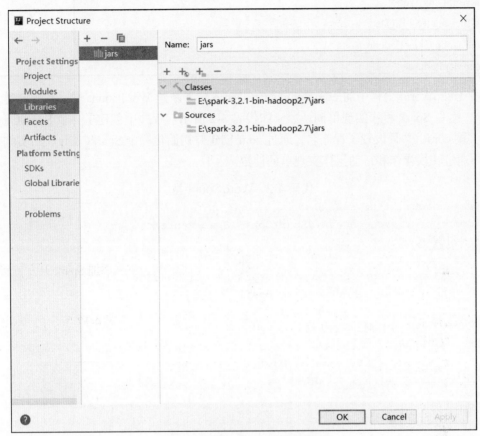

图 4-18　添加 Spark 开发依赖包

2．编写 Spark 程序

Spark 运行环境配置完成后，即可开始在 IntelliJ IDEA 中编写 Spark 程序。但在编写 Spark 程序前需要先了解 Spark 程序运行的设计要点。

任何 Spark 程序均是从 SparkContext 对象开始的，因为 SparkContext 是 Spark 应用程序的上下文和入口，所以使用 Scala、Python 或 R 语言编写的 Spark 程序，均是通过 SparkContext 对象的实例化创建 RDD 的。在 spark-shell 中 SparkContext 对象自动实例化为变量 sc。而在 IntelliJ IDEA 中进行 Spark 应用程序开发时，则需要在 main()方法中初始化 SparkContext 对象以作为 Spark 应用程序的入口，并在 Spark 程序结束时关闭 SparkContext 对象。

初始化 SparkContext 需要使用 SparkConf 类，SparkConf 包含 Spark 集群配置的各种属性参数，如程序名、运行模式等。属性参数以键值对的形式存在，一般通过 "set(属性名，属性设置值)" 的方法修改属性参数。

SparkContext 对象实例化后，即可通过实例变量进行集合转换或数据读取，并且计算过程中使用的转换操作和行动操作与在 spark-shell 环境中的一致。

以编写 Spark 程序实现单词计数为例，英文文本文件 words.txt 的数据如表 4-2 所示。

表 4-2 words.txt 数据

Hello World Our World
Hello BigData Real BigData
Hello Hadoop Great Hadoop
HadoopMapReduce

在 HelloWorld 工程中的 com.tipdm.sparkDemo 包下新建 WordCount 类，并指定类型为 object，编写 Spark 程序实现单词计数，如代码 4-2 所示。程序中创建了一个 SparkConf 对象的实例 conf，并且设置了程序名，通过 conf 创建并初始化一个 SparkContext 的实例变量 sc，再通过转换操作和行动操作实现单词计数。

代码 4-2 WordCount 类

```scala
package com.tipdm.sparkDemo
import org.apache.spark.{SparkConf, SparkContext}
object WordCount {
  def main(args: Array[String]): Unit = {
    val conf = new SparkConf().setAppName("WordCount")
    val sc = new SparkContext(conf)
    val input = "D:\\words.txt"
    // 计算各个单词出现的次数
    val count = sc.textFile(input).flatMap(x => x.split(" ")).map(
      x => (x, 1)).reduceByKey((x, y) => x + y)
    count.foreach(x => println(x._1 + "," + x._2))
  }
}
```

4.1.4 运行 Spark 程序

基于不同模式运行 Spark 程序

在开发环境中编写的类并不能像 spark-shell 环境中的一样，直接在 Spark 集群中运行，还需要配置指定的参数，并通过特定的方式才能在 Spark 集群中运行。Spark 程序的运行根据运行的位置可以分为两种方式，一种是在开发环境中运行 Spark 程序，另一种是在集群环境中运行 Spark 程序。

1. 在开发环境中运行 Spark

通过 SparkConf 对象的 setMaster()方法连接至 Spark 集群环境，即可在开发环境中直接运行 Spark 程序。

在 WordCount 类中，通过 SparkConf 实例设置程序运行模式为 "local"，如代码 4-3 所示。在 IntelliJ IDEA 中运行 Spark 程序时，文件的输入路径可以是本地路径，也可以是 HDFS 的路径，在代码 4-3 中读取的是 Windows 本地磁盘下的文件 words.txt。

代码 4-3 单词计数

```scala
package com.tipdm.sparkDemo
import org.apache.spark.{SparkConf, SparkContext}
```

```
object WordCount {
  def main(args: Array[String]): Unit = {
    // 以本地方式执行，可以指定线程数
    val conf = new SparkConf().setAppName("WordCount").setMaster("local")
    val sc = new SparkContext(conf)
    // 指定 Hadoop 安装包的 bin 文件夹的路径
    System.setProperty("hadoop.home.dir", "F:\\hadoop-3.1.4")
    // 输入文件可以是 Windows 本地文件，也可以是其他来源的文件，如 HDFS 的文件
    val input = "D:\\words.txt"
    // 计算各个单词出现的次数
    val count = sc.textFile(input).flatMap(
        x => x.split(" ")).map( x => ( x,1)).reduceByKey((x, y) => x + y)
    count.foreach(x => println(x._1 + "," + x._2))
  }
}
```

在本地开发环境中运行 Spark 程序，程序中有以下几点需要设置。

（1）设置运行模式

在 IntelliJ IDEA 中直接运行程序的关键点是设置运行模式。如果不使用 setMaster()方法设置运行模式，程序将找不到主节点（master）的 URL，就会报出相应的错误。除了通过 setMaster()方法设置运行模式之外，在 IntelliJ IDEA 中也可以通过依次选择菜单栏的"Run" → "Edit Configurations..."选项，在弹出的对话框中，选择"Application" → "HelloWorld"选项，并在右侧"VM options"文本框中输入"-Dspark.master=local"，指定为本地模式，如图 4-19 所示。其中，"local"是指定使用的运行模式。

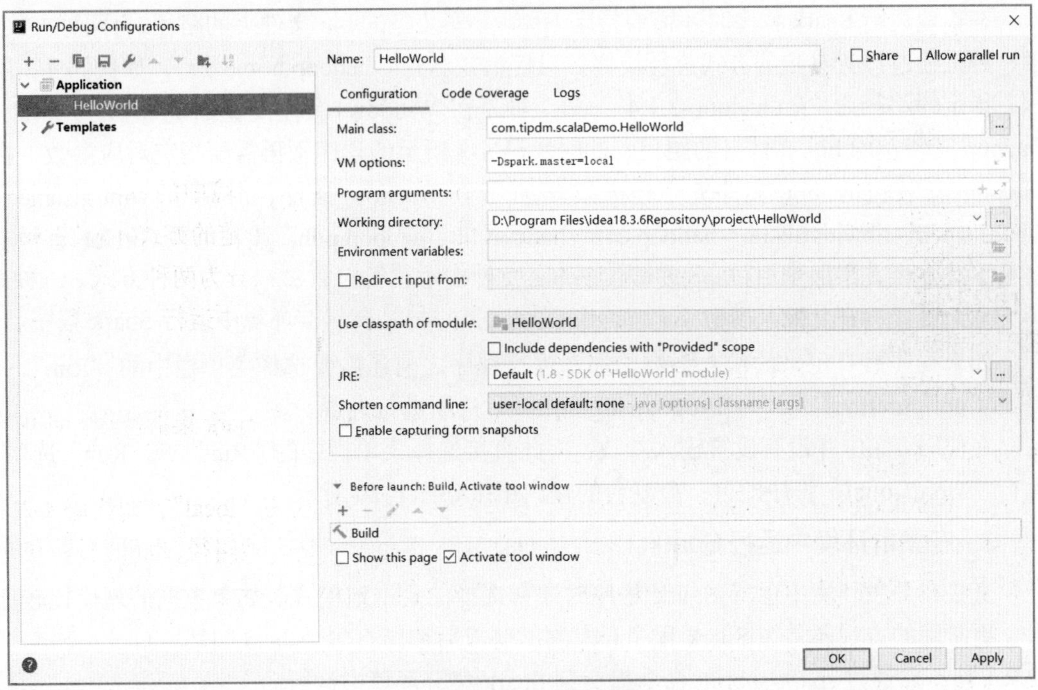

图 4-19　运行模式设置

在代码 4-3 中设置的是本地模式，可以在不开启 Spark 集群的情况下运行程序。除了本地模式"local"，还可以设置其他运行模式，如表 4-3 所示。

表 4-3　运行模式

运行模式	含义
local	使用一个工作线程在本地模式下运行 Spark（即非并行）
local[K]	使用 K 个工作线程在本地模式下运行 Spark（理想情况下，将 K 设置为机器上的内核数）
local[*]	在本地模式下运行 Spark，工作线程与机器上的逻辑内核一样多
spark://HOST:PORT	连接到指定端口的 Spark 独立集群上，默认为 7077 端口
mesos://HOST:PORT	连接到指定端口的 Mesos 集群
yarn	根据配置的值连接到 YARN 集群，使用 yarn-client 或 yarn-cluster 模式
--deploy-mode client	客户端运行模式
--deploy-mode cluster	集群运行模式

需要注意的是，"spark://HOST:PORT"是独立集群运行模式，表示程序是在 Spark 集群中运行的，因此运行该模式时一定要启动 Spark 集群。若使用本地模式或 YARN 集群运行模式，则不用打开 Spark 集群，但使用 YARN 集群运行模式时需要启动 Hadoop 集群。

（2）指定 Hadoop 安装包的 bin 文件夹的路径

在本地运行 Spark 程序时还需要指定 Hadoop 安装包的 bin 文件夹的路径，有两种方式。第一种是通过设置参数的方式进行设置，对应参数名是"hadoop.home.dir"，如代码 4-3 所示，指定的路径为"F:\\hadoop-3.1.4"。第二种是在 Windows 环境变量的 Path 变量中添加 Hadoop 安装包的 bin 文件夹的路径，此时代码 4-3 所示的程序不再需要指定对应参数。在 Hadoop 安装包的 bin 文件夹中还需要添加几个 Hadoop 插件，分别是 winutils.exe、winutils.pdb、libwinutils.lib、hadoop.exp、hadoop.lib、hadoop.pdb。读者可在 GitHub 官网上自行下载并将其添加到 Hadoop 安装包的 bin 文件夹中。

（3）设置自定义输入参数

如果程序有自定义的输入参数，那么运行程序之前还需要选择菜单栏中的"Run"→"Edit Configurations..."→"Program arguments"选项进行设置。

在代码 4-3 中并没有设置输入参数，因此直接选择菜单栏中的"Run"→"Run"选项，运行"WordCount"程序即可，控制台的输出结果如图 4-20 所示。

2. 在集群环境中运行 Spark

直接在开发环境中运行 Spark 程序时通常选择的是本地模式。如果数据的规模比较庞大，更常用的方式还是在 Spark 程序开发测试完成后编译打包为 Java 归档（Java Archive，JAR）包，并通过 spark-submit 命令提交到 Spark 集群环境中运行。

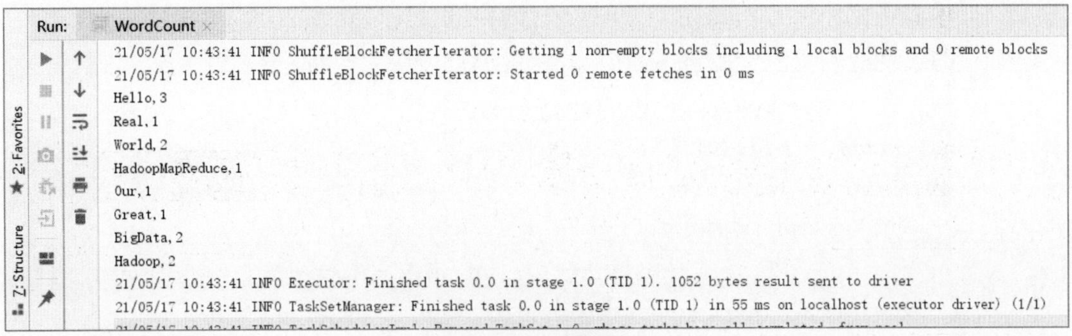

图 4-20　程序输出

spark-submit 的脚本在 Spark 安装目录的/bin 目录下，spark-submit 是 Spark 为所有支持的集群管理器提供的一个提交作业的工具。Spark 在/example 目录下有 Scala、Java、Python 和 R 的示例程序，都可以通过 spark-submit 运行。

spark-submit 提交 JAR 包到集群有一定的格式要求，需要设置一些参数，语法如下。

```
./bin/spark-submit --class <main-class> \
--master <master-url> \
--deploy-mode <deploy-mode> \
--conf <"key=value"> \
... # other options
<application-jar> \
[application-arguments]
```

如果除了设置运行的脚本名称之外不设置其他参数，那么 Spark 程序默认在本地运行。

--class：应用程序的入口，指主程序。

--master：指定要连接的集群 URL，可以接收的值如表 4-3 所示。

--deploy-mode：是否将驱动程序部署在工作节点（cluster）或本地作为外部客户端（client）。

--conf：设置任意 Spark 配置属性，允许使用"key=value WordCount"的格式设置任意的 SparkConf 配置属性。

application-jar：包含应用程序和所有依赖关系的 JAR 包的路径。

application-arguments：传递给 main()方法的参数。

将代码 4-3 所示的程序运行模式更改为打包到集群中运行，如代码 4-4 所示。程序中无须设置 master 地址、Hadoop 安装包位置。输入、输出路径可通过 spark-submit 指定。

代码 4-4　更改后的 WordCount 程序

```
package demo.spark
import org.apache.spark.{SparkConf, SparkContext}
object WordCount {
```

```
def main(args: Array[String]): Unit = {
  val conf = new SparkConf().setAppName("WordCount")
  val sc = new SparkContext(conf)
  val input = args(0)
  val output = args(1)
  // 计算各个单词出现的次数
  val count = sc.textFile(input).flatMap(x => x.split(" ")).map(
    x => (x, 1)).reduceByKey((x, y) => x + y)
  count.repartition(1).saveAsTextFile(output)
  }
}
```

程序完成后按照以下步骤进行编译打包。

（1）在 IntelliJ IDEA 中打包工程（输出 JAR 包）

在菜单栏中选择 "File" → "Project Structure" 选项，在弹出的对话框中选择 "Artifacts" 选项，单击 "＋" 按钮，依次选择 "JAR" → "Empty"，如图 4-21 所示。

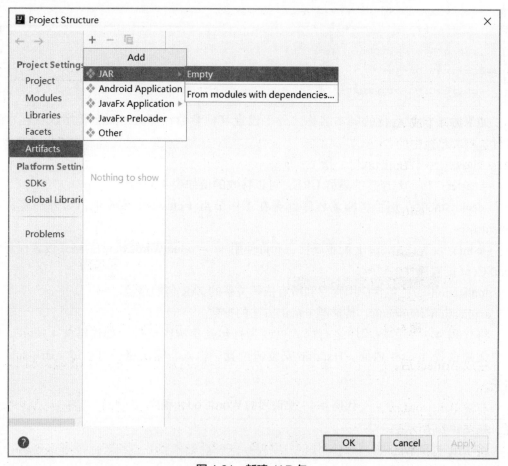

图 4-21　新建 JAR 包

在弹出的对话框中，"Name"文本框可用于自定义 JAR 包的名称，名称为"word"，双击右侧栏"HelloWorld"下的"'HelloWorld'compile output"，它会转移到左侧，如图 4-22 所示。表示已添加工程至 JAR 包中，再单击"OK"按钮即可。

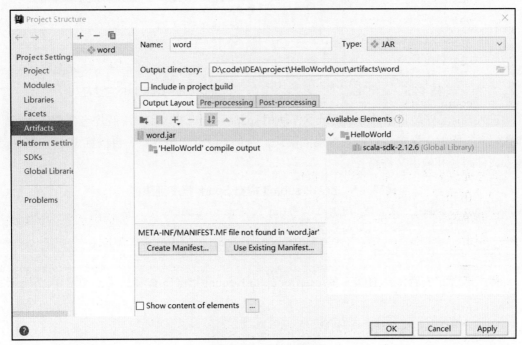

图 4-22　JAR 包设置

（2）编译生成 Artifact

选择菜单栏中的"Build"→"Build Artifacts"选项，如图 4-23 所示。在弹出的窗体中选择"word"→"Build"选项，如图 4-24 所示。

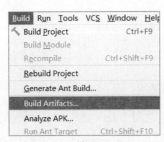

图 4-23　编译 Artifact

图 4-24　生成 Artifact

生成 Artifact 后，在工程目录中会有一个/out 目录，可以看到生成的 JAR 包，如图 4-25 所示。

右键单击 word.jar，在弹出的菜单中选择"Show in Explorer"选项，可进入 JAR 包路径，如图 4-26 所示。

将 JAR 包和 Windows 本地的 words.txt 文件上传至 Linux 的/opt 目录下，再将/opt/words.txt 上传至 HDFS 的/user/root 目录下。

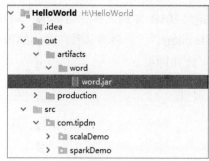

图 4-25　word.jar

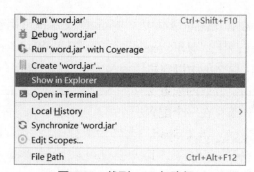

图 4-26　找到 JAR 包路径

进入 Spark 安装目录的/bin 目录下，使用 spark-submit 提交 Spark 程序至集群中运行，如代码 4-5 所示。设置运行模式为集群模式，--class 设置程序入口，再设置 JAR 包路径、输入文件路径和输出文件路径。

代码 4-5　spark-submit 提交 Spark 程序到集群

```
./spark-submit --master yarn --deploy-mode cluster \
--class demo.spark.WordCount \
/opt/word.jar /user/root/words.txt /user/root/word_count
```

程序运行完成后，在 HDFS 的/user/root/word_count 目录下查看结果，如图 4-27 所示。

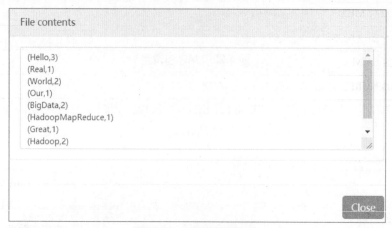

图 4-27　单词计数结果

spark-submit 提交程序除了常用的格式外，还包含对 Spark 进行性能调优的设置，通常用于修改 Spark 程序运行时的配置项。Spark 中的主要配置机制是通过 SparkConf 类对 Spark 程序进行配置的。SparkConf 实例中每个配置项都是键值对，可以通过 set()方法设置。

如果在程序中通过 SparkConf 设置了程序运行时的配置，那么在更改时需要对程序进行修改并重新打包，过程比较繁琐。Spark 允许通过 spark-submit 工具动态设置配置项。当程序被 spark-submit 脚本启动时，脚本将配置项设置到运行环境中。当创建一个 SparkConf 实例时，这些配置项将会被检测出来并进行自动配置。因此，使用 spark-submit 时，Spark 程序中只需要创建一个"空"的 SparkConf 实例，不需要进行任何设置，直接将其传给 SparkContext 的构造方法即可。

spark-submit 也支持从配置文件中读取配置项的值，这对一些与环境相关的配置项比较有用。默认情况下，spark-submit 脚本将在 Spark 安装目录中找到 conf/spark-default.conf 文件，读取文件中以空格隔开的键值对配置项，但也可以通过 spark-submit 的--properties-File 标记指定读取的配置文件的位置。

如果存在一个配置项在系统配置文件、应用程序、spark-submit 等多个地方均进行了设置的情况，那么 Spark 有特定的优先级选择实际的配置。优先级最高的是应用程序中 set() 方法设置的配置项，其次是 spark-submit 传递的参数，接着是写在配置文件中的值，最后是系统默认值。

spark-submit 为常用的 Spark 配置项提供了专用的标记，而对于没有专用标记的配置项，可以通过--conf 接收任意 Spark 配置项的值。Spark 的配置项有很多，常用的配置项如表 4-4 所示。

表 4-4　spark-submit 常用配置项

配置项	描述
--name Name	设置程序名
--jars JARS	添加依赖包
--driver-memory MEM	Driver 程序使用的内存大小
--executor-memory MEM	Executor 使用的内存大小
--total-executor-cores NUM	Executor 使用的总内核数
--executor-cores NUM	每个 Executor 使用的内核数
--num-executors NUM	启动的 Executor 数量
spark.eventLog.dir	保存日志相关信息的路径，可以是"hdfs://"开头的 HDFS 路径，也可以是"file://"开头的本地路径，路径均需要提前创建
spark.eventLog.enabled	是否开启日志记录
spark.cores.max	当应用程序运行在 Standalone 集群或粗粒度共享模式 Mesos 集群时，应用程序向集群（不是每台机器，而是整个集群）请求的最大 CPU 内核总数。如果不设置，那么对于 Standalone 集群将使用 spark.deploy. defaultCores 指定的数值，而 Mesos 集群将使用集群中可用的内核

设置 spark-submit 提交单词计数程序时的环境配置和运行时所启用的资源，如代码 4-6 所示。分配给每个 Executor 的内核数为 1，内存为 1GB。

代码 4-6　设置环境配置参数

```
./spark-submit --master yarn --deploy-mode cluster \
--executor-memory 1G \
--executor-cores 1 \
--class demo.spark.WordCount\
/opt/word.jar /user/root/words.txt /user/root/word_ count2
```

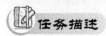

任务 4.2 统计分析竞赛网站用户访问日志数据

任务描述

网站的访问量是衡量网站吸引力的重要指标，raceData.csv 文件中有 2020 年和 2021 年共两个年份的数据，按年份统计竞赛网站每月的访问量，展示的结果会更加清晰，方便网站运营人员后续的分析。本节的任务是先学习 Spark 的持久化（缓存）和数据分区，并在 IntelliJ IDEA 中使用 Spark 编程统计竞赛网站每月的访问量，然后按年份分区，将存储结果保存至 HDFS 中。

4.2.1 设置 RDD 持久化

RDD 数据持久化

由于 Spark RDD 是惰性求值的，因此如果需要多次使用同一个 RDD，那么调用时每次都需要计算该 RDD 并执行它依赖的其他转换操作。在需要多次迭代的计算中，由于常常需要多次使用同一组数据，因此计算资源消耗会非常大。为了避免多次计算同一个 RDD，可以在 Spark 中设置数据持久化。

每个 RDD 一般情况下是由多个分区组成的，RDD 的数据分布在多个节点中，因此 Spark 持久化 RDD 数据时，由参与计算该 RDD 的节点各自保存所求出的分区数据。持久化 RDD 后，再使用该 RDD 时将不需要重新计算，直接获取各分区保存好的数据即可。如果其中有一个节点因为某种原因出现故障，那么 Spark 不需要计算所有分区的数据，只需要重新计算丢失的分区数据即可。如果希望节点故障不影响执行速度，那么在内存充足的情况下，可以使用双副本保存的高可靠机制，当其中一个副本有分区数据丢失时，则会从另一个副本中读取数据。

RDD 的持久化操作有 cache()和 persist()两种方法。每一个 RDD 都可以用不同的存储级别进行保存，从而允许持久化数据集在硬盘或内存中作为序列化的 Java 对象，甚至跨节点复制。存储级别是通过 org.apache.spark.storage.StorageLevel 对象确定的，常用存储级别如表 4-5 所示。cache()方法是使用默认存储级别的快捷方法，也就是 StorageLevel.MEMORY_ONLY（将反序列化的对象存入内存）。如果需要将数据保存到 1 个副本中，那么可以通过在存储级别末尾加上 "_2" 将数据持久化并保存为 2 份。

表 4-5 org.apache.spark.storage.StorageLevel 中的常用存储级别

级别	所需内存空间程度	所需 CPU 计算时间程度	是否在内存中	是否在磁盘上	备注
MEMORY_ONLY	高	低	是	否	数据仅保留在内存中
MEMOTY_ONLY_SER	低	高	是	否	数据序列化后保存在内存中
MEMORY_AND_DISK	高	中等	部分	部分	数据先写到内存中，内存放不下则溢写到磁盘上
MEMORY_AND_DISK_SER	低	高	部分	部分	序列化的数据先写到内存中，内存不足则溢写到磁盘上
DISK_ONLY	低	高	否	是	数据仅存在磁盘上

RDD 的存储级别应该根据需要以及具体情况设置，在 RDD 参与第一次计算后，RDD 会根据设置的存储级别保存计算后的值到内存或磁盘中。只有未曾设置存储级别的 RDD 才能设置存储级别，已经设置了存储级别的 RDD 不能修改存储级别。

针对将数据存储到内存中的存储策略，如果内存不足，那么 Spark 将使用最近最少使用（Least Recently Used，LRU）缓存策略清除最老的分区，为新的 RDD 提供存储空间。因此，缓存在内存中的 RDD 分区数据是会被清除的，不能长久保存，而缓存在磁盘上的数据则不会被清除。若内存不够存放 RDD 所有分区数据，则该 RDD 数据可能不会进行持久化，下次对该 RDD 执行转换操作或行动操作时，没有被持久化的 RDD 数据需要重新计算。

如果需要人为清除已经不需要的数据，可以使用 RDD 提供的 unpersist()方法。

例如，转化集合为 RDD 并赋值给变量 data，对 data 中的每个值都进行平方运算，设置存储级别为 MEMORY_ONLY，再通过 RDD 的数值计算方法分别求和与求均值，并输出结果，如图 4-28 所示。如果不持久化 RDD，那么求和与求均值时都会对 data 重新进行平方运算，而持久化 RDD 后，只有在输出求和结果时会计算 data，在求均值时是直接从内存中读取持久化数据的。

```
scala> import org.apache.spark.storage.StorageLevel
import org.apache.spark.storage.StorageLevel

scala> val data = sc.parallelize(List(1,2,3,4,5,6)).map(x=>x*x)
data: org.apache.spark.rdd.RDD[Int] = MapPartitionsRDD[15] at map a

scala> data.persist(StorageLevel.MEMORY_ONLY)
res9: data.type = MapPartitionsRDD[15] at map at <console>:34

scala> println(data.sum)
91.0

scala> println(data.mean)
15.166666666666666
```

图 4-28　持久化 RDD

4.2.2　设置数据分区

Spark RDD 是多个分区组成的数据集合，在分布式程序中，通信的代价是很大的，因此控制数据分区、减少网络传输是提高程序运行整体性能的重要方式。只有键值对 RDD 才能设置分区方式，非键值对 RDD 分区的值是 None。系统是根据一个针对键的函数对元素进行分区的，虽然不能控制每个键具体划分到哪个节点，但是可以控制相同特性的键落在同一

设置数据分区

个分区。每个 RDD 的分区 ID 范围是 0～(numPartitions-1)，numPartitions 是分区的个数。

设置分区方式使用的是 partitionBy()方法，需要传入一种分区方式作为参数。例如。对键值对 RDD demordd 设置分区方式，可以通过"demordd.partitionBy(分区方式)"的方式完成。获取 RDD 的分区可以使用 RDD 的 partitioner()方法，该方法会返回一个 scala.Option

对象，可以通过这个 Option 对象调用 isDefined 查看该分区中是否有值，并用 get()方法获取分区中的值，值是一个 spark.Partitioner 对象。

Spark 的系统分区方式有两种，一种是哈希分区（HashPartitioner），根据哈希值分区；另一种是范围分区（RangePartitioner），将一定范围的数据映射到一个分区中。用户也可以通过自定义分区器完成特定的分区要求。

实现自定义分区器，需要继承 org.apache.spark.Partitioner 类并实现其中的 3 个方法。

（1）def numPartitions:Int：返回需要创建的分区个数。

（2）def getPartition(key: Any)：需要对输入的键进行处理，并返回该键的分区 ID，范围一定是 0～(numPartitions-1)。

（3）equals(other: Any)：Java 语言中判断两个数据是否相等的方法，之所以要求用户实现 equals()方法，是因为 Spark 内部会比较两个 RDD 的分区是否一样。

例如，自定义一个分区器 MyPartition，要求根据键的奇偶性将数据分布在两个分区中，如代码 4-7 所示。

代码 4-7　分区器 MyPartition

```scala
package demo.partition
import org.apache.spark.Partitioner
class MyPartition(numParts: Int) extends Partitioner {
  override def numPartitions: Int = numParts
  override def getPartition(key: Any): Int = {
    if (key.toString().toInt%2 == 0) {
      0
    } else {
      1
    }
  }
  override def equals(other: Any): Boolean = other match {
    case mypartition: MyPartition => mypartition.numPartitions == numPartitions
    case _ => false
  }
}
```

在 getPartition()方法中，对 RDD 的键进行判断，若为偶数则存储在 0 分区中，否则存储在 1 分区中。equals()方法比较通过自定义的 MyPartition 分区器得到的分区是否与其他 RDD 分区一样，以此判断两个 RDD 的分区方式是否相同。

以 HDFS 上的文件 user.txt 为例，如图 4-29 所示，创建一个 ToDistribute 类，读取 user.txt 数据并创建键值对 RDD，将第 1 列的值作为键，并对 RDD 进行分区，设置分区方式为自定义的分区器 MyPartition，并将结果保存到 HDFS，如代码 4-8 所示。

图 4-29　user.txt 文件

代码 4-8　测试分区器

```scala
package demo.partition
import org.apache.spark.{SparkConf,SparkContext}
object ToDistribute {
  def main(args: Array[String]) {
    val conf = new SparkConf().setAppName("test partition")
    val sc = new SparkContext(conf)
    val input = args(0)
    val output = args(1)
    val data = sc.textFile(input).map{
      x => val y = x.split(","); (y(0), y(1))}
    val data2 = data.partitionBy(new MyPartition(2))
    data2.saveAsTextFile(output)
  }
}
```

　　对 HelloWorld 工程进行重新编译，选择菜单栏中的 "Build" → "Build Artifacts" 选项，再单击 "Rebuild" 重新编译工程，生成新的 JAR 包 word.jar，将此 JAR 包上传至 Linux 的 /opt 目录下。在 Spark 安装目录的/bin 目录下通过 spark-submit 运行程序，如代码 4-9 所示。

代码 4-9　提交测试分区器命令

```
./spark-submit --master spark://master:7077 \
--executor-memory 512M --executor-cores 1 --class demo.partition.ToDistribute
 /opt/word.jar /user/root/user.txt /user/root/part1
```

程序运行模式设置为 Spark 独立集群模式，每个 Executor 的内核数为 1，内存为 512MB，输入路径为 "/user/root/user.txt"，输出路径为 "/user/root/part1"，运行后的结果如图 4-30 所示。

Browse Directory

| /user/root/part1 | | | | | | | | Go! | 📂 ☁ ▥ |

Show 25 ∨ entries   Search: _____

☐	↕	Permission	Owner	Group	Size	Last Modified	Replication	Block Size	Name	↕
☐		-rw-r--r--	root	supergroup	0 B	Jun 08 14:41	3	128 MB	_SUCCESS	🗑
☐		-rw-r--r--	root	supergroup	27 B	Jun 08 14:41	3	128 MB	part-00000	🗑
☐		-rw-r--r--	root	supergroup	29 B	Jun 08 14:41	3	128 MB	part-00001	🗑

Showing 1 to 3 of 3 entries   Previous **1** Next

图 4-30　分区存储

分区设置为两个，因此 RDD 的数据会存储在两个文件中。按照程序的分区设置，part-00000 文件存储的是偶数键的数据，如图 4-31 所示。

File contents

```
(4,David)
(6,Fran)
(2,Bob)
```

图 4-31　偶数键数据集

奇数键的数据则被存储在 part-00001 文件中，如图 4-32 所示。

File contents

```
(3,Charlie)
(5,Ed)
(1,Alice)
```

图 4-32　奇数键数据集

　　自定义分区器可以控制数据的分区个数、每个分区中数据的内容。在存储数据时，数据按照分区器的设置保存在不同的文件中。由于 RDD 的分区存储特性，如果不自定义分区方法，或数据不是键值对 RDD，那么数据可能会分布在几个分区中，最终结果也会被存储在几个文件中，不利于对所有数据结果的查看。

　　RDD 中还有两种可以不自定义分区器但也可以对任何类型 RDD 进行简单重分区的方法，即 coalesce()方法和 repartition()方法。

　　（1）coalesce(numPartitions: Int, shuffle: Boolean = false)方法使用哈希分区方式对 RDD 进行重分区。该方法支持输入两个参数，第一个参数为重分区的数目，第二个参数为是否进行 shuffle，默认为 false。shuffle 为 false 时，重设分区个数只能比 RDD 原有分区数小，如果要重设的分区个数大于 RDD 原有的分区数，那么 RDD 的分区数将不变；如果 shuffle 为 true，那么重设的分区个数不管比原有的 RDD 分区数大或小，RDD 都可以重设分区个数。

　　（2）repartition(numPartitions: Int)方法本质上是 coalesce()方法的第二个参数 shuffle 为 true 的简单实现。在 3.6 节中，已使用 repartition()方法对数据进行重分区。

　　转化集合创建 RDD，查看 RDD 的默认分区个数为 2，通过 coalesce()方法设置重分区个数为 5，查看分区个数依旧为 2，将 coalesce()方法的 shuffle 参数设置为 true 后，分区个数即可被重设为 5，如图 4-33 所示。通过 repartition()方法也可以将原 RDD 的分区个数重设为 10。

```
scala> val rdd = sc.parallelize(List(1,2,3,4,5,6,7))
rdd: org.apache.spark.rdd.RDD[Int] = ParallelCollectionRDD[0] at parallelize at <console>:23

scala> rdd.partitions.size
res0: Int = 2

scala> val rdd1 = rdd.coalesce(5)
rdd1: org.apache.spark.rdd.RDD[Int] = CoalescedRDD[1] at coalesce at <console>:23

scala> rdd1.partitions.size
res1: Int = 2

scala> val rdd2 = rdd.coalesce(5,true)
rdd2: org.apache.spark.rdd.RDD[Int] = MapPartitionsRDD[5] at coalesce at <console>:23

scala> rdd2.partitions.size
res2: Int = 5

scala> rdd.repartition(10).partitions.size
res3: Int = 10
```

图 4-33　coalesce()方法和 repartition()方法重设分区个数

4.2.3　计算竞赛网站每月的访问量

　　对于任何一个网站而言，访问量都是很重要的，访问量可以直观地反映出该网站当前的受欢迎程度。而对于竞赛网站而言，访问量同时还可以反映出当前时间段的竞赛项目热度。对网站的访问量进行统计，可以为网站后台运营、维护提供合理建议，更为重要的是可以帮助网站运营人员对竞赛的举办时间、周期等事宜进行更合理的规划。

　　在原始数据中存在一个时间字段，表示用户访问网站的时间，格式为"yyyy/MM/dd

HH:mm:ss"。现需要对网站每月的访问量进行统计，因此需要对该字段进行多次分割。通过 textFile() 方法读取原始数据后，使用 map() 方法对原始数据进行映射，获取"yyyy-MM"格式的时间，将时间映射为键值对，键为年和月，值为 1，形如"(2020-5,1)"，最后通过 reduceByKey() 方法对相同键的值进行累加，即可得到竞赛网站每月的访问量，如代码 4-10 所示（代码未进行自定义分区保存，自定义分区保存代码见 4.2.4 小节）。

代码 4-10　计算竞赛网站每月的访问量

```scala
import org.apache.spark.{Partitioner, SparkConf, SparkContext}
import org.apache.spark.rdd.RDD


object raceRdd {
  def main(args: Array[String]): Unit = {
    val sparkConf = new SparkConf().setMaster("local").setAppName("WordCount")
    val sc = new SparkContext(sparkConf)
    val input = args(0)
    sc.setLogLevel("WARN")
    val data = sc.textFile(input)
    val split: RDD[(String, Int)] = data.map(
      x => x.split(",")(4)).map(
      s => s.split(" ")).map(
      y => y(0).split("/")).map(
      z => (z(0) + "-" + z(1), 1)).reduceByKey(_ + _)
    split.collect().foreach(println)
    sc.stop()
  }
}
```

在 IntelliJ IDEA 的菜单栏中选择"Build"→"Build Artifacts"选项，选择"Rebuild"选项重新编译 HelloWorld 工程，将编译好的 JAR 包 raceRdd.jar 上传至 Linux 的/opt 目录下，再将用户访问日志数据上传至 HDFS 的/data 目录下。进入 Spark 安装目录的/bin 目录下，使用 spark-submit 提交并运行 Spark 程序，如代码 4-11 所示。

代码 4-11　提交并运行程序

```
./spark-submit --master spark://master:7077 \
--class raceRdd /opt/raceRdd.jar /data/raceData.csv
```

其中，--class raceRdd 设置了主程序入口，/opt/raceRdd.jar 为 JAR 包的路径，/data/raceData.csv 为输入路径。

执行代码 4-11 后，得到的结果如图 4-34 所示，键为年和月，值为访问量。

```
21/05/28 15:17:13 WARN NativeCodeLoader: Unable to load native-hadoop library for your platform... u
sing builtin-java classes where applicable
(2020-12,37847)
(2020-10,49018)
(2021-2,1789)
(2020-5,13950)
(2020-7,72854)
(2020-9,25742)
(2020-6,69328)
(2020-8,16739)
(2021-1,12547)
(2020-11,89789)
```

图 4-34　每月的访问量统计

4.2.4　任务实现

在代码 4-10 中已统计出了每个月份的的用户访问量。实际情况下，不可能每次需要查看每月访问量时就执行一次代码，这不利于对结果的二次使用。因此还需要将结果保存至 HDFS 中，并使用自定义分区器，按年份对结果进行划分并保存在不同的分区中。

在代码 4-10 的基础上，实现自定义分区器。自定义分区需要根据键进行划分，提取键中的年份，并根据年份进行判断，当年份为 2020 时将结果数据保存在分区 0 中，当年份为 2021 时则将结果保存在分区 1 中，如代码 4-12 所示。

代码 4-12　自定义分区保存

```
    val output = args(1)
    val parition: RDD[(String, Int)] = split.partitionBy(new MyPartitioner)
    parition.saveAsTextFile(output)
}

  class MyPartitioner extends Partitioner {
    // 分区数量
    override def numPartitions: Int = 2
    // 根据数据的键返回数据所在的分区索引（从 0 开始）
    override def getPartition(key: Any): Int = {
      key match {
        case "2021-1" => 1
        case "2021-2" => 1
        case _ => 0 //其他情况全部归到分区 0（2021 年的数据只有 1、2 两个月份的）
      }
    }
  }
```

再次对程序进行编译打包，覆盖原先编译的 raceRdd.jar，重新提交至 Spark 集群运行，如代码 4-13 所示。

代码 4-13　完整程序提交

```
spark-submit --master spark://master:7077 \
--class raceRdd /opt/raceRdd.jar /data/raceData.csv /data/race
```

执行代码 4-13 所示的命令后，在 HDFS 中查看生成的分区情况，如图 4-35 所示。HDFS 的/data/race 目录下生成两个分区文件，分别为 part-00000 和 part-00001。part-00000 分区文件存储的是 2020 年该竞赛网站每月的访问量，part-00001 分区文件存储的是 2021 年该竞赛网站每月的访问量。

```
[root@master bin]# hdfs dfs -ls /data/race
Found 3 items
-rw-r--r--   3 root supergroup          0 2021-05-28 16:06 /data/race/_SUCCESS
-rw-r--r--   3 root supergroup        123 2021-05-28 16:06 /data/race/part-00000
-rw-r--r--   3 root supergroup         29 2021-05-28 16:06 /data/race/part-00001
[root@master bin]# hdfs dfs -cat /data/race/part-00000
(2020-6,69328)
(2020-12,37847)
(2020-8,16739)
(2020-10,49018)
(2020-11,89789)
(2020-5,13950)
(2020-7,72854)
(2020-9,25742)
[root@master bin]# hdfs dfs -cat /data/race/part-00001
(2021-1,12547)
(2021-2,1789)
```

图 4-35　自定义分区存储结果

小结

本章介绍了如何在 IntelliJ IDEA 中安装 Scala 插件及搭建 Spark 开发环境，并简要介绍了 Spark 工程的创建过程和 Spark 程序运行模式的设置过程，重点介绍了使用 spark-submit 命令提交 Spark 程序至集群运行的方法及常用的参数设置。为了提高 Spark 程序的运行效率，最后介绍了数据持久化以及数据分区的方法，结合竞赛网站用户访问日志数据的分析任务，可使读者对在 IntelliJ IDEA 中进行 Spark 编程开发的过程有更加深刻的认识。

实训　自定义分区器实现按人物标签进行数据区分

1. 训练要点

（1）掌握使用 IntelliJ IDEA 搭建 Spark 开发环境。

（2）掌握创建 Spark 工程。

（3）掌握使用 Spark 自定义分区。

（4）掌握打包 Spark 工程。

（5）掌握通过 spark-submit 提交应用。

2. 需求说明

中国女排曾多次夺得奥运会冠军，团结协作、顽强拼搏的女排精神始终代代相传，极大地激发了中国人的自豪之情、提高了自尊和增加了自信，为我们奋进在新征程上提供了强大的精神力量。现有一份某年度中国女排（包括国家女子排球队和国家青年女子排球队）的集训运动员数据文件 Volleyball_Players.csv，包含 4 个数据字段，数据字段说明如表 4-6 所示。排球运动员按所属位置可分为 5 类，分别是主攻、接应、二传、副攻和自由人。为了解中国女排各运动员的所属位置，现要求在 IntelliJ IDEA 中进行 Spark 编程，通过自定义分区实现将集训运动员数据按运动员所属位置进行分区，并将程序打包，通过 spark-submit 提交应用。设置 5 个分区，第 1 个分区保存位置标签为"主攻"的运动员数据，第 2 个分区保存位置标签为"接应"的运动员数据，第 3 个分区保存位置标签为"二传"的运动员数据，第 4 个分区保存位置标签为"副攻"的运动员数据，第 5 个分区保存位置标签为"自由人"的运动员数据，将分区结果输出到 HDFS 上。其中一个分区的结果如图 4-36 所示。

表4-6　中国女排集训运动员数据字段说明

字段名称	说明
Name	中国女排集训运动员名称
Birthday	出生日期
Height	身高，单位为 cm（厘米）
Position	位置，分为 5 类：主攻、接应、二传、副攻和自由人

图 4-36　分区结果示例

3. 实现思路及步骤

（1）配置好 IntelliJ IDEA 和 Spark 开发环境，并启动 IntelliJ IDEA。

（2）使用 textFile() 方法读取 Volleyball_Players.csv 数据以创建 RDD，并设置分区数为 5。

（3）使用 map() 方法将读取的数据按","（逗号）进行分割，筛选出"Position"和"Name"字段，并转化成"(Position,Name)"的形式。

（4）自定义 MyPartitioner 类，继承 Partitioner 类，重写 Partitioner 类里的 numPartitions 和 getPartition() 方法，实现自定义分区。

（5）在主函数中调用自定义分区类 MyPartitioner。

（6）打包 Spark 工程，并将应用程序提交至集群运行。

课后习题

1. 选择题

（1）以下选项中使用 spark-submit 指定在 YARN 框架上运行程序的是（　　）。

　　A. bin/spark-submit --master yarn-client　　　B. bin/spark-submit --class local

　　C. bin/spark-submit --class yarn-client　　　　D. bin/spark-submit --name yarn

（2）以下选项中不是 spark-submit 的指定参数的是（　　　）。

    A．--jars   B．--url

    C．--deploy-mode   D．--executor-memory

（3）提交 Spark 程序时，通常需要设置一些配置项，关于配置项，下列说法错误的是（　　　）。

    A．--name：设置运行环境

    B．--jars：添加依赖包

    C．--driver-memory：设置 Driver 程序使用的内存大小

    D．--executor-memory：设置 Executor 使用的内存大小

（4）关于 RDD 数据的分区，下列选项错误的是（　　　）。

    A．只有键值对 RDD 才能设置分区方式

    B．哈希分区，是指将数据根据哈希值分区

    C．范围分区，是指将一定范围的数据映射到多个分区中

    D．哈希分区和范围分区都属于 Spark 的系统分区

（5）以下选项符合 Scala 编程规范的是（　　　）。

    ① "spark".equals("spark")　　② "spark".contains(spark)

    ③ val a:String = "spark"　　④ val a = List{1,2,3,4}

    A．①④   B．①③

    C．②③   D．②④

（6）RDD 默认的存储级别是（　　　）。

    A．DISK_ONLY   B．MEMOTY_ONLY_SER

    C．MEMORY_AND_DISK   D．MEMORY_ONLY

（7）Spark 中的 SparkContext 是（　　　）。

    A．主节点   B．从节点

    C．执行器   D．上下文

（8）关于 RDD 重分区的实现方法，以下选项错误的是（　　　）。

    A．使用 coalesce()方法实现重分区   B．使用 repartition()方法实现重分区

    C．继承 Partitioner 类，自定义分区   D．继承 MyPartitioner 类，自定义分区

（9）关于 spark-submit 提交 Spark 程序的命令，下列代码错误的是（　　　）。

    A．bin/spark-submit \

       --master local[4] \

       examples/src/main/python/pi.py \

       1000

    B．bin/spark-shell \

       --master yarn-cluster \

       examples/src/main/python/pi.py \

       1000

    C．bin/spark-submit \

```
      --class org.apache.spark.examples.SparkPi \
      --master yarn \
      lib/spark-examples-1.6.3-hadoop2.6.0.jar \
      100
   D. bin/spark-submit \
      --master spark://192.168.128.130:7077 \
      examples/src/main/python/pi.py \
      1000
```

（10）使用"val rdd: RDD[String] = sc.makeRDD(List("Hello Scala","Hello Spark"))"创建了一个 RDD，以下选项中，不能使该 RDD 实现单词计数的是（   ）。

    A. rdd.flatMap(_.split(" ")).map((_, 1)).reduceByKey(_ + _)

    B. rdd.flatMap(_.split(" ")).map(x => (x, 1)).reduceByKey((x, y) => x + y)

    C. rdd.flatMap(_.split(" ")).map((_, 1)).aggregateByKey(0)(_ + _)

    D. rdd.flatMap(_.split(" ")).map(x => (x, 1)).groupByKey().mapValues(iter => iter.size)

2. 操作题

临近毕业季，由于很多毕业生选择工作后租房居住，所以他们的住房需求非常迫切。利用大数据技术，可以完善公共服务体系，保障群众基本生活，不断满足人民日益增长的美好生活需要，使人民的获得感、幸福感、安全感更加充实、更加有保障、更加持续。现有一份某省份各地区的租房信息文件 house.txt，文件中共有 8 个数据字段，字段说明如表4-7 所示。为了解该省份各地区的租房需求，方便租房人士查找出租的房源，请在 IntelliJ IDEA 中进行 Spark 编程统计各地区的出租房数，完成编程后编译打包 Spark 工程，通过 spark-submit 提交程序至集群中运行。

表 4-7　租房信息数据字段说明

字段名称	说明
租房 ID	租房编号
标题	发布的租房标题
链接	网址，可查看租房信息
地区	房子所在地区
地点	房子所在城市地点
地铁站	附近的地铁站
出租房数	可出租的房子数量
日期	发布日期

第5章 Spark SQL——结构化数据文件处理

素养目标

（1）通过比较 DataFrame 与 RDD 异同培养工作效率意识。
（2）通过使用 DataFrame 各种算子培养精益求精的工匠精神。
（3）通过完成房价数据分析项目任务培养学以致用精神。

学习目标

（1）了解 Spark SQL 框架的作用及运行过程。
（2）掌握 Spark SQL 的配置过程。
（3）了解 Spark SQL 的 Shell 交互式界面。
（4）了解 DataFrame 编程模型。
（5）掌握创建 DataFrame 对象的方法。
（6）掌握查看 DataFrame 数据的方法。
（7）掌握 DataFrame 的查询和输出操作。

任务背景

基于大数据技术对房价进行分析和预测，是科学精准调控，促进房地产市场平稳健康发展的重要手段，住房是民生之要，为民造福是立党为公、执政为民的本质要求。

现有一份房屋销售数据文件 house.csv，记录了某地区的房屋销售情况，包含销售价格、销售日期、房屋评分等共 14 个数据字段，字段说明如表 5-1 所示（1 英尺=0.3048 米）。

表 5-1 房屋销售数据字段说明

字段名称	说明	字段名称	说明
selling_price	销售价格（单位：美元）	built_area	建筑面积（单位：平方英尺）
bedrooms_num	卧室数	basement_area	地下室面积（单位：平方英尺）
bathroom_num	浴室数	year_bulit	修建年份
housing_area	房屋面积（单位：平方英尺）	year_repair	修复年份
parking_area	停车区面积（单位：平方英尺）	latitude	纬度
floor_num	楼层数	longitude	经度
sales_data	销售日期	housing_rating	房屋评分

在进行房价数据分析之前，由于无法直接判断出各个数据字段之间的关系，因此需要先对数据进行基础的探索，探索各个数据字段间的关系并加以分析。本章将使用 Spark SQL 即席查询框架解决房价数据探索分析的问题。

本章将首先介绍 Spark SQL 框架及其编程数据模型 DataFrame 的基本概念，并对 Spark SQL 相关环境进行配置，其次介绍 DataFrame 的查询、输出操作，最后结合房价数据探索分析实例，帮助读者掌握 DataFrame 的基础操作。

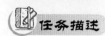

任务5.1　认识 Spark SQL

任务描述

使用 Spark SQL 探索分析房价数据前，需要先了解 Spark SQL 是什么，有什么作用。因此，本节的任务是了解 Spark SQL 框架、Spark SQL 的编程模型 DataFrame 和 Spark SQL 的运行过程，并对 Spark SQL 相关环境进行配置。

Spark SQL 介绍

5.1.1　了解 Spark SQL 基本概念

Spark SQL 是一个用于处理结构化数据的框架，可被视为一个分布式的 SQL 查询引擎，提供了一个抽象的可编程数据模型 DataFrame。Spark SQL 框架的前身是 Shark 框架，由于 Shark 需要依赖于 Hive，这制约了 Spark 各个组件的相互集成，因此 Spark 团队提出了 Spark SQL 项目。Spark SQL 借鉴了 Shark 的优点，同时摆脱了对 Hive 的依赖。相对于 Shark，Spark SQL 在数据兼容、性能优化、组件扩展等方面更有优势。

Spark SQL 在数据兼容方面的发展，使得开发人员不仅可以直接处理 RDD，还可以处理 Parquet 文件或 JSON 文件，甚至可以处理外部数据库中的数据、Hive 中存在的表数据。Spark SQL 的一个重要特点是能够统一处理关系表数据和 RDD 数据，开发人员可以轻松地使用 SQL 或 HiveQL 语句进行外部查询，也可以进行更复杂的数据分析。

Spark SQL 的运行过程如图 5-1 所示。Spark SQL 提供的核心的编程数据模型是 DataFrame。DataFrame 是一个分布式的 Row 对象的数据集合，实现了 RDD 的绝大多数功能。Spark SQL 通过 SparkSession 入口对象提供的方法可从外部数据源如 Parquent 文件、JSON 文件、RDDs、Hive 表等加载数据为 DataFrame，再通过 DataFrame 提供的 API 接口、DSL（领域特定语言）、spark-shell、spark-sql 或 Thrift Server 等方式对 Data Frame 数据进行查询、转换等操作，并将结果展现出来或使用 save()、saveAsTable()方法将结果存储为不同格式的文件。

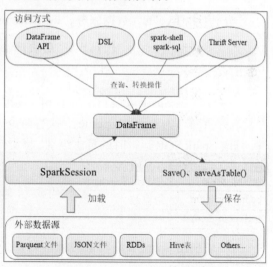

图 5-1　Spark SQL 的运行过程

5.1.2　配置 Spark SQL

Spark SQL 可以兼容 Hive 以便在 Spark SQL 中访问 Hive 表、使用 UDF（用户自定义函数）和使用 Hive 查询语言。从 Spark 1.1 开始，Spark 增加了 Spark SQL 命令行界面（Command-Line Interface，CLI）和 Thrift Server 功能，使得 Hive 的用户和更熟悉 SQL 语

句的数据库管理员更容易上手。

即使没有部署好 Hive，Spark SQL 也可以运行。若使用 Spark SQL 的方式访问并操作 Hive 表数据，则需要对 Spark SQL 进行如下的环境配置（ Spark 集群已搭建好 ），将 Spark SQL 连接至部署成功的 Hive 上。

（1）将 hive-site.xml 复制至/usr/local/spark-3.2.1-bin-hadoop2.7/conf 目录下，如代码 5-1 所示。

代码 5-1　复制 hive-site.xml 到 Spark 的/conf 目录下

```
cp /usr/local/hive-3.1.2/conf/hive-site.xml \
/usr/local/spark-3.2.1-bin-hadoop2.7/conf/
```

（2）在/usr/local/spark-3.2.1-bin-hadoop2.7/conf/spark-env.sh 文件中配置 MySQL 驱动，使用的 MySQL 驱动包为 mysql-connector-java-8.0.26.jar。将 MySQL 驱动包复制至所有节点的 Spark 安装目录的/lib 目录下。执行命令 "vim /usr/local/spark-3.2.1-bin-hadoop2.7/conf/spark-env.sh" 打开 spark-env.sh 文件，在文件末尾添加代码 5-2 所示的内容。

代码 5-2　配置 MySQL 驱动

```
export SPARK_CLASSPATH= \
/usr/local/spark-3.2.1-bin-hadoop2.7/jars/mysql-connector-java-8.0.26
.jar
```

（3）启动 MySQL 服务，如代码 5-3 所示。

代码 5-3　启动 MySQL 服务

```
systemctl start mysqld.service
```

（4）启动 Hive 的元数据服务，即 metastore 服务，如代码 5-4 所示。

代码 5-4　启动 Hive 的 metastore 服务

```
hive --service metastore &
```

（5）切换至 Spark 安装目录的/conf 目录，将/conf 目录下的 log4j.properties.template 文件复制并重命名为 log4j.properties，执行命令 "vim log4j.properties" 打开 log4j.properties 文件，修改 Spark SQL 运行时的日志级别，将文件中 "log4j.rootCategory" 的值修改为 "WARN, console"，如代码 5-5 所示。

代码 5-5　修改日志级别

```
log4j.rootCategory=WARN, console
```

（6）切换至 Spark 安装目录的/sbin 目录，执行命令 "./start-all.sh" 启动 Spark 集群，如图 5-2 所示。

```
[root@master sbin]# ./start-all.sh
starting org.apache.spark.deploy.master.Master, logging to /usr/local/spark-3.2.1-bin-h
adoop2.7/logs/spark-root-org.apache.spark.deploy.master.Master-1-master.out
slave2: starting org.apache.spark.deploy.worker.Worker, logging to /usr/local/spark-3.2
.1-bin-hadoop2.7/logs/spark-root-org.apache.spark.deploy.worker.Worker-1-slave2.out
slave1: starting org.apache.spark.deploy.worker.Worker, logging to /usr/local/spark-3.2
.1-bin-hadoop2.7/logs/spark-root-org.apache.spark.deploy.worker.Worker-1-slave1.out
```

图 5-2　启动 Spark 集群

（7）切换至 Spark 安装目录的/bin 目录，执行命令"./spark-sql"开启 Spark SQL 命令行界面，在 Spark SQL 命令行界面中可以直接执行 HiveQL 语句。在 Hive 中创建一个 students 表，如代码 5-6 所示。

代码 5-6　HiveQL 语句

```
# 查看数据库
show databases;
# 创建一个表
create table students(
id int,
name string,
score double,
classes string)
row format delimited fields terminated by '\t';
```

5.1.3　了解 Spark SQL 与 Shell 交互

Spark SQL 框架其实已经集成在 spark-shell 中，因此，启动 spark-shell 即可使用 Spark SQL 的 Shell 交互接口。从 Spark 2.x 版本开始，Spark 对 SQLContext 和 HiveContext 进行整合，提供一种全新的入口方式：SparkSession。

如果在 spark-shell 中执行 SQL 语句，那么需要使用 SparkSession 对象调用 sql()方法。

spark-shell 在启动的过程中会初始化 SparkSession 对象为 spark，此时初始化的 spark 对象既支持 SQL 语法解析器，也支持 HiveQL 语法解析器。也就是说，使用 spark 可以执行 SQL 语句和 HiveQL 语句。

如果是使用 IntelliJ IDEA 软件开发 SparkSQL 程序，则需要在程序开头创建 SparkSession 对象，如代码 5-7 所示。

代码 5-7　创建 SparkSession 对象

```
import org.apache.spark.{SparkConf,SparkContext}
import org.apache.spark.sql.SparkSession

object Test {
  def main(args: Array[String]): Unit = {
    val spark=SparkSession
      .builder()    //使用 SparkSession 的 builder 方法创建 SparkSession 对象
      .appName("SparkSQL")   //appName 等效于 SparkContext 的 setAppName 方法
      .master("local")    //master 等效于 SparkContext 的 setMaster 方法
      .getOrCreate()   //如果对象已存在，则使用它；否则创建它
}
}
```

如果需要支持 Hive，还需要启用 enableHiveSupport()方法，如代码 5-8 所示，并且 Hive 的配置文件 hive-site.xml 已经存在于工程中。

代码 5-8　创建带 Hive 支持的 SparkSession 对象

```
val  spark=SparkSession
```

```
        .builder()
        .appName("SparkSQL")
        .master("local")
        .config("hive.metastore.uris","thrift://192.168.128.130:9083") //
设置 Hive 的 thrift 服务地址及端口
    .enableHiveSupport() // 启用 Hive 支持
    .getOrCreate()
```

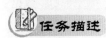 **掌握 DataFrame 基础操作**

 任务描述

Spark SQL 提供了一个抽象的编程数据模型 DataFrame，DataFrame 是由 SchemaRDD 发展而来的，从 Spark 1.3.0 开始，SchemaRDD 更名为 DataFrame。SchemaRDD 直接继承自 RDD，而 DataFrame 则自身实现 RDD 的绝大多数功能。可以将 Spark SQL 的 DataFrame 理解为一个分布式的 Row 对象的数据集合，该数据集合提供了由列组成的详细模式信息。本节的任务是学习 DataFrame 对象的创建方法及基础的操作。

5.2.1　创建 DataFrame 对象

DataFrame 可以通过结构化数据文件、外部数据库、Spark 计算过程中生成的 RDD、Hive 中的表进行创建。不同数据源的数据转换成 DataFrame 的方式也不同。

1. 通过结构化数据文件创建 DataFrame

一般情况下，结构化数据文件存储在 HDFS 中，较为常见的结构化数据文件是 Parquet 文件或 JSON 文件。Spark SQL 可以通过 load()方法将 HDFS 上的结构化文件数据转换为 DataFrame，load()方法默认导入的文件格式是 Parquet。

将/usr/local/spark-3.2.1-bin-hadoop2.7/examples/src/main/resources 目录下的 users.parquret 文件上传至 HDFS 的/user/root/sparkSql 目录下，加载 HDFS 上的 users.parquet 文件数据并将其转换为 DataFrame，如代码 5-9 所示。

代码 5-9　通过 Parquet 文件创建 DataFrame

```
val dfUsers = spark.read.load("/user/root/sparkSql/users.parquet")
```

若加载 JSON 格式的文件数据，将其转换为 DataFrame，则还需要使用 format()方法。将/usr/local/spark-3.2.1-bin-hadoop2.7/examples/src/main/resources 目录下的 people.json 文件上传至 HDFS 的/user/root/sparkSql 目录下，使用 format()方法及 load()方法加载 HDFS 上的 people.json 文件数据，并将其转换为 DataFrame，如代码 5-10 所示。

代码 5-10　通过 JSON 文件创建 DataFrame

```
val dfPeople = spark.read.format("json").load(
    "/user/root/sparkSql/people.json")
```

读者也可以直接使用 json()方法将 JSON 文件数据转换为 DataFrame，如代码 5-11 所示。

代码 5-11　使用 json()方法将 JSON 文件数据转换为 DataFrame

```
val dfPeople = spark.read.json("/user/root/sparkSql/people.json")
```

2. 通过外部数据库创建 DataFrame

Spark SQL 还可以通过外部数据库（如 MySQL、Oracle 数据库）创建 DataFrame，使用该方式创建 DataFrame 需要通过 Java 数据库互连（Java Database Connectivity，JDBC）连接或开放式数据库互连（Open Database Connectivity,ODBC）连接的方式访问数据库。以 MySQL 数据库的表数据为例，将 MySQL 数据库 test 中的 people 表的数据转换为 DataFrame，如代码 5-12 所示，读者需要将 "user" "password" 对应的值修改为实际进入 MySQL 数据库时的账户名称和密码。

代码 5-12　通过外部数据库创建 DataFrame

```
# 设置 MySQL 的 url 的地址及端口
val url = "jdbc:mysql://192.168.128.130:3306/test"
# 连接 MySQL 获取数据库 test 中的 people 表
val jdbcDF = spark.read.format("jdbc").options(
Map("url" -> url,
"user" -> "root",
"password" -> "123456",
"dbtable" -> "people")).load()
```

3. 通过 RDD 创建 DataFrame

通过 RDD 数据创建 DataFrame 有两种方式。第一种方式是利用反射机制推断 RDD 模式，首先需要定义一个样例类，因为只有样例类才能被 Spark 隐式地转换为 DataFrame。将 /usr/local/spark-3.2.1-bin-hadoop2.7/examples/src/main/resources 目录下的 people.txt 文件上传至 HDFS 的/user/root/sparkSql 目录下。读取 HDFS 上的 people.txt 文件数据创建 RDD，再将该 RDD 转换为 DataFrame，如代码 5-13 所示。

代码 5-13　RDD 数据转换为 DataFrame 方式 1

```
# 定义一个样例类
case class Person(name:String, age:Int)
# 读取文件创建 RDD
val data = sc.textFile("/user/root/sparkSql/people.txt").map(_.split(","))
# RDD 转成 DataFrame
val people = data.map(p => Person(p(0), p(1).trim.toInt)).toDF()
```

第二种方式是采用编程指定 Schema 的方式将 RDD 转换成 DataFrame，实现步骤如下。

（1）加载数据创建 RDD。

（2）使用 StructType 创建一个和步骤（1）的 RDD 中的数据结构相匹配的 Schema。

（3）通过 createDataFrame()方法将 Schema 应用到 RDD 上，将 RDD 数据转换成 DataFrame，如代码 5-14 所示。

代码 5-14　RDD 数据转换为 DataFrame 方式 2

```
# 创建 RDD
val people = sc.textFile("/user/root/sparkSql/people.txt")
```

```
# 用 StructType 创建一个数据结构相匹配的 Schema
val schemaString = "name age"
import org.apache.spark.sql.Row
import org.apache.spark.sql.types.{StructType, StructField, StringType}
val schema = StructType(schemaString.split(" ").map(
    fieldName => StructField(fieldName, StringType, true)))
# Schema 转成 RDD 再转成 DataFrame
val rowRDD = people.map(_.split(",")).map(p => Row(p(0), p(1).trim))
val peopleDataFrame = spark.createDataFrame(rowRDD, schema)
```

4. 通过 Hive 中的表创建 DataFrame

通过 Hive 中的表创建 DataFrame，可以使用 SparkSession 对象。

使用 SparkSession 对象并调用 sql()方法查询 Hive 中的表数据并将其转换成 DataFrame，如查询 test 数据库中的 people 表数据并将其转换成 DataFrame，如代码 5-15 所示。

代码 5-15　通过 Hive 中的表创建 DataFrame

```
# 选择 Hive 中的 test 数据库
spark.sql("use test")
# 将 Hive 中 test 数据库中的 people 表转换成 DataFrame
val people = spark.sql("select * from people")
```

5.2.2　查看 DataFrame 数据

Spark DataFrame 派生于 RDD，因此类似于 RDD。DataFrame 只有在提交行动操作时才进行计算。DataFrame 查看及获取数据的常用函数或方法如表 5-2 所示。

表 5-2　Spark DataFrame 查看及获取数据的常用函数或方法

函数或方法	描述
printSchema	输出数据模式
show()	查看数据默认输出前 20 条
first()/head()/take()/takeAsList()	获取若干条数据
collect()/collectAsList()	获取所有数据

以 movies.dat 的电影数据为例，展示 DataFrame 查看数据的操作。该电影数据有 3 个字段，分别为 movieId（电影 ID）、title（电影名称）和 genres（电影类型）。将数据上传至 HDFS 中，加载数据为 RDD 并将其转换为 DataFrame，如代码 5-16 所示。

代码 5-16　创建 DataFrame 对象 movies

```
# 定义一个样例类 Movie
case class Movie(movieId: Int, title: String, Genres: String)
# 创建 RDD
val data = sc.textFile("/user/root/sparkSql/movies.dat").map(_.split("::"))
# RDD 转成 DataFrame
val movies = data.map(m => Movie(m(0).trim.toInt, m(1), m(2))).toDF()
```

1. printSchema：输出数据模式

创建 DataFrame 对象后，一般会查看 DataFrame 的数据模式。使用 printSchema 函数可以查看 DataFrame 数据模式，输出列的名称和类型。查看 DataFrame 对象 movies 的数据模式，如代码 5-17 所示，结果如图 5-3 所示。

代码 5-17 查看 movies 数据模式

```
movies.printSchema
```

```
scala> movies.printSchema
root
 |-- movieId: integer (nullable = false)
 |-- title: string (nullable = true)
 |-- Genres: string (nullable = true)
```

图 5-3 查看 movies 数据模式

2. show()：查看数据

使用 show()方法可以查看 DataFrame 数据，可输入的参数及说明如表 5-3 所示。

表 5-3 show()方法的参数及说明

方法	说明
show()	显示前 20 条记录
show(numRows:Int)	显示 numRows 条记录
show(truncate:Boolean)	是否最多只显示 20 个字符，默认为 true
show(numRows:Int,truncate:Boolean)	显示 numRows 条记录并设置过长字符串的显示格式

使用 show()方法查看 DataFrame 对象 movies 中的数据，show()方法与 show(true)方法查询到的结果一样，只显示前 20 条记录，并且最多只显示 20 个字符。如果需要显示所有字符，那么需要使用 show(false)方法，如代码 5-18 所示，结果如图 5-4 所示。需要注意的是，图 5-4 所示的内容只截取了前 5 条结果（实际结果有 20 条记录）。

代码 5-18 使用 show()方法查看 movies 中的数据

```
# 显示前 20 条记录
movies.show()
# 显示所有字符
movies.show(false)
```

```
scala> movies.show()
+-------+--------------------+--------------------+
|movieId|               title|              Genres|
+-------+--------------------+--------------------+
|      1|    Toy Story (1995)|Animation|Childre...|
|      2|      Jumanji (1995)|Adventure|Childre...|
|      3|Grumpier Old Men ...|      Comedy|Romance|
|      4|Waiting to Exhale...|        Comedy|Drama|
|      5|Father of the Bri...|              Comedy|

scala> movies.show(false)
+-------+----------------------------------+----------------------------+
|movieId|title                             |Genres                      |
+-------+----------------------------------+----------------------------+
|1      |Toy Story (1995)                  |Animation|Children's|Comedy |
|2      |Jumanji (1995)                    |Adventure|Children's|Fantasy|
|3      |Grumpier Old Men (1995)           |Comedy|Romance              |
|4      |Waiting to Exhale (1995)          |Comedy|Drama                |
|5      |Father of the Bride Part II (1995)|Comedy                      |
```

图 5-4 使用 show()方法查看 movies 中的数据

show()方法默认只显示前 20 条记录。若需要查看前 numRows 条记录则可以使用 show (numRows:Int)方法，如通过 "movies.show(5)" 命令查看 movies 前 5 条记录，结果如图 5-5 所示。

```
+-------+--------------------+--------------------+
|movieId|               title|              Genres|
+-------+--------------------+--------------------+
|      1|    Toy Story (1995)|Animation|Childre...|
|      2|      Jumanji (1995)|Adventure|Childre...|
|      3|Grumpier Old Men ...|      Comedy|Romance|
|      4|Waiting to Exhale...|        Comedy|Drama|
|      5|Father of the Bri...|              Comedy|
+-------+--------------------+--------------------+
```

图 5-5　查看前 5 条记录

3. first()/head()/take()/takeAsList()：获取若干条记录

获取 DataFrame 若干条记录除了使用 show()方法之外，还可以使用 first()、head()、take()、takeAsList()方法，解释说明如表 5-4 所示。

表 5-4　DataFrame 获取若干条记录的方法

方法	解释
first()	获取第一条记录
head(n:Int)	获取前 n 条记录
take(n:Int)	获取前 n 条记录
takeAsList(n:Int)	获取前 n 条记录，并以列表的形式展现

分别使用 first()、head()、take()、takeAsList()方法查看 movies 中前几条记录，如代码 5-19 所示，结果如图 5-6 所示。first()和 head()方法的功能类似，以 Row 或 Array[Row]的形式返回一条或多条数据。take()和 takeAsList()方法则会将获得的数据返回 Driver 端，为避免 Driver 提示 OutofMemoryError，数据量比较大时不建议使用这两个方法。

代码 5-19　first()、head()、take()、takeAsList()方法的使用

```
# 获取第一条记录
movies.first()
# head()方法获取前 3 条记录
movies.head(3)
# take()方法获取前 3 条记录
movies.take(3)
# takeAsList()方法获取前 3 条数据，并以列表的形式展现
movies.takeAsList(3)
```

```
scala> movies.first()
res5: org.apache.spark.sql.Row = [1,Toy Story (1995),Anima
tion|Children's|Comedy]
scala> movies.head(3)
res6: Array[org.apache.spark.sql.Row] = Array([1,Toy Story
 (1995),Animation|Children's|Comedy], [2,Jumanji (1995),Ad
venture|Children's|Fantasy], [3,Grumpier Old Men (1995),Co
medy|Romance])
scala> movies.take(3)
res7: Array[org.apache.spark.sql.Row] = Array([1,Toy Story
 (1995),Animation|Children's|Comedy], [2,Jumanji (1995),Ad
venture|Children's|Fantasy], [3,Grumpier Old Men (1995),Co
medy|Romance])
scala> movies.takeAsList(3)
res8: java.util.List[org.apache.spark.sql.Row] = [[1,Toy S
tory (1995),Animation|Children's|Comedy], [2,Jumanji (1995
),Adventure|Children's|Fantasy], [3,Grumpier Old Men (1995
),Comedy|Romance]]
```

图 5-6　first()、head()、take()、takeAsList()方法的使用示例

4．collect()/collectAsList()：获取所有数据

collect()方法可以查询 DataFrame 中所有的数据，并返回一个数组，collectAsList()方法和 collect()方法类似，可以查询 DataFrame 中所有的数据，但是返回的是列表。分别使用 collect()和 collectAsList()方法查看 movies 所有数据，如代码 5-20 所示。

代码 5-20　collect()/collectAsList()方法的使用

```
# 使用 collect()方法获取数据
movies.collect()
# 使用 collectAsList()方法获取数据
movies.collectAsList()
```

5.2.3　掌握 DataFrame 查询操作

DataFrame 查询数据有两种方法，第一种是将 DataFrame 注册成临时表，再通过 SQL 语句查询数据。在代码 5-14 中已创建了 DataFrame 对象 peopleDataFrame，先将 peopleDataFrame 注册成临时表，使用 spark.sql()方法查询 peopleDataFrame 中年龄大于 20 的用户，如代码 5-21 所示，结果如图 5-7 所示。

代码 5-21　注册临时表

```
# 将 peopleDataFrame 注册成临时表
peopleDataFrame.createOrReplaceTempView("peopleTempTab")
# 查询年龄大于 20 的用户
val personsRDD = spark.sql("select name,age from peopleTempTab where age > 20")
personsRDD.collect
```

```
scala> personsRDD.collect
res3: Array[org.apache.spark.sql.Row] = Array([Michael,29], [Andy,30])
```

图 5-7　将 DataFrame 注册成临时表并查询数据

第二种方法是直接在 DataFrame 对象上进行查询。DataFrame 提供了很多查询数据的方

法。类似于 Spark RDD 的转换操作，DataFrame 的查询操作也是懒操作，仅仅生成查询计划，只有触发行动操作才会进行计算并返回结果。DataFrame 常用的查询方法如表 5-5 所示。

表 5-5   DataFrame 常用的查询方法

方法	描述
where()/filter()	条件查询
select()/selectExpr()/col()/apply()	查询指定字段的数据信息
limit()	查询前 n 条记录
order By()/sort()	排序查询
groupBy()	分组查询
join()	连接查询

后文主要介绍直接在 DataFrame 对象上进行查询的方法。由于介绍的方法中涉及连接操作，笔者为读者提供两份数据，分别为用户对电影评分的数据 ratings.dat 和用户的基本信息数据 users.dat。ratings.dat 包含 4 个字段，分别为 userId（用户 ID）、movieId（电影 ID）、rating（评分）和 timestamp（时间戳）。users.dat 包含 5 个字段，分别为 userId（用户 ID）、gender（性别）、age（年龄）、occupation（职业）和 zip（地区编码）。将这两份数据上传至 HDFS，加载 ratings.dat 数据，创建 DataFrame 对象 rating，加载 users.dat 数据，创建 DataFrame 对象 user，如代码 5-22 所示。

代码 5-22   创建 DataFrame 对象 rating 和 user

```
# 定义样例类 Rating
case class Rating(userId:Int, movieId:Int, rating:Int, timestamp:Long)
# 读取 ratings.dat 数据创建 RDD ratingData
val ratingData = sc.textFile(
    "/user/root/sparkSql/ratings.dat").map(_.split("::"))
# 将 ratingData 转换成 DataFrame
val rating = ratingData.map(r => Rating(
    r(0).trim.toInt,
    r(1).trim.toInt,
    r(2).trim.toInt,
    r(3).trim.toLong)).toDF()
# 定义样例类 User
case class User(
    userId:Int, gender:String, age:Int, occupation:Int, zip:String)
# 读取 users.dat 数据创建 RDD userData
val userData = sc.textFile(
    "/user/root/sparkSql/users.dat").map(_.split("::"))
# 将 userData 转换成 DataFrame
val user = userData.map(u => User(
    u(0).trim.toInt,
```

```
        u(1),
        u(2).trim.toInt,
        u(3).trim.toInt,
        u(4))).toDF()
```

基于 DataFrame 对象 rating 和 use 进行的查询操作如下。

1．where()/filter()方法

使用 where()或 filter()方法可以查询数据中符合条件的所有字段的信息。

（1）where()方法

DataFrame 可以使用 where(conditionExpr:String)方法查询符合指定条件的数据，参数中可以使用 and 或 or。where()方法的返回结果仍然为 DataFrame。查询 user 对象中性别为女且年龄为 18 岁的用户信息，如代码 5-23 所示，使用 show()方法显示前 3 条查询结果，结果如图 5-8 所示。

代码 5-23　where()方法查询

```
# 使用 where 查询 user 对象中性别为女且年龄为 18 岁的用户信息
val userWhere = user.where("gender = 'F' and age = 18")
# 查看查询结果的前 3 条信息
userWhere.show(3)
```

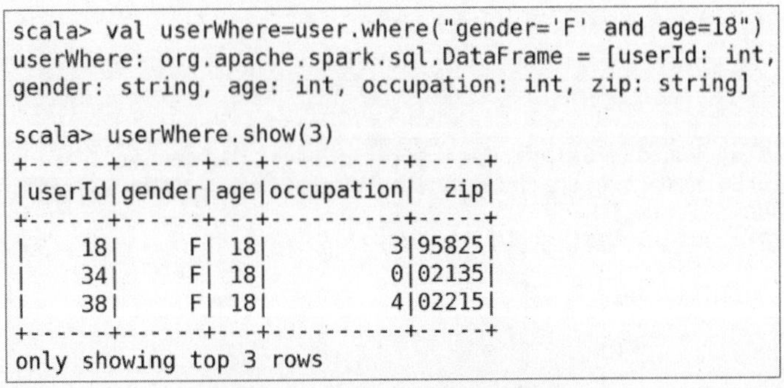

```
scala> val userWhere=user.where("gender='F' and age=18")
userWhere: org.apache.spark.sql.DataFrame = [userId: int,
gender: string, age: int, occupation: int, zip: string]

scala> userWhere.show(3)
+------+------+---+----------+-----+
|userId|gender|age|occupation|  zip|
+------+------+---+----------+-----+
|    18|     F| 18|         3|95825|
|    34|     F| 18|         0|02135|
|    38|     F| 18|         4|02215|
+------+------+---+----------+-----+
only showing top 3 rows
```

图 5-8　where()方法查询结果

（2）filter()方法

DataFrame 还可以使用 filter()方法筛选出符合条件的数据，使用 filter()方法查询 user 对象中性别为女且年龄为 18 的用户信息，如代码 5-24 所示，显示前 3 条查询结果，结果如图 5-9 所示，与图 5-8 所示的结果一致。

代码 5-24　filter()方法查询

```
# 使用 filter()方法查询 user 对象中性别为女并且年龄为 18 岁的用户信息
val userFilter = user.filter("gender = 'F' and age = 18")
# 查看查询结果的前 3 条信息
userFilter.show(3)
```

```
scala> val userFilter=user.filter("gender='F' and age=18")
userFilter: org.apache.spark.sql.DataFrame = [userId: int, g
ender: string, age: int, occupation: int, zip: string]
scala> userFilter.show(3)
+------+------+---+----------+-----+
|userId|gender|age|occupation|  zip|
+------+------+---+----------+-----+
|    18|     F| 18|         3|95825|
|    34|     F| 18|         0|02135|
|    38|     F| 18|         4|02215|
+------+------+---+----------+-----+
only showing top 3 rows
```

图 5-9　filter()方法查询结果

2. select()/selectExpr()/col()/apply()方法

where()和 filter()方法查询的数据包含的是所有字段的信息，但是有时用户只需要查询部分字段的值即可，DataFrame 提供了查询指定字段的值的方法，如 select()、selectExpr()、col()和 apply()方法等，用法介绍如下。

（1）select()方法：获取指定字段值

select()方法根据传入的 String 类型字段名获取对应的值，并返回一个 DataFrame 对象。查询 user 对象中 userId 和 gender 字段的数据，如代码 5-25 所示，结果如图 5-10 所示。

代码 5-25　select()方法查询

```
# 使用select()方法查询user对象中userId及gender字段的数据
val userSelect = user.select("userId", "gender")
# 查看查询结果的前3条信息
userSelect.show(3)
```

```
scala> val userSelect=user.select("userId","gender")
userSelect: org.apache.spark.sql.DataFrame = [userId: int, g
ender: string]
scala> userSelect.show(3)
+------+------+
|userId|gender|
+------+------+
|     1|     F|
|     2|     M|
|     3|     M|
+------+------+
only showing top 3 rows
```

图 5-10　select()方法查询结果

（2）selectExpr()方法：对指定字段进行特殊处理

DataFrame
selectExpr()
方法

在实际业务中，可能需要对某些字段进行特殊处理，如为某个字段取别名、对某个字段的数据进行四舍五入等。DataFrame 提供了 selectExpr()方法，可以对指定字段取别名或调用 UDF 函数对其进行其他处理。selectExpr()方法传入 String 类型的参数，返回一个 DataFrame 对象。

例如，定义一个函数 replace，对 user 对象中 gender 字段的值进行转换，如代码 5-26 所示。将 gender 字段的值为"M"则替换为"0"，将 gender 字段的值为"F"则替换为"1"。

代码 5-26 定义函数

```
spark.udf.register("replace", (x:String) => {
    x match{
        case "M" => 0
        case "F" => 1
    }
})
```

使用 selectExpr()方法查询 user 对象中 userId、gender 和 age 字段的数据，对 gender 字段使用 replace 函数并取别名为 sex，如代码 5-27 所示，结果如图 5-11 所示。

代码 5-27 selectExpr()方法查询

```
val userSelectExpr = user.selectExpr(
    "userId", "replace(gender) as sex", "age")
# 查看查询结果的前 3 条信息
userSelectExpr.show(3)
```

```
scala> val userSelectExpr=user.selectExpr("userId","replace(
gender) as sex","age")
userSelectExpr: org.apache.spark.sql.DataFrame = [userId: in
t, sex: int, age: int]
scala> userSelectExpr.show(3)
+------+---+---+
|userId|sex|age|
+------+---+---+
|     1|  1|  1|
|     2|  0| 56|
|     3|  0| 25|
+------+---+---+
only showing top 3 rows
```

图 5-11 selectExpr()方法查询结果

（3）col()/apply()方法

col()和 apply()方法也可以获取 DataFrame 指定字段，但只能获取一个字段，并且返回的是一个 Column 对象。分别使用 col()和 apply()方法查询 user 对象中 zip 字段的数据，如代码 5-28 所示，结果如图 5-12 所示。

代码 5-28 col()/apply()方法查询

```
# 查询 user 对象中 zip 字段的数据
val userCol = user.col("zip")
# 查看查询结果
user.select(userCol).collect
# 查询 user 对象中 zip 字段的数据
val userApply = user.apply("zip")
# 查看查询结果
user.select(userApply).collect
```

129

```
scala> val userCol=user.col("zip")
userCol: org.apache.spark.sql.Column = zip
scala> user.select(userCol).collect
res16: Array[org.apache.spark.sql.Row] = Array([48067], [7
0072], [55117], [02460], [55455], [55117], [06810], [11413
], [61614], [95370], [04093], [32793], [93304], [60126], [
22903], [20670], [95350], [95825], [48073], [55113], [9935
3], [53706], [90049], [10023], [01609], [23112], [19130],
scala> val userApply=user.apply("zip")
userApply: org.apache.spark.sql.Column = zip
scala> user.select(userApply).collect
res17: Array[org.apache.spark.sql.Row] = Array([48067], [7
0072], [55117], [02460], [55455], [55117], [06810], [11413
], [61614], [95370], [04093], [32793], [93304], [60126], [
22903], [20670], [95350], [95825], [48073], [55113], [9935
3], [53706], [90049], [10023], [01609], [23112], [19130],
```

图 5-12　col()/apply()方法查询结果

3. limit()方法

limit()方法可以获取指定 DataFrame 数据的前 n 条记录。不同于 take()与 head()方法，limit()方法不是行动操作，因此并不会直接返回查询结果，需要结合 show()方法或其他行动操作才可以显示结果。使用 limit()方法查询 user 对象的前 3 条记录，并使用 show()方法显示查询结果，如代码 5-29 所示，结果如图 5-13 所示。

代码 5-29　limit()方法查询

```
# 查询 user 对象前 3 条记录
val userLimit = user.limit(3)
# 查看查询结果
userLimit.show()
```

```
scala> val userLimit=user.limit(3)
userLimit: org.apache.spark.sql.DataFrame = [userId: int,
gender: string, age: int, occupation: int, zip: string]
scala> userLimit.show()
+------+------+---+----------+-----+
|userId|gender|age|occupation|  zip|
+------+------+---+----------+-----+
|     1|     F|  1|        10|48067|
|     2|     M| 56|        16|70072|
|     3|     M| 25|        15|55117|
+------+------+---+----------+-----+
```

图 5-13　limit()方法查询结果

4. orderBy()/sort()方法

orderBy()方法用于根据指定字段对数据进行排序，默认为升序排序。若要求降序排序，orderBy()方法的参数可以使用 "desc("字段名称")" 或 "$"字段名称".desc"，也可以在指定字段前面加 "-"。使用 orderBy()方法根据 userId 字段对 user 对象进行降序排序，如代码 5-30 所示，查看前 3 条记录，结果如图 5-14 所示。

代码 5-30　orderBy()方法排序查询

```
# 使用 orderBy()方法根据 userId 字段对 user 对象进行降序排序
val userOrderBy = user.orderBy(desc("userId"))
val userOrderBy = user.orderBy($"userId".desc)
```

```
val userOrderBy = user.orderBy(-user("userId"))
# 查看结果的前 3 条信息
userOrderBy.show(3)
```

```
scala> val userOrderBy=user.orderBy(desc("userId"))
userOrderBy: org.apache.spark.sql.DataFrame = [userId: int
, gender: string, age: int, occupation: int, zip: string]

scala> val userOrderBy=user.orderBy($"userId".desc)
userOrderBy: org.apache.spark.sql.DataFrame = [userId: int
, gender: string, age: int, occupation: int, zip: string]

scala> val userOrderBy=user.orderBy(-user("userId"))
userOrderBy: org.apache.spark.sql.DataFrame = [userId: int
, gender: string, age: int, occupation: int, zip: string]

scala> userOrderBy.show(3)
+------+------+---+----------+-----+
|userId|gender|age|occupation|  zip|
+------+------+---+----------+-----+
|  6041|     M| 25|         7|11107|
|  6040|     M| 25|         6|11106|
|  6039|     F| 45|         0|01060|
+------+------+---+----------+-----+
only showing top 3 rows
```

图 5-14　orderBy()方法排序查询结果

sort()方法也可以根据指定字段对数据进行排序，用法与 orderBy()方法一样。使用 sort()方法根据 userId 字段对 user 对象进行升序排序，如代码 5-31 所示，结果如图 5-15 所示。

代码 5-31　sort()方法排序查询

```
# 使用 sort 方法根据 userId 字段对 user 对象进行升序排序
val userSort = user.sort(asc("userId"))
val userSort = user.sort($"userId".asc)
val userSort = user.sort(user("userId"))
# 查看查询结果的前 3 条信息
userSort.show(3)
```

```
scala> val userSort=user.sort(asc("userId"))
userSort: org.apache.spark.sql.DataFrame = [userId: int, g
ender: string, age: int, occupation: int, zip: string]

scala> val userSort=user.sort($"userId".asc)
userSort: org.apache.spark.sql.DataFrame = [userId: int, g
ender: string, age: int, occupation: int, zip: string]

scala> val userSort=user.sort(user("userId"))
userSort: org.apache.spark.sql.DataFrame = [userId: int, g
ender: string, age: int, occupation: int, zip: string]

scala> userSort.show(3)
+------+------+---+----------+-----+
|userId|gender|age|occupation|  zip|
+------+------+---+----------+-----+
|     1|     F|  1|        10|48067|
|     2|     M| 56|        16|70072|
|     3|     M| 25|        15|55117|
+------+------+---+----------+-----+
only showing top 3 rows
```

图 5-15　sort()方法排序查询结果

5. groupBy()方法

DataFrame
groupBy()方法

使用 groupBy()方法可以根据指定字段对数据进行分组操作。groupBy()方法的输入参数既可以是 String 类型的字段名，也可以是 Column 对象。根据 gender 字段对 user 对象进行分组，如代码 5-32 所示。

代码 5-32　groupBy()方法分组查询

```
# 根据 gender 字段对 user 对象进行分组
val userGroupBy = user.groupBy("gender")
val userGroupBy = user.groupBy(user("gender"))
```

groupBy()方法返回的是一个 GroupedData 对象，GroupedData 对象常用的方法及解释说明如表 5-6 所示。

表 5-6　GroupedData 对象常用方法

方法	描述
max(colNames:String)	获取分组中指定字段或所有的数值类型字段的最大值
min(colNames:String)	获取分组中指定字段或所有的数值类型字段的最小值
mean(colNames:String)	获取分组中指定字段或所有的数值类型字段的平均值
sum(colNames:String)	获取分组中指定字段或所有的数值类型字段的值的和
count()	获取分组中的元素个数

表 5-6 所示的方法都可以用在 groupBy()方法之后。根据 gender 字段对 user 对象进行分组，并计算分组中的元素个数，如代码 5-33 所示，结果如图 5-16 所示。

代码 5-33　GroupedData 对象常用方法示例

```
# 根据 gender 字段对 user 对象进行分组，并计算分组中的元素个数
val userGroupByCount = user.groupBy("gender").count
userGroupByCount.show()
```

```
scala> val userGroupByCount=user.groupBy("gender").count
userGroupByCount: org.apache.spark.sql.DataFrame = [gender
: string, count: bigint]

scala> userGroupByCount.show()
+------+-----+
|gender|count|
+------+-----+
|     F| 1709|
|     M| 4332|
+------+-----+
```

图 5-16　GroupedData 对象常用方法示例结果

6. join()方法

数据并不一定都存放在同一个表中，也有可能存放在两个或两个以上的表中。根据业务需求，有时候需要连接两个表才可以查询出业务所需的数据。DataFrame 提供了 join()方法用于连接两个表，使用方法如表 5-7 所示。

表 5-7　join()方法的使用方法

方法	描述
join(right:DataFrame)	返回两个表的笛卡儿积
join(right:DataFrame,joinExprs:Column)	根据两表中相同的某个字段进行连接
join(right:DataFrame,joinExprs:Column,joinType:String)	根据两表中相同的某个字段进行连接并指定连接类型

使用 join(right:DataFrame)方法连接 rating 和 user 两个 DataFrame 数据，如代码 5-34 所示，结果如图 5-17 所示。

代码 5-34　join(right:DataFrame)方法连接查询

```
#允许笛卡儿积操作
spark.conf.set("spark.sql.crossJoin.enabled", "true")
# 使用join(right:DataFrame)方法连接rating和user两个DataFrame数据
val dfjoin = user.join(rating)
# 查看前3条记录
dfjoin.show(3)
```

```
scala> spark.conf.set("spark.sql.crossJoin.enabled", "true")

scala> val dfjoin = user.join(rating)
dfjoin: org.apache.spark.sql.DataFrame = [userId: int, gender: string ... 7 more field
s]

scala> dfjoin.show(3)
+------+------+---+----------+-----+------+-------+------+---------+
|userId|gender|age|occupation|  zip|userId|movieId|rating|timestamp|
+------+------+---+----------+-----+------+-------+------+---------+
|     1|     F|  1|        10|48067|     1|   1193|     5|978300760|
|     1|     F|  1|        10|48067|     1|    661|     3|978302109|
|     1|     F|  1|        10|48067|     1|    914|     3|978301968|
+------+------+---+----------+-----+------+-------+------+---------+
only showing top 3 rows
```

图 5-17　join(right:DataFrame)方法连接查询结果

使用 join(right:DataFrame,joinExprs:Column)方法根据 userId 字段连接 rating 和 user 两个 DataFrame 数据，如代码 5-35 所示，结果如图 5-18 所示。

代码 5-35　join(right:DataFrame,joinExprs:Column)方法连接查询

```
# 使用join(right:DataFrame,joinExprs:Column)方法根据userId字段连接rating和user
val dfJoin = user.join(rating, "userId")
# 查看前3条记录
dfJoin.show(3)
```

join(right:DataFrame,joinExprs:Column,joinType:String)方法可以根据多个字段连接两个表，并且可以指定连接类型 joinType。连接类型只能是 inner、outer、left_outer、right_outer、semijoin 中的一种。在图 5-17 中已得到了一个 DataFrame 数据 dfJoin，根据 userId 和 gender 字段连接 dfJoin 和 user 的数据，并指定连接类型为 left_outer，如代码 5-36 所示，结果如图 5-19 所示。

```
scala> val dfJoin = user.join(rating, "userId")
dfJoin: org.apache.spark.sql.DataFrame = [userId: int, gender: string ... 6 more fields]

scala> dfJoin.show(3)
+------+------+---+----------+-----+-------+------+---------+
|userId|gender|age|occupation|  zip|movieId|rating|timestamp|
+------+------+---+----------+-----+-------+------+---------+
|   148|     M| 50|        17|57747|   2987|     5|979576038|
|   148|     M| 50|        17|57747|   2989|     4|977333611|
|   148|     M| 50|        17|57747|    647|     3|977352859|
+------+------+---+----------+-----+-------+------+---------+
only showing top 3 rows
```

图 5-18　join(right:DataFrame,joinExprs:Column)方法连接查询结果

代码 5-36　join(right:DataFrame,joinExprs:Column,joinType:String)方法连接查询

```
# join(right:DataFrame,joinExprs:Column,joinType:String)方法
val dfJoin2 = dfJoin.join(user, Seq("userId", "gender"), "left_outer")
# 查看前 3 条记录
dfJoin2.show(3)
```

```
scala> val dfJoin2 = dfJoin.join(user, Seq("userId", "gender"), "left_outer")
dfJoin2: org.apache.spark.sql.DataFrame = [userId: int, gender: string ... 9 more fields]

scala> dfJoin2.show(3)
+------+------+---+----------+-----+-------+------+---------+---+----------+-----+
|userId|gender|age|occupation|  zip|movieId|rating|timestamp|age|occupation|  zip|
+------+------+---+----------+-----+-------+------+---------+---+----------+-----+
|   148|     M| 50|        17|57747|   2987|     5|979576038| 50|        17|57747|
|   148|     M| 50|        17|57747|   2989|     4|977333611| 50|        17|57747|
|   148|     M| 50|        17|57747|    647|     3|977352859| 50|        17|57747|
+------+------+---+----------+-----+-------+------+---------+---+----------+-----+
only showing top 3 rows
```

图 5-19　join(right:DataFrame,joinExprs:Column,joinType:String)方法连接查询结果

5.2.4　掌握 DataFrame 输出操作

DataFrame 提供了很多输出操作的方法，其中 save()方法可以将 DataFrame 数据保存成文件；saveAsTable()方法可以将 DataFrame 数据保存成持久化的表，并在 Hive 的元数据库中创建一个指针指向该表的位置，持久化的表会一直保留，即使 Spark 程序重启也没有影响，只要连接至同一个元数据服务即可读取表数据。读取持久化表时，只需要用表名作为参数，调用 spark.table()方法即可加载表数据并创建 DataFrame。

默认情况下，saveAsTable()方法会创建一个内部表，表数据的位置是由元数据服务控制的。如果删除表，那么表数据也会同步删除。

将 DataFrame 数据保存为文件，实现步骤如下。

（1）首先创建一个映射对象，用于存储 save()方法需要用到的数据，这里将指定文件的头信息及文件的保存路径，如代码 5-37 所示。

代码 5-37　创建映射对象

```
val saveOptions = Map(
    "header" -> "true", "path" -> "/user/root/sparkSql/copyOfUser.json")
```

（2）从 user 数据中选择出 userId、gender 和 age 这 3 列字段的数据，如代码 5-38 所示。

代码 5-38　创建 copyOfUser 对象

```
val copyOfUser = user.select("userId", "gender", "age")
```

（3）调用 save()方法将步骤（2）中的 DataFrame 数据保存至 copyOfUser.json 文件夹中，如代码 5-39 所示。

代码 5-39　调用 save()方法

```
copyOfUser.write.format("json").mode("Overwrite").options(saveOptions).
save()
```

在代码 5-39 所示的代码中，mode()方法用于指定数据保存的模式，可以接收的参数有 Overwrite、Append、Ignore 和 ErrorIfExists。Overwrite 表示覆盖目录中已存在的数据，Append 表示在目标文件中追加数据；Ignore 表示如果目录下已有文件，则什么都不执行；ErrorIf Exists 表示如果目标目录下已存在文件，则抛出相应的异常。

（4）在 HDFS 的/user/root/sparkSql 目录下查看保存结果，如图 5-20 所示。

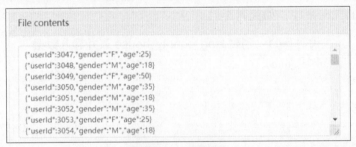

图 5-20　保存结果

除了将 DataFrame 数据保存成文件外，也可以保存成一张表，使用 saveAsTable()方法将 DataFrame 对象 copyOfUser 保存为 copyUser 表，如代码 5-40 所示，结果如图 5-21 所示。

代码 5-40　将 DataFrame 数据保存为表

```
# 获取 user 表的部分字段
val copyOfUser = user.select("userId", "gender", "age")
# 保存成表 copyUser
copyOfUser.write.saveAsTable("copyUser")
# 查询 copyUser 表的前 5 条记录
spark.sql("select * from copyUser").show(5)
```

```
scala> sqlContext.sql("select * from copyUser").show(5)
+------+------+---+
|userId|gender|age|
+------+------+---+
|     1|     F|  1|
|     2|     M| 56|
|     3|     M| 25|
|     4|     M| 45|
|     5|     M| 25|
+------+------+---+
only showing top 5 rows
```

图 5-21　将 DataFrame 数据保存为表

任务 5.3 探索分析房屋售价数据

任务描述

从购房者角度出发，影响用户购房的主要因素有房屋价格、房屋属性。从地产公司角度出发，除了房屋本身的居住属性外，地产公司也会考虑什么样的房屋属性在市场上更具有价值。本节的任务是使用 Spark SQL 实现房价数据的探索分析，从数据中的房屋售价、房屋评分和房屋销售日期等维度进行探索分析，获得房价波动的内在原因。

5.3.1 获取数据

以某地区的房屋销售记录作为数据来源，选取 2019 年—2020 年销售记录作为原始数据集，总计 10000 条记录，包括销售日期、销售价格、卧室数、浴室数、房屋面积、停车区面积、楼层数、房屋评分、建筑面积、地下室面积、修建年份、修缮年份、纬度和经度共 14 个数据字段。

在 Hive 中创建数据库 house，在 house 数据库下创建 king_county_house 表并将数据导入表 king_county_house 中，如代码 5-41 所示。

代码 5-41 创建 king_county_house 表并导入数据

```
create database house;
use house;
create table king_county_house(
selling_price double,
bedrooms_num double,
bathroom_num double,
housing_area double,
parking_area double,
floor_num double,
housing_rating double,
built_area double,
basement_area double,
year_built int,
year_repair int,
latitude double,
longitude double,
sale_data string
)
row format delimited fields terminated by ',';
load data local inpath'/data/house.csv'overwrite into table
king_county_house;
```

由于 Hive 所使用的计算框架为 Hadoop 中的 MapReduce 框架，MapReduce 的计算效率是远不及 Spark 的，因此若使用 Hive 进行数据分析，则会造成时间浪费，使用 Spark SQL 查询 Hive 表的效率会明显提高。启动 spark-shell，进入交互模式，读取 king_county_house 表中的数据并对其进行探索分析。

通过 spark.table()方法读取 Hive 中 king_county_house 表的数据，如代码 5-42 所示。

代码 5-42 读取 king_county_house 数据

```
val house = spark.table("house.king_county_house")
```

5.3.2 探索字段值分布

因为数据大部分字段的类型目前均为数值类型，所以这些字段数据可用于计算，统计这些字段数据的最大值、最小值、平均值及标准差，可以对数据有明确的全局认识，而明确的全局认识又为之后的精确数据分析打下基础。同时，对数据缺失值进行探索可以避免分析过程中缺失值影响分析结果。因此，需要对数据中字段值的分布和缺失值数量进行统计。

定义一个函数 null_count，函数中使用 na()方法可以统计数据每个字段的缺失值数量，如代码 5-43 所示。

代码 5-43 统计缺失值数量

```
import org.apache.spark.sql.DataFrame
def null_count (data:DataFrame, columnName:String): Unit = {
  println(columnName+"缺失值数量:" + (data.count()-data.na.drop().count()))
}
```

字段值分布探索的代码将封装在 max_min_mean_std 函数中，使用 selectExpr()方法查询指定字段的信息，结合 max()、min()、mean()及 stddev()方法，统计指定字段中的最大值、最小值、平均值及标准差，如代码 5-44 所示。

代码 5-44 字段值分布的探索方法

```
def max_min_mean_std (data: DataFrame,columnName: String): Unit = {
  println(columnName+":")
  data.selectExpr("max(" + columnName+")
 as max").foreach(line => println("max:" + line.toString()))
  data.selectExpr("min(" + columnName+")
 as min").foreach(line => println("min:" + line.toString()))
  data.selectExpr("mean(" + columnName+")
 as mean").foreach(line => println("max:" + line.toString()))
  data.selectExpr("stddev(" + columnName+")
 as std").foreach(line => println("std:" + line.toString()))
  null_count(data,columnName)
  println("-"*20)
}
```

数据中的 sale_data、year_built 和 year_repair 字段均表示时间，对其进行字段值分布的探索并无实际意义，因此使用 for 循环遍历数据所有字段，并使用 if...else 语句进行筛选，如代码 5-45 所示。

代码 5-45　循环统计

```
val dataColumnName = house.columns.toList
for (i <- dataColumnName) {
  if (i == "sale_data" || i == "year_built" || i == "year_repair") {
    println(i + ":")
    null_count(house, i)
    println("-" * 20)
  }
  else {
    max_min_mean_std(house, i)
  }
}
```

在 spark-shell 中运行代码 5-41 至代码 5-45 所示的代码，即可得到图 5-22 所示的结果（图中只展示部分结果），完整结果如表 5-8 所示。

```
sale_data:
sale_data缺失值数：1
--------------------
selling_price:
max:[6885000.0]
min:[75000.0]
mean:[542874.9288]
std:[372925.76587803545]
selling_price缺失值数：1
--------------------
bedrooms_num:
max:[10.0]
min:[0.0]
mean:[3.3676]
std:[0.8931685255322745]
bedrooms_num缺失值数：1
--------------------
bathroom_num:
max:[7.75]
min:[0.0]
mean:[2.1168]
std:[0.7740995950252791]
bathroom_num缺失值数：1
```

图 5-22　字段值分布和缺失值数量情况的部分探索结果

表 5-8　字段值分布和缺失值数量情况

字段名称	最大值	最小值	平均值	标准差值	缺失值数量
sale_data	—	—	—	—	1
selling_price	6885000	75000	542874.928	372925.765	1
bedrooms_num	10	0	3.368	0.893	1
bathroom_num	7.75	0	2.117	0.774	1
housing_area	9890	390	2082.488	922.879	1
parking_area	1651359	572	15352.734	45776.229	1
floor_num	3.5	1	1.502	0.544	1
housing_rating	13	3	7.665	1.174	1
built_area	8860	390	1791.475	829.449	1
basement_area	4820	0	291.014	446.641	1
year_built	—	—	—	—	1
year_repair	—	—	—	—	1
latitude	47.7776	47.1593	47.560	0.138	1
longitude	−121.315	−122.519	−122.215	0.139	1

观察表 5-8 中的数据可以发现，所有字段的缺失值数量均为 1，检查数据后发现是由于导入 Hive 表时将原始数据的列名一并导入，但列名和表 king_county_house 各个数据字段的数据类型不一致，因此列名的值变为空值，使用 na.drop()方法删除即可。除此之外，数据不存在其他缺失值，不需要进行处理。

从表 5-8 中可看出，房屋售价（selling_price）跨幅很大，房价平均值为 542874.928 美元，但房价的标准差值达到了 6 位数，因此房价的最大值和最小值并不足以作为评判整体销售价格的标准。而通过标准差值和平均值可以大致推断，该地区房屋销售价格普遍在100000～1000000 美元之间，同时参考房屋面积（housing_area）的平均值为 2082.488 平方英尺，约为 193 平方米，可以得出当地平均房价约为 2813 美元/平方米，房屋面积和销售价格比较适中。

房屋的评分一般是对销售价格、质量、面积等方面进行综合考量得出的分数，对个人而言具有一定的参考意义，房屋平均评分为 7.665，即销售价格符合房屋应有的面积和质量。

5.3.3　统计各季度房屋销量和销售额

对于纬度较高、四季分明的城市而言，冬暖夏凉应该是大部分居民对住房的期望。sale_data 字段为房屋的销售日期，通过数据中的 sale_data 字段，将数据划分到 4 个季度并加以分析。

1．各季度房屋销量统计

由于原始数据中销售时间字段"sale_data"为 String 类型数据，因此需要先将该字段转换为日期格式，并通过 withColumn()方法在原始数据上新增一列转换后的字段 date，如代码 5-46 所示。

代码 5-46　销售日期转换为日期格式

```
# 删除有缺失值的数据记录并转换为日期格式
val houseDate = house.na.drop()
.withColumn("date", to_date(col("sale_data"), "yyyyMMdd"))
```

使用 quarter()方法将时间划分为 4 个季度，并使用 withColumn()方法将划分结果存放在新的字段 quarter 中，如代码 5-47 所示。

代码 5-47　根据时间划分季度

```
val houseQuarter = houseDate.withColumn("quarter", quarter(col("date")))
houseQuarter.select("date","quarter").show()
```

执行代码 5-46 和代码 5-47，可以得到按销售日期进行季度划分的结果。通过 select()方法查询出销售日期（date）和季度（quarter）字段数据，结果如图 5-23 所示，每条房屋的销售数据都已根据销售日期分配了相应的季度。

通过 groupBy()方法根据划分的季度进行分组，并统计每组的销量，如代码 5-48 所示。根据冬暖夏凉的需求，可以推测夏冬两季销量应大于其他两个季度，结果如图 5-24 所示。

代码 5-48　统计每个季度的房屋销量

```
houseQuarter.groupBy("quarter").count().sort("quarter").show()
```

```
+----------+-------+
|      date|quarter|
+----------+-------+
|2020-03-02|      1|
|2020-02-11|      1|
|2020-01-07|      1|
|2019-11-03|      4|
|2019-06-03|      2|
|2020-05-06|      2|
|2020-03-05|      1|
|2019-07-01|      3|
|2019-08-07|      3|
|2019-12-04|      4|
|2020-02-27|      1|
|2019-09-04|      3|
|2019-09-02|      3|
|2020-04-13|      2|
+----------+-------+
```

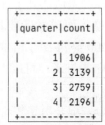

```
+-------+-----+
|quarter|count|
+-------+-----+
|      1| 1906|
|      2| 3139|
|      3| 2759|
|      4| 2196|
+-------+-----+
```

图 5-23　季度划分结果部分展示　　　　图 5-24　统计每个季度的房屋销量

从图 5-24 中可以看出夏季房屋的销量确实大于其他 3 个季度，但第 4 季度（即冬季）的销量不如第 3 季度，这可能和当地的天气情况有关。一般情况下冬季十分寒冷，甚至可能出现雨雪天气，会致使路面通行不便，不利于搬家。反观夏季，除了天气较为炎热外，对搬家的影响因素较少。

2．各季度房屋销售额统计

各季度房屋销量统计分析是基于居民对环境的需求的，依旧无法排除当地夏季房价较低导致销量较大的可能，所以需要对每个季度的房屋销售额进行统计分析。使用 groupBy()方法根据季度进行分组，统计每个季度的房屋销售额，如代码 5-49 所示。

代码 5-49 统计每个季度的房屋销售额

```
houseQuarter.groupBy("quarter").sum("selling_price").sort("quarter").show()
```

结果如图 5-25 所示，第 2、3 季度的房屋售价明显高于其他两个季度，结合图 5-24 所示的结果，在 4 个季度内，夏季房屋的销售量最高，可以得出基本不可能是由于季节变化导致房价变化进而促使第 2、3 季度销量增大的结论。

基于各季度房屋销量统计分析和各季度房屋销售额的统计分析可以看出，当地的环境因素对于房屋的销售也存在一定的影响。

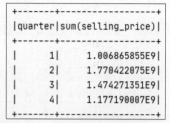

```
+-------+-----------------+
|quarter|sum(selling_price)|
+-------+-----------------+
|      1|    1.006865855E9|
|      2|    1.770422075E9|
|      3|    1.474271351E9|
|      4|    1.177190007E9|
+-------+-----------------+
```

图 5-25 各季度房屋销售额统计

5.3.4 探索分析房屋评分

寻找房源时，房屋的评分是重要的考量因素之一。数据中的评分是由 "King County" 房屋销售平台对于房屋的综合评分，极大地降低了个人的主观因素。在 5.3.2 小节中已经了解到房屋的平均评分为 7.665。

使用 groupBy()方法根据 housing_rating 字段进行分组，并对每个分组下的房屋数量进行统计，即可得出不同评分的房屋分布情况，如代码 5-50 所示。

代码 5-50 统计不同评分的房屋分布情况

```
houseQuarter.groupBy("housing_rating").count().sort(desc("count")).show()
```

统计结果如图 5-26 所示，大多数房屋评分为 7 分，同时紧随其后的则为 8、9 分，说明系统所判定的大部分房源性价比较为可观。

通过 groupBy()方法根据 housing_rating 字段进行分组统计，结合使用 agg()方法统计每个分组下房屋单位售价的平均值，如代码 5-51 所示，结果如图 5-27 所示。

代码 5-51 房屋评分同房屋单位售价关系探索

```
houseQuarter.groupBy("housing_rating").agg(avg(col("selling_price")/col("housing_area"))).sort("housing_rating").show()
```

```
+--------------+-----+
|housing_rating|count|
+--------------+-----+
|           7.0| 4162|
|           8.0| 2828|
|           9.0| 1212|
|           6.0|  925|
|          10.0|  514|
|          11.0|  192|
|           5.0|  100|
|          12.0|   45|
|           4.0|   14|
|          13.0|    6|
|           3.0|    2|
+--------------+-----+
```

图 5-26 房屋评分分布

```
+--------------+---------------------------------+
|housing_rating|avg((selling_price / housing_area))|
+--------------+---------------------------------+
|           3.0|                289.3034825870647|
|           4.0|                421.6765988891822|
|           5.0|                 244.872904522352|
|           6.0|                274.3597415143096|
|           7.0|               252.72629268682468|
|           8.0|                260.1858918866025|
|           9.0|               274.36099140045263|
|          10.0|                311.8355441252322|
|          11.0|                337.7554628229812|
|          12.0|               407.729963099333407|
|          13.0|               495.34880449365454|
+--------------+---------------------------------+
```

图 5-27 房屋评分同房屋单位售价关系探索结果

从图 5-27 中可以发现，评分为 3、4 的房屋的单位售价高于评分为 9 分的房屋的单位售价，导致评分低的原因可能是单位售价虚高。评分高的房屋往往销售总价较高，相对的占比面积也越大，这类房屋可能并不是大多数人的首选，实用性会相对低一些。

5.3.5　探索修缮过的房屋房龄分布

老房不仅可能存在经手人多的问题，也可能因为年久失修存在安全隐患。该类房屋一般有两种情况，第一种由买家自行修缮低价卖出，第二种由房地产商进行修缮后卖出。第一种情况由于个人的修缮程度不一致，且数据中未体现，因此不进行探索。

对进行过修缮的房屋房龄分布进行如下探索。

1. 修缮过的房屋房龄计算

基于房地产商的角度分析，如果选择对房屋进行修缮，那么可能是因为房屋年久失修直接低价卖出会出现亏损情况；此外如果房屋发生安全问题，买卖双方也会陷入不必要的纠纷。下面计算修缮过的房屋年龄（当前年份-修建年份），由于数据日期截至 2020 年，因此将 2020 年作为当前年份。通过 filter()方法过滤出未修缮房屋的数据，使用 withColumn()方法新增一个 houseAge 字段存储修缮过的房屋年龄，如代码 5-52 所示。

代码 5-52　计算修缮过的房屋年龄

```
import org.apache.spark.sql.types.DataTypes
val houseRepair = houseQuarter.filter("year_repair != 0").withColumn(
"houseAge",-(col("year_built").cast(DataTypes.IntegerType)-2020))
```

定义一个函数 AgeTitle，使用 if 语句对 houseAge 字段的值进行判断，修缮过的房屋年龄大于等于 30，赋予其 "old" 标签；小于等于 10，赋予其 "new" 标签；大于 10 且小于 30，则赋予其 "middle" 标签，如代码 5-53 所示。

代码 5-53　为 houseAge 字段的值贴上标签

```
def AgeTitle (age: Int) = {
  if (age >= 30){
    "old"
  }
  else if (age <= 10) {
    "new"
  }
  else {"middle"}
}
```

将 AgeTitle 函数转化为一个 UDF 函数 houseAgeTitleUdf，同时使用 withColumn()方法新增一个 houseAgeTitle 字段，用于存储房龄标签，如代码 5-54 所示。

代码 5-54　赋予标签

```
val houseAgeTitleUdf = udf((x: Int) => AgeTitle(x))
val houseAgeTitle = houseRepair.withColumn(
"houseAgeTitle", houseAgeTitleUdf(col("houseAge")))
houseAgeTitle.select("houseAge","houseAgeTitle").show()
```

执行代码 5-52 至代码 5-54，结果如图 5-28 所示。已根据房屋年龄为房屋贴上不同的标签。

2. 分组统计

对修缮后的房屋年龄赋予相应的房龄标签后，通过 groupBy()方法根据 houseAgeTitle 字段进行分组，统计每个分组下的房屋数量，如代码 5-55 所示，结果如图 5-29 所示。

代码 5-55　房屋房龄标签分布统计

```
houseAgeTitle.groupBy("houseAgeTitle").count().show()
```

```
+--------+-------------+
|houseAge|houseAgeTitle|
+--------+-------------+
|      76|          old|
|     101|          old|
|     113|          old|
|     109|          old|
|      61|          old|
|      77|          old|
|      79|          old|
|     105|          old|
|      67|          old|
|      78|          old|
|      62|          old|
|      70|          old|
|     113|          old|
```

图 5-28　房龄赋予标签后的数据查询结果

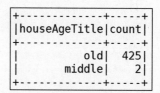

```
+-------------+-----+
|houseAgeTitle|count|
+-------------+-----+
|          old|  425|
|       middle|    2|
+-------------+-----+
```

图 5-29　房屋房龄标签分布统计结果

从图 5-29 中可以发现，不存在"new"标签，即没有对房龄 10 年以下的房屋进行修缮后再转出的情况，修缮过再转手的房屋几乎都有房龄 10 年以上的"middle"标签或房龄 30 年以上的"old"标签。这印证了房地产商主要针对那些年久失修的房屋进行了修缮并卖出。修缮后再卖出的房屋未到 500 条数据，对于 10000 条数据来说只是很小的一部分。

5.3.6　任务实现

本任务先通过代码 5-41 所示的命令将数据存放至 Hive 当中，再通过 IntelliJ IDEA，编写 Spark 程序（使用本地模式）对房价数据进行探索分析，完整实现如代码 5-56 所示。对数据各个字段的最大值、最小值、平均值、标准差及缺失值数量进行探索，再通过数据中的 selling_price 字段对房屋的销量、价格进行分析。接着进一步分析房屋评分对房屋单位售价的影响。最后综合使用 Spark SQL 的主要方法对房屋的房龄进行计算，并赋予相应的标签，加以分析。

代码 5-56　房价数据探索分析完整代码

```
import org.apache.spark.sql.types.DataTypes
import org.apache.spark.sql.{ColumnName, DataFrame, SparkSession}


object process {
  def main(args: Array[String]): Unit = {
    val spark = SparkSession.builder()
      .master("local[3]")
      .appName("process")
```

```
      .config("spark.some.config.option", "some-value")
      .enableHiveSupport()
      .getOrCreate()
spark.sparkContext.setLogLevel("WARN")
import org.apache.spark.sql.functions._
// 用于 RDD 与 DataFrame 的隐式转换的包
import spark.implicits._
// 读取数据集
val house = spark.table("house.king_county_house")
val dataColumnName = house.columns.toList
for (i <- dataColumnName) {
  if (i == "sale_data" || i == "year_built" || i == "year_repair") {
    println(i + ":")
    null_count(house, i)
    println("-" * 20)
  }
  else {
    max_min_mean_std(house, i)
  }
}
// 转换为日期格式
val houseDate = house.na.drop()
  .withColumn("date", to_date(col("sale_data"), "yyyyMMdd"))
// 划分季度
val houseQuarter = houseDate.withColumn("quarter", quarter(col("date")))
houseQuarter.show()
// 统计每个季度的房屋销量
houseQuarter.groupBy("quarter").count().sort("quarter").show()
// 统计每个季度的房屋销售额
houseQuarter.groupBy(
  "quarter").sum("selling_price").sort("quarter").show()
houseQuarter.selectExpr("mean(selling_price)").show(100)
// 房屋评分分布统计
houseQuarter.groupBy("housing_rating").count().sort(desc("count")).show()

// 房屋评分与单位售价的关系
houseQuarter.groupBy("housing_rating").agg(
avg(col("selling_price") / col("housing_area"))).sort(
"housing_rating").show()
val houseAgeTitleUdf = udf((x: Int) => AgeTitle(x))
val houseRepair = houseQuarter.filter(
"year_repair != 0").withColumn(
"houseAge", -(col("year_built").cast(DataTypes.IntegerType) - 2020))
```

```scala
    val houseAgeTitle =houseRepair.withColumn(
    "houseAgeTitle", houseAgeTitleUdf(col("houseAge")))
    houseAgeTitle.groupBy("houseAgeTitle").count().show()
}


// 求字段的最大值、最小值、平均值及标准差
def max_min_mean_std(data: DataFrame, columnName: String): Unit = {
  println(columnName + ":")
  data.selectExpr("max(" + columnName + ") as max")
    .foreach(line => println("max:" + line.toString()))
  data.selectExpr("min(" + columnName + ") as min")
    .foreach(line => println("min:" + line.toString()))
  data.selectExpr("mean(" + columnName + ") as mean")
    .foreach(line => p rintln ("mean:" + line.toString()))
  data.selectExpr("stddev(" + columnName + ") as std")
    .foreach(line => println("std:" + line.toString()))
  null_count(data, columnName)
  println("-" * 20)
}


def null_count(data: DataFrame, columnName: String): Unit = {
  println(columnName + "缺失值数:" + (data.count() - data.na.drop().count()))
}


def AgeTitle(age: Int) = {
  if (age >= 30) {
    "old"
  }
  else if (age <= 10) {
    "new"
  }
  else {
    "middle"
  }
}
}
```

小结

本章介绍了 Spark SQL 框架，首先简述了 Spark SQL 的基本概念，并且讲解了如何配置 Spark SQL 以及 Spark SQL 与 Shell 交互，接着详细介绍了 Spark SQL 的核心抽象编程模型 DataFrame 及其基础操作，包括创建 DataFrame 对象、DataFrame 的查询操作和输出操作，最后使用 Spark SQL 对房屋售价数据进行探索分析，以此加深读者对 Spark SQL 的理解。

实训

实训 1　基于 DataFrame 实现老师教学质量统计分析

1．训练要点

（1）熟悉 Spark SQL 的配置方法。

（2）掌握在 Spark SQL 中操作 Hive 表。

（3）掌握创建 DataFrame 的方法。

（4）掌握 DataFrame 的查询操作。

（5）掌握 DataFrame 的输出操作。

2．需求说明

在某学校的一个微型班级中，有 4 个表记录着老师与学生的情况，利用大数据技术进行一定处理，方便老师分析自身的教学质量及学生的学习情况，分别是 student 表、score 表、course 表和 teacher 表。student 表有 4 个数据字段，分别为 s_id、s_name、s_birth 和 s_sex，字段说明如表 5-9 所示。

表 5-9　student 表数据字段说明

字段名称	说明
s_id	学生学号
s_name	学生姓名
s_birth	出生日期
s_sex	学生性别

score 表有 3 个数据字段，分别为 s_id、c_id 和 s_score，字段说明如表 5-10 所示。

表 5-10　score 表数据字段说明

字段名称	说明
s_id	学生学号
c_id	课程编号
s_score	分数

course 表有 3 个数据字段，分别表示 c_id、c_name 和 t_id，字段说明如表 5-11 所示。

表 5-11　course 表数据字段说明

字段名称	说明
c_id	课程编号
c_name	课程名称
t_id	教师工号

teacher 表有 2 个数据字段，分别为 t_id 和 t_name，字段说明如表 5-12 所示。

表 5-12　teacher 表数据字段说明

字段名称	说明
t_id	教师工号
t_name	教师姓名

为了分析老师的教学质量，请根据 score 表、course 表和 teacher 表的数据，查询不同老师所教不同课程的平均分。

提示

cast()方法可以转换数据类型。

3. 实现思路及步骤

（1）检查是否已配置 Spark SQL，若没有，则先配置 Spark SQL。

（2）启动 spark-shell、启动 Hive 元数据服务、访问 Hive。

（3）在 Hive 中创建 student 数据库，并在 student 数据库下创建 score 表、course 表和 teacher 表，并导入数据。

（4）使用 spark.sql()方法分别读取 Hive 中的 score 表、course 表和 teacher 表的数据。

（5）使用 groupBy()、withColumn()、count()、sum()、join()、drop()和 cast()方法，按教师工号和课程进行分组，聚合查询不同老师所教不同课程的平均分。

（6）将查询结果输出到 Hive 的 student 数据库中的 teacher_courseAvg 表中。

实训 2　基于 DataFrame 实现学生成绩统计分析

1. 训练要点

（1）掌握在 Spark SQL 中操作 Hive 表。

（2）掌握创建 DataFrame 对象的方法。

（3）掌握 DataFrame 的查询操作。

2. 需求说明

为了进行学生成绩统计分析，需要根据实训 1 中 student 表、course 表和 score 表这 3 个表的数据，完成以下查询任务。

（1）查询所有学生的学生学号、学生姓名、选课总数和所有课程的总成绩；

（2）查询课程名称为"数学"，且分数低于 60 的学生姓名和分数；

（3）查询学生的平均成绩及名次。

3. 实现思路及步骤

（1）在 Hive 的 student 数据库中创建 student 表并导入数据，因为 score 表和 course 表在实训 1 中已经创建过，所以无须再创建。

（2）使用 spark.sql()方法分别读取 Hive 中的 score 表、course 表和 student 表的数据。

（3）使用 groupBy()、sum()、count()、join()和 drop()方法，查询所有学生的学生学号、学生姓名、选课总数和所有课程的总成绩。

（4）使用 join()和 where()方法，查询课程名称为"数学"，且分数低于 60 的学生姓名和分数。

（5）使用 groupBy()、join()、sum()、count()、withColumn()、col()、selectExpr()、drop()和 cast()方法，查询学生的平均成绩及名次。

课后习题

1. 选择题

（1）Spark 为处理结构化数据而设计的模块是（　　）。

    A. Spark SQL   B. Spark Streaming

    C. Spark MLlib   D. Spark Graphx

（2）现有一个 DataFrame 数据命名为 data，而在 Spark SQL 的 DataFrame API 中有众多方法可以对其数据进行查看。查看 data 数据的前 10 条数，以下写法错误是（　　）。

    A. data.show(10)   B. data.head(10)

    C. data.limit(10).show()   D. data.collect(10)

（3）关于 Spark SQL 的说法，以下选项错误的是（　　）。

    A. Spark SQL 不可以从外部数据库中创建 DataFrame

    B. Spark SQL 支持 HiveQL 语法，允许访问现有的 Hive 仓库

    C. Spark SQL 的 DataFrame 可以理解为一个分布式的 Row 对象的数据集合

    D. Spark SQL 支持 Parquet 文件的读写，且保留 Schema

（4）DataFrame 可以将数据保存成持久化的表，使用的方法是（　　）。

    A. save()   B. saveAsTextFile()

    C. saveAsFile()   D. saveAsTable()

（5）DataFrame 的 show()方法默认输出（　　）条数据。

    A. 10   B. 15

    C. 20   D. 30

（6）获取 DataFrame 中所有数据，并返回一个数组对象，使用的方法是（　　）。

    A. describe()   B. collect()

    C. collectAsList()   D. 以上三种都是

（7）以下选项中，关于 Spark SQL 优点描述正确的是（　　）。

① 将 SQL 查询与 Spark 程序无缝混合，可以使用 Java、Scala、Python、R 等语言的 API 操作

② 兼容 Hive

③ 统一的数据访问

④ 标准的数据连接

    A. ①   B. ①②

    C. ①②③   D. ①②③④

（8）以下选项中不能对 DataFrame 列名进行重命名的方法是（　　）。

    A. selectExpr()   B. rename()

    C. withColumnRenamed()   D. alias()

（9）关于 Spark SQL 的 DataFrame 基础操作，以下选项中说法错误的是（　　）。

    A. where()/filter()方法：对所给定的条件进行定位/筛选

    B. orderBy()方法：根据 DataFrame 的某个字段进行排序，默认是降序排序

    C. groupBy()方法：根据某个字段进行分组，之后可以使用 count()、max()等方法对分组信息进行计算

    D. join()方法：对两个 DataFrame 进行合并，可以设置合并的关键字和连接方式

（10）在 DataFrame 对象 df 中，第 1 列的列名为 "length"，如果获取 "length" 列的数据，那么以下写法错误的是（　　）。

    A. df.select('length')　　　　　　　　　B. df['length']

    C. df.select(df[0])　　　　　　　　　　　D. df.select(df['length'])

2. 操作题

"民以食为天"，餐饮行业有着广大消费者和市场份额，但企业之间的竞争也很激烈。某企业预备使用大数据技术对过往餐饮点评大数据进行分析以提高服务与菜品质量，实现服务升级，具体情况如下：现有一份顾客对某城市餐饮店的点评数据 restaurant.csv，记录了不同类别餐饮店在口味、环境、服务等方面的评分，数据共有 12 列，前 10 列数据字段的说明如表 5-13 所示，最后两列的数据为空则不描述。

表 5-13　顾客对某城市餐饮店的点评数据字段说明

字段名称	说明
类别	餐饮店类别
行政区	餐饮店所在位置区域
点评数	有多少人进行了点评
口味	口味评分
环境	环境评分
服务	服务评分
人均消费	人均消费（单位：元）
城市	餐饮店所在城市
Lng	经度
Lat	纬度

为探究人们对该城市餐饮店的点评分布情况，分析客户在餐饮方面的消费喜好，请使用 Spark SQL 进行编程，完成以下的需求。

（1）读取 restaurant.csv 数据，删除最后为空值的两列，再删除含有空值的行。

（2）筛选出口味评分大于 7 分的数据。

（3）统计各类别餐饮店点评数，并按降序排列。

（4）将步骤（2）和步骤（3）的结果保存到 HDFS 上。

第6章 Spark Streaming——实时计算框架

素养目标

（1）通过流式处理的大数据场景分析培养编程规范。
（2）通过创建 DStream 培养严谨认真的职业素养。
（3）通过使用 DStream 各种算子培养精益求精的工匠精神。

学习目标

（1）了解 Spark Streaming 的基本概念及运行原理。
（2）了解 DStream 编程模型的概念。
（3）掌握 DStream 的转换操作。
（4）掌握 DStream 的窗口操作。
（5）掌握 DStream 的输出操作。

任务背景

书籍是人类进步的阶梯，数字时代的来临，也催生出"书"的新形式，即电子书。同时，众多售书的电商平台也应运而生。电商平台想要在激烈的竞争中脱颖而出，需要更着重于改善用户体验，并增加用户的黏性，把更多更好的书推荐给读者，扩大他们的知识视野，通过优质书籍推送实现多读书、全民阅读，增强文化自信，围绕举旗帜、聚民心、育新人、兴文化、展形象建设社会主义文化强国。

用户无法找到适宜的书籍时往往会相信大众的选择，选择购买热度较高的书籍。基于这种情况，电商平台可以根据现有书籍的评分、销量、用户的评分次数等信息构建书籍热度，将一些热度较高的书推荐给用户，进而改善用户体验，增加用户黏性，激发用户的购买欲。

书籍热度的计算可以根据式（6-1）进行，其中，u 表示用户的平均评分，x 表示用户的评分次数，y 表示书籍的平均评分，z 表示书籍被评分的次数。

$$f(u, x, y, z) = 0.3ux + yz \tag{6-1}$$

目前已采集了某电商网站上用户对书籍的评分数据文件 BookRating.txt，数据字段说明如表 6-1 所示。其中 Rating 字段中评分范围为 1~5 分。

表 6-1 用户对书籍的评分数据字段说明

字段名称	说明
UserID	用户 ID
BookID	书籍 ID
Rating	用户对书籍的评分

实时计算书籍热度后，可以将热度最高的 10 本图书的评分数据保存在 Hive 数据库中，因此需要在 Hive 数据库中设计一个表，用于保存热度最高的 10 本图书的评分数据。Spark 会将 DataFrame 写入 Hive 并根据 DataFrame 自动创建表。为模拟实时数据的流式计算，本章将使用 Spark Streaming 框架实现书籍评分实时计算分析。

本章将首先介绍 Spark Streaming 基本概念及运行原理，再详细介绍 Spark Streaming 框架的 DStream 编程模型及其基础操作，最后结合书籍评分数据实例，使用 Spark Streaming 框架实现书籍热度的实时计算。

任务 6.1　初识 Spark Streaming

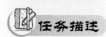

使用 Spark Streaming 实现书籍热度实时计算，首先需要对 Spark Streaming 基本概念及运行原理有大致的了解。本节的任务是了解 Spark Streaming 基本概念及运行原理，并学习 Spark Streaming 程序的简单编写及运行。

6.1.1　了解 Spark Streaming 基本概念

Spark Streaming 是 Spark 的子框架，是 Spark 生态圈中用于处理流式数据的分布式流式处理框架，具有可伸缩、高吞吐量、容错能力强等特点。同时，Spark Streaming 能够和 Spark SQL、Spark MLlib、Spark GraphX 进行无缝集成，可以从 Kafka、Flume、HDFS、Kinesis 等数据源中获取数据，而且不仅可以通过调用 map()、reduce()、join() 等方法处理数据，也可以使用机器学习算法、图算法处理数据。如图 6-1 所示，经 Spark Streaming 处理后的最终结果可以保存在文件系统（如 HDFS）、数据库（如 MySQL）中或使用仪表面板进行实时展示。

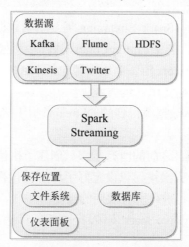

图 6-1　Spark Streaming 处理的数据流图

6.1.2　了解 Spark Streaming 运行原理

Spark Streaming 的运行原理如图 6-2 所示。Spark Streaming 接收实时数据流并根据一定的时间间隔将其拆分成多个小的批处理作业Δt，通过 Spark Engine 批处理引擎处理批数据，并批量生成最终的结果Δr。

Spark Streaming
运行原理

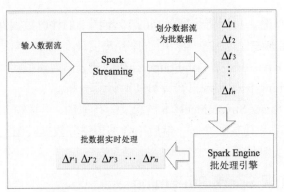

图 6-2　Spark Streaming 的运行原理

Spark Streaming 的输入数据会按照时间片分成一段一段的数据，时间片可称为批处理时间间隔（Batch Interval）。时间片是人为地对数据进行定量的标准，作为拆分数据的依据，一个时间片的数据对应一个 RDD 实例。按照时间片划分得到批数据后，每一段数据都转换成 Spark 中的 RDD，再将 Spark Streaming 中对 DStream 的转换操作变为对 DStream 中每个 RDD 的转换操作，并将中间结果保存在内存中。整个流式计算根据业务的需求可以对中间的结果进行叠加计算或存储至外部设备中。DStream 即离散流（Discretized Stream），是 Spark Streaming 对内部持续的实时数据流的抽象描述，在 6.2.1 小节将会详细讲述 DStream 编程模型。

6.1.3　初步使用 Spark Streaming

作为构建于 Spark 之上的应用框架，Spark Streaming 承袭了 Spark 的编程风格，已经了解 Spark 的用户能够快速地上手。使用 Spark Streaming 一般需要进行如下的操作。

（1）创建 StreamingContext 对象。

（2）创建 DStream 输入源：Spark Streaming 需要指明数据源，DStream 输入源包括基础来源和高级来源，基础来源是在 StreamingContext API 中直接可用的来源，如文件系统流、套接字（Socket）流和 Akka Actors 流，高级来源包括 Kafka、Flume、Kinesis 等形成的数据流，高级来源可以通过额外的实用工具类创建。

（3）操作 DStream：对于从数据源得到的 DStream，用户可以在 DStream 的基础上进行各种操作。

（4）启动 Spark Streaming：之前的所有步骤只创建了执行流程，程序没有真正连接上数据源，也没有对数据进行任何操作，只设定好了所有的执行计划，当执行"ssc.start()"命令启动流处理后，程序才真正进行所有预期的操作。

启动 Spark 独立集群模式，进入 Spark 安装目录的/bin 目录下启动 spark-shell，如代码 6-1 所示。

代码 6-1　启动 spark-shell 命令

```
./spark-shell
```

以单词实时计数为例，从一台服务器的 8888 端口上接收一行或多行文本内容，并对接收到的内容根据空格进行分割，实时计算每个单词出现的次数，具体实现过程如下。

（1）在 spark-shell 中输入代码，如代码 6-2 所示。

代码 6-2　Spark Streaming 示例代码

```
import org.apache.spark.streaming.StreamingContext
import org.apache.spark.streaming.StreamingContext._
import org.apache.spark.streaming.dstream.DStream
import org.apache.spark.streaming.Duration
import org.apache.spark.streaming.Seconds
# 设置日志级别
sc.setLogLevel("WARN")
# 从 SparkConf 创建 StreamingContext 并指定 1 秒的时间片
val ssc = new StreamingContext(sc, Seconds(1))
# 启动连接到 slave1 8888 端口上，使用收到的数据创建 DStream
val lines = ssc.socketTextStream("slave1", 8888)
val words = lines.flatMap(_.split(" "))
val wordCounts = words.map(x => (x, 1)).reduceByKey(_ + _)
wordCounts.print()
# 启动流计算环境 StreamingContext
ssc.start()
```

（2）在另外一台服务器（slave1）中查看是否安装 nc 软件。

（3）在 slave1 上启动监听，输入"nc -l 8888"命令。

（4）程序运行后的输出信息如图 6-3 所示，左侧是 spark-shell 输出信息，右侧则是在 slave1 上启动的 nc 程序，即 8888 端口。

```
Time: 1502958117000 ms         [root@slave1 ~]# nc -l 8888
-------------------------------I am learning Spark Streaming now
(learning,1)
(am,1)
(Streaming,1)
(now,1)
(Spark,1)
(I,1)

-------------------------------
Time: 1502958118000 ms
```

图 6-3　Spark Streaming 示例运行结果

代码 6-2 以 Socket 连接作为数据源读取数据，StreamingContext 的 API 还提供了其他的方法，如可用于从 HDFS 中获取数据创建 DStream 作为输入源的方法，使用 ssc.textFileStream()方法监听 HDFS 上的目录/user/root/sparkStreaming/temp，一旦有新文件加入/user/root/sparkStreaming/temp 目录下，Spark Streaming 将实时计算出目录下文件中的单词词频，如代码 6-3 所示。

代码 6-3　Spark Streaming 监控 HDFS 目录示例

```
import org.apache.spark.streaming.{Seconds,StreamingContext}
import org.apache.spark.streaming.StreamingContext._
val ssc = new StreamingContext(sc, Seconds(10))
val lines = ssc.textFileStream("/user/root/sparkStreaming/temp")
val words = lines.flatMap(_.split(" "))
val wordCounts = words.map(x => (x, 1)).reduceByKey(_ + _)
wordCounts.print()
ssc.start()
```

在 spark-shell 中运行代码 6-3 所示的代码，打开另外一个会话端口，创建/user/root/spark Streaming/temp 目录，分别上传文件 a.txt、b.txt 到该目录下（两份文件的上传时间间隔 10 秒以上），a.txt、b.txt 的内容分别如表 6-2 和表 6-3 所示。

表 6-2　a.txt 数据

I am learning Spark Streaming now
I like Spark
Spark is insteresting

表 6-3　b.txt 数据

I am learning Spark Streaming now
I like Spark
Spark is insteresting
I am learning Spark Streaming now
I like Spark
Spark is interesting

Spark Streaming 只要监控到该目录下有新文件加入，即会在 10 秒内对文件中的单词进行词频统计并输出结果，如图 6-4 所示。

```
Time: 1502434080000 ms          Time: 1502434100000 ms
-------------------------       -------------------------
(learning,1)                    (learning,2)
(is,1)                          (is,2)
(am,1)                          (am,2)
(Streaming,1)                   (Streaming,2)
(now,1)                         (now,2)
(Spark,3)                       (Spark,6)
(insteresting,1)                (insteresting,2)
(I,2)                           (I,4)
(like,1)                        (like,2)

-------------------------       -------------------------
Time: 1502434090000 ms          Time: 1502434110000 ms
```

图 6-4　Spark Streaming 监听 HDFS 目录示例运行结果

任务 6.2　掌握 DStream 基础操作

任务描述

DStream 是 Spark Streaming 中一个非常重要的概念，Spark Streaming 读取数据时会得到 DStream 编程模型，且 DStream 提供了一系列操作方法。本节的任务是了解 DStream 的基本概念，学习 DStream 的转换操作、窗口操作以及输出操作。

6.2.1　了解 DStream 编程模型

DStream 是 Spark Streaming 对内部实时数据流的抽象描述，可将 DStream 理解为持续性的数据流。可以通过外部数据源获取 DStream，也可以通过 DStream 现有的高级操作（如转换操作）获得 DStream。DStream 代表着一系列的持续的 RDD，DStream 中的每个 RDD 都是按一小段时间分割开的 RDD，如图 6-5 所示。

DStream 介绍

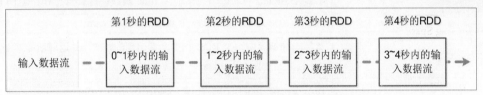

图 6-5　DStream 生成离散的 RDD 序列

对 DStream 的任何操作都会转化成对底层 RDD 的操作。以单词计数为例，获取文本数据形成文本的输入数据流 lines DStream，使用 flatMap() 方法进行扁平化操作并进行分割，得到每一个单词，形成单词的文本数据流 words DStream，如图 6-6 所示。这一过程实际上是对 lines DStream 内部的所有 RDD 进行 flatMap 操作，生成对应的 words DStream 里的 RDD。因此，可以通过 RDD 的转换操作生成新的 DStream。

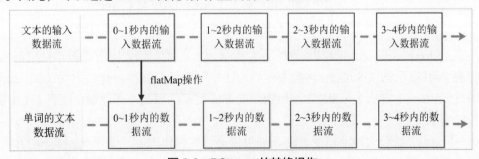

图 6-6　DStream 的转换操作

与 RDD 类似，Spark Streaming 也提供了一系列对 DStream 进行操作的方法，方法根据操作的类型可以分成 3 类，即转换操作、窗口操作和输出操作。

6.2.2　使用 DStream 转换操作

DStream API 提供了很多 DStream 转换操作的方法，如 map()、flatMap()、filter()、reduce() 等方法，DStream 转换操作常用的方法如表 6-4 所示。

表 6-4　DStream 转换操作常用的方法

方法	描述
map(func)	对源 DStream 的每个元素应用 func 函数并返回一个新的 DStream
flatMap(func)	类似 map 操作，不同的是每个元素可以被映射成 0 个或者多个输出元素
filter(func)	对源 DStream 中的每一个元素应用 func 函数进行计算，如果 func 函数返回结果为 true，则保留该元素，否则丢弃该元素，返回一个新的 DStream
union(otherStream)	合并两个 DStream，生成一个包含两个 DStream 中所有元素的新的 DStream
count()	统计 DStream 中每个 RDD 包含的元素的个数，得到一个只有一个元素的 RDD 构成的 DStream
reduce(func)	对源 DStream 中的每个元素应用 func 函数进行聚合操作，返回一个内部所包含的 RDD 只有一个元素的新 DStream
countByKey()	计算 DStream 中每个 RDD 内的元素出现的频次，并返回新的 DStream [(K,Long)]，其中 K 是 RDD 中元素的类型，Long 是元素出现的频次
reduceByKey(func,[numTasks])	以一个键值 RDD 为目标，K 为键，V 为值。当一个(K, V)键值对的 DStream 被调用时，返回(K,V)键值对的新 DStream，其中每个键的值都使用聚合函数 func 汇总。配置 numTasks 可以设置不同的并行任务数
join(otherStream,[numTasks])	当调用的是(K,V1)和(K,V2)键值对的两个 DStream 时，返回元素为(K, (V1,V2))键值对的一个新 DStream
coGroup(otherStream, [numTasks])	当被调用的两个 DStream 分别含有(K,V1)和(K,V2)键值对时，返回一个元素为(K, Seq[V1], Seq[V2])的新的 DStream
transform(func)	通过对源 DStream 的每个 RDD 应用 func 函数返回一个新的 DStream，用于在 DStream 上进行 RDD 的任意操作

在表 6-4 所示的 DStream 转换操作的方法中，大部分转换操作的方法（如 map()、flatMap()、filter()等方法）与 RDD 转换操作的方法类似，因此不再详细介绍表 6-4 中前 10 种方法的用法。

transform()方法极大地丰富了 DStream 可以进行的操作内容。使用 transform()方法后，除了可以使用 DStream 提供的一些其他转换操作的方法之外，还可以直接调用任意 RDD 基础操作的方法。

例如，使用 transform()方法将一行语句按空格分割成单词，如代码 6-4 所示。

代码 6-4　transform()方法操作示例

```
import org.apache.spark.streaming.StreamingContext
import org.apache.spark.streaming.StreamingContext._
```

```
import org.apache.spark.streaming.dstream.DStream

import org.apache.spark.streaming.Duration

import org.apache.spark.streaming.Seconds

# 设置日志级别

sc.setLogLevel("WARN")

# 从 SparkConf 创建 StreamingContext 并指定 5 秒的时间片

val ssc = new StreamingContext(sc, Seconds(5))

# 启动连接到 slave1 8888 端口，使用收到的数据创建 DStream

val lines = ssc.socketTextStream("slave1", 8888)

val words = lines.transform(rdd=>rdd.flatMap(_.split(" ")))

words.print()

ssc.start()
```

运行代码 6-4 所示的命令，在 slave1 节点中启动 nc 进入 8888 端口，并输入"I am learning Spark Streaming now"语句，运行结果如图 6-7 所示，该语句在 5 秒内被分割成单词。

```
Time: 1502675380000 ms            [root@slave1 ~]# nc -l 8888
-----------------------------     I am learning Spark Streaming now
I
am
learning
Spark
Streaming
now

-----------------------------
Time: 1502675385000 ms
```

图 6-7　transform()方法操作示例结果

6.2.3　使用 DStream 窗口操作

窗口操作指的是在 DStream 上，将一个可配置长度的窗口，以一个可配置的速率向前移动，根据窗口操作的具体内容，对窗口内的数据执行计算操作，每次掉落在窗口内的 RDD 数据会进行合并执行对应的操作，最后生成的新 RDD 会作为窗口 DStream 的一个 RDD。

DStream 的窗口操作示意如图 6-8 所示。设置窗口长度为 3 秒、滑动步长为 2 秒，输入数据流（Original DStream）在 3 秒内对 3 个 RDD 进行合并处理，生成一个窗口计算结果，如第 3 秒时的窗口计算结果；过了 2 秒后，又会对最近 3 秒内的数据执行滑动窗口计算，再生成一个窗口计算结果，如第 5 秒时的窗口计算结果；这样的一个个窗口结果就组成了窗口数据流（windowed DStream）。每个滑动窗口操作，都必须指定两个参数，即窗口长度和滑动步长，而且这两个参数值必须是时间片的整数倍。

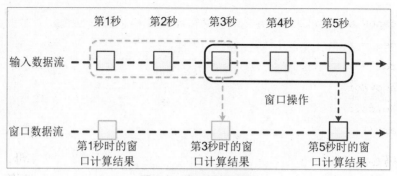

图 6-8　窗口操作示意

DStream 窗口操作常用的方法如表 6-5 所示，窗口操作的方法都至少需要两个参数，即 windowLength（窗口长度）和 slideInterval（滑动步长）。

表 6-5　DStream 窗口操作常用的方法

方法	描述
window(windowLength, slideInterval)	返回一个基于源 DStream 的窗口批次计算后得到的新 DStream
countByWindow(windowLength, slideInterval)	返回基于滑动窗口的 DStream 中的元素的数量
reduceByWindow(func,windowLength, slideInterval)	基于滑动窗口对源 DStream 中的元素进行聚合操作，得到一个新的 DStream
reduceByKeyAndWindow(func,windowLength, slideInterval, [numTasks])	基于滑动窗口对元素为(K,V)键值对的 DStream 中的值，按 K 使用 func 函数进行聚合操作，得到一个新的 DStream
reduceByKeyAndWindow(func,invFunc, windowLength, slideInterval, [numTasks])	一个更高效的 reduceByKeyAndWindow()的实现版本，其中每个窗口的统计量是使用前一个窗口的新数据和"反向减少"离开窗口的旧数据来实现的。例如，计算 $t+4$ 秒这个时刻过去 5 秒窗口的 WordCount，可以将 $t+3$ 秒时刻过去 5 秒的统计量加上[$t+3$ 秒,$t+4$ 秒]的统计量，再减去[$t-2$ 秒,$t-1$ 秒]的统计量，这种方法可以复用中间 3 秒的统计量，提高统计的效率
countByValueAndWindow(windowLength, slideInterval, [numTasks])	基于滑动窗口计算源 DStream 中每个 RDD 内每个元素出现的频次并返回 DStream[(K,Long)]，其中 K 是 RDD 中元素的类型，Long 是元素频次。与 countByValue 一样，reduce 任务的数量可以通过一个可选参数进行配置

以 window()和 reduceByKeyAndWindow()方法为例，介绍 DStream 窗口操作的方法。

window()方法将返回一个基于源 DStream 的窗口批次计算后得到的新 DStream，如设置窗口长度为 3 秒，滑动步长为 1 秒，截取源 DStream 中的元素形成新的 DStream，如代码 6-5 所示。

代码 6-5　window()方法操作示例

```
import org.apache.spark.streaming.{Seconds, StreamingContext}
import org.apache.spark.streaming.StreamingContext._
```

```
val ssc=new StreamingContext(sc, Seconds(1))
val lines = ssc.socketTextStream("slave1", 8888)
val words = lines.flatMap(_.split(" "))
val windowWords = words.window(Seconds(3), Seconds(1))
windowWords.print()
ssc.start()
```

运行代码6-5，在slave1上启动监听，在监听端口控制每秒输入一个字母，输出结果如图6-9所示，取出3秒内的所有元素并输出。到第4秒时已看不到a了，到第5秒时则看不到b了，说明此时a和b已经不在当前窗口中了。

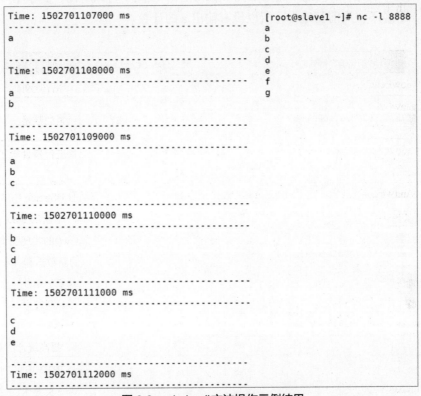

图6-9　window()方法操作示例结果

reduceByKeyAndWindow()方法类似于 reduceByKey()方法，但两者的数据源不同，reduceByKeyAndWindow()方法的数据源是基于 DStream 窗口的。

例如，将当前长度为 3 秒的时间窗口中的所有数据元素根据键进行合并，统计当前 3 秒内不同单词出现的次数，如代码6-6所示。

代码6-6　reduceByKeyAndWindow()方法操作示例

```
import org.apache.spark.streaming.{Seconds, StreamingContext}
import org.apache.spark.streaming.StreamingContext._
```

```
val ssc=new StreamingContext(sc,Seconds(1))
ssc.checkpoint("hdfs://master:8020/spark/checkpoint")
val lines = ssc.socketTextStream("slave1", 8888)
val words = lines.flatMap(_.split(" "))
val pairs = words.map(word => (word, 1))
val windowWords = pairs.reduceByKeyAndWindow(
(a: Int,b: Int) => (a + b), Seconds(3), Seconds(1))
windowWords.print()
ssc.start()
```

运行代码 6-6 所示的代码，结果如图 6-10 所示。从图中可以看出，到了第 4 秒，最前面的两个 a 已经不在当前窗口中，所以没有输出 a 的计数。

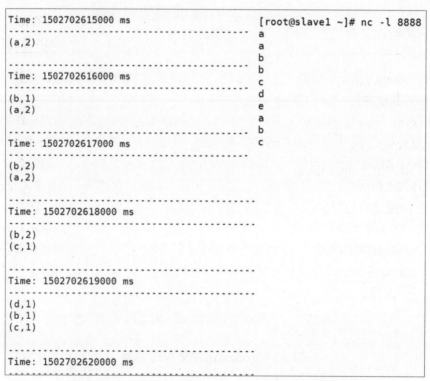

图 6-10　reduceByKeyAndWindow()方法操作示例结果

6.2.4　使用 DStream 输出操作

在 Spark Streaming 中，DStream 的输出操作才是 DStream 上所有转换操作的真正触发点，这类似于 RDD 中的行动操作。经过输出操作，DStream 中的数据才能与外部进行交互，如将数据写入文件系统、数据库或其他应用中。目前 DStream 输出操作常用的方法如表 6-6 所示。

表 6-6　DStream 输出操作常用的方法

方法	描述
print()	在 Driver 中输出 DStream 中数据的前 10 个元素
saveAsTextFiles(prefix,[suffix])	将 DStream 中的内容以文本的形式保存为文本文件，其中每次批处理间隔内产生的文件再单独保存为文件夹，文件夹以 prefix_TIME_IN_MS[.suffix]的方式命名
saveAsObjectFiles(prefix,[suffix])	将 DStream 中的内容按对象序列化，并且以 SequenceFile 的格式保存。其中每次批处理间隔内产生的文件以 prefix_TIME_IN_MS[.suffix]的方式命名
saveAsHadoopFiles(prefix,[suffix])	将 DStream 中的内容以文本的形式保存为 Hadoop 文件，其中每次批处理间隔内产生的文件以 prefix_TIME_IN_MS[.suffix]的方式命名
foreachRDD(func)	基本的输出操作，将 func 函数应用于 DStream 中的 RDD 上，输出数据至外部系统，如保存 RDD 到文件或网络数据库等

其中，print()方法已在前面的示例中使用，将不再详细介绍其用法，后文主要介绍除了 print()之外的其他方法。

saveAsTextFiles()、saveAsObjectFiles()和 saveAsHadoopFiles()方法可以将 DStream 中的内容保存为文本文件，每个 batch 内的文件单独保存为一个文件夹，其中 prefix 为文件夹名前缀，文件夹名前缀参数必须传入；[suffix]为文件夹名后缀，文件夹名后缀参数可选；最终文件夹名称的完整形式为 prefix-TIME_IN_MS[.suffix]。此外，如果前缀中包含文件完整路径，那么该文件夹会建在指定路径下。saveAsTextFiles()方法以文本的形式保存 DStream 中的内容，可以保存在任何文件系统中；saveAsObjectFiles()方法以序列化的格式保存 DStream 中的内容，而 saveAsHadoopFiles()方法则将 DStream 中的内容以文本的形式保存在 HDFS 上。

例如，将 nc 窗口中输出的内容保存至 HDFS 的/user/root/saveAsTextFiles 目录下，设置每秒生成一个文件夹，如代码 6-7 所示。

代码 6-7　saveAsTextFiles()方法操作示例

```scala
import org.apache.spark.streaming.{Seconds, StreamingContext}
import org.apache.spark.streaming.StreamingContext._
val ssc = new StreamingContext(sc, Seconds(1))
val lines = ssc.socketTextStream("slave1", 8888)
lines.saveAsTextFiles(
    "hdfs://master:8020/user/root/saveAsTextFiles/sahf","txt")
ssc.start()
```

运行代码 6-7，即可在 HDFS 的 Web 界面上看到一系列以"sahf"为前缀，"txt"为后缀的文件夹，如图 6-11 所示。

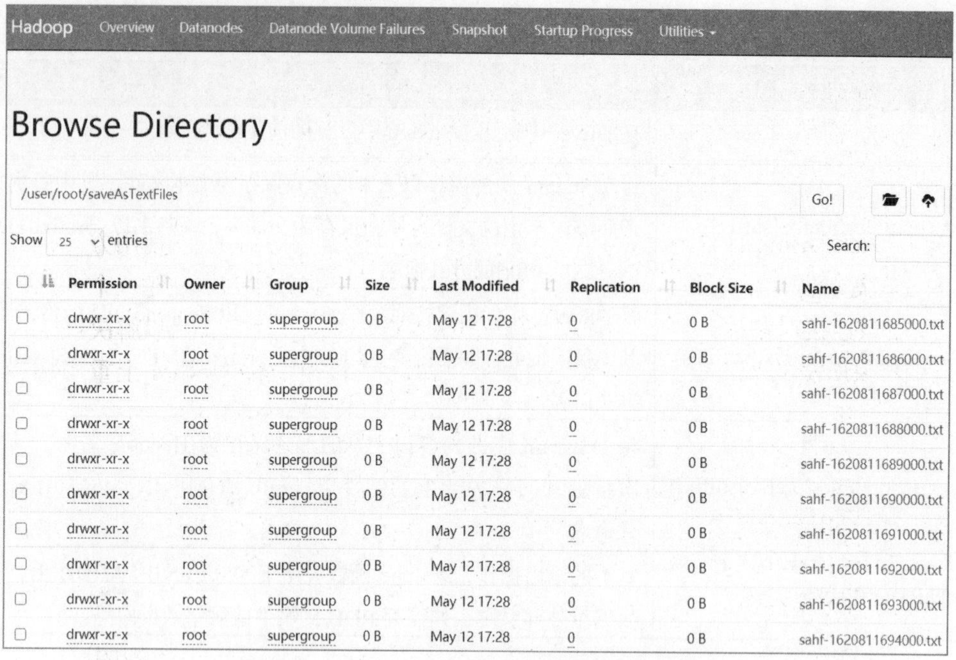

图 6-11 saveAsTextFiles()方法操作示例结果

foreachRDD()方法是 DStream 提供的一个功能强大的方法，可以将数据发送至外部系统中。在使用 foreachRDD()方法的过程中需避免以下错误。

通常将数据写入外部系统中时需要创建一个连接对象（如连接到远程服务器），并使用该对象发送数据至外部系统中。在创建连接对象时应避免在 Spark Driver 端创建连接对象，如代码 6-8 所示，在 Driver 端创建连接对象，需要对连接对象进行序列化，并从 Driver 端发送到 Worker 上，但是连接对象很少在不同机器间进行序列化操作。

代码 6-8 foreachRDD()方法的错误使用 1

```
dstream.foreachRDD {
    rdd => val connection = createNewConnection()
    rdd.foreach{record =>connection.send(record)
    }
}
```

针对运行代码 6-8 可能出现的影响，有一个解决方法是在 Worker 上创建连接对象，如代码 6-9 所示。但是这种方法又会引发另外一种错误，即为每一个记录创建一个连接对象。通常，创建一个连接对象会有时间和资源的开销，因此，为每个记录创建和销毁连接对象会产生非常大的开销，减小系统的整体吞吐量。

代码 6-9 foreachRDD()方法的错误使用 2

```
dstream.foreachRDD {
    rdd => rdd.foreach{record =>
    val connection = createNewConnection()
```

```
connection.send(record)}
connection.close()
    }
}
```

　　rdd.foreachPartition()方法是针对代码 6-8 和代码 6-9 所示的两种错误使用方法提出的一种更好的解决方法。如代码 6-10 所示，使用 rdd.foreachPartition()方法创建一个单独的连接对象，使用该连接对象输出所有 RDD 分区数据至外部系统中。这不仅可以解决创建多条记录的连接对象所需的开销较大的问题，而且可以通过在多个 RDD/batches 上重用连接对象进行优化。

代码 6-10　foreachRDD()方法的正确使用

```
dstream.foreachRDD {
    rdd =>rdd.foreachPartition{partitionOfRecords =>
    val connection = createNewConnection()
    partitionOfRecords.foreach(record => connection.send(record))
    connection.close()
    }
}
```

　　以网站热词排名为例，介绍如何正确使用 foreachPartition()方法，并将处理结果写到 MySQL 数据库中。首先在 MySQL 数据库中创建数据库和表用于接收处理后的数据，如代码 6-11 所示。其中新建的 searchKeyWord 表有 3 个字段，分别为插入数据的日期（insert_date）、热词（keyword）和在设置的时间内出现的次数（search_count）。

代码 6-11　创建数据库和表

```
mysql> create database spark;
mysql> use spark;
mysql> create table searchKeyWord(
insert_time date,keyword varchar(30),search_count integer);
```

　　在 IntelliJ IDEA 中编写 Spark 代码（项目需要加入 MySQL 对应驱动包），设置窗口长度为 60 秒，滑动步长为 10 秒，计算 10 秒内每个单词出现的次数，根据出现的次数对单词进行排序。虽然 DStream 没有提供 sort()方法，但是可以使用 transform()方法调用 RDD 的 sortByKey()方法实现，再使用 foreachPartition()方法创建 MySQL 数据库连接对象，使用该连接对象输出数据到 searchKeyWord 表中，如代码 6-12 所示。

代码 6-12　foreachPartition()方法实现输出数据至 MySQL 数据库

```
import java.sql.{Connection, DriverManager, PreparedStatement}
import org.apache.spark.SparkConf
```

```
import org.apache.spark.streaming
import org.apache.spark.streaming._
import org.apache.spark.streaming.Seconds


object WriteDataToMysql {
  def main(args: Array[String]): Unit = {
  val conf=new SparkConf().setMaster(
  "local[3]").setAppName("WriteDataToMySQL")
  val ssc = new StreamingContext(conf, Seconds(5))
  val ItemsStream = ssc.socketTextStream("slave1", 8888)
  val ItemPairs = ItemsStream.map(line => (line.split(",")(0), 1))
  val ItemCount = ItemPairs.reduceByKeyAndWindow(
  (v1: Int,v2: Int) => v1 + v2, Seconds (60), Seconds(10))
  val hottestWord = ItemCount.transform(itemRDD => {
      val top3 = itemRDD.map (
          pair => (pair._2, pair._1)).sortByKey(false).map(
          pair => (pair._2, pair._1)).take(3)
      ssc.sparkContext.makeRDD(top3)
  })
  hottestWord.foreachRDD( rdd => {
   rdd.foreachPartition(partitionOfRecords =>{
      val url = "jdbc:mysql://192.168.128.130:3306/spark"
      val user = "root"
      val password = "123456"
      Class.forName("com.mysql.cj.jdbc.Driver")
      val conn = DriverManager.getConnection(url,user,password)
      conn.prepareStatement(
         "delete from searchKeyWord where 1 = 1").executeUpdate()
      conn.setAutoCommit(false)
      val stmt=conn.createStatement()
      partitionOfRecords.foreach(record => {
        stmt.addBatch(
            "insert into searchKeyWord (" +
            "insert_time,keyword,search_count) values (" +
            "now(),'" + record._1 + "','" + record._2 + "')")
      })
```

```
        stmt.executeBatch()

        conn.commit()

      })

    })

  ssc.start()

  ssc.awaitTermination()

  ssc.stop()

    }

  }
```

运行代码 6-12，在 slave1 节点启动监听 8888 端口并输入图 6-12 所示的右侧的数据，然后查看 searchKeyWord 表中的数据，如图 6-12 所示。

```
mysql> select * from searchKeyWord;        [root@slave1 ~]# nc -l 8888
+------------+---------+--------------+        hadoop,1
| insert_time | keyword | search_count |        spark,2
+------------+---------+--------------+        hadoop,2
| 2022-06-15 | hadoop  |            3 |        hadoop,2
| 2022-06-15 | hive    |            2 |        hive,2
+------------+---------+--------------+        hive,3
2 rows in set (0.01 sec)

mysql> select * from searchKeyWord;
+------------+---------+--------------+
| insert_time | keyword | search_count |
+------------+---------+--------------+
| 2022-06-15 | spark   |            1 |
+------------+---------+--------------+
1 row in set (0.00 sec)
```

图 6-12　运行结果

任务 6.3　实现书籍热度实时计算

 任务描述

掌握了 Spark Streaming 的 DStream 编程模型的基础操作后，即可使用 Spark Streaming 框架解决实际的实时数据流处理问题。本节的任务是使用 Spark Streaming 实时计算书籍热度，并根据书籍热度进行降序排序，获取热度最高的 10 本图书，并将最后的结果写入 Hive 中。

6.3.1　获取输入数据源

使用 Spark Streaming 实时处理数据一般需要与 Kafka（一种分布式消息订阅系统）结合。本章不打算介绍 Kafka，因此，需要实现一个日志生成模拟器模拟数据实时产生。

将用户对书籍的评分数据文件 BookRating.txt 保存至本地目录下，设置每隔 60 秒随机从 BookRating.txt 文件中挑选 100 条记录并添加至新日志文件中，新生成的日志文件存放在 "F:\\StreamingData" 路径下。日志生成模拟器的实现如代码 6-13 所示。

代码 6-13　日志生成模拟器代码

```scala
import java.io.{File, PrintWriter}
import java.text.SimpleDateFormat
import java.util.Date
import scala.io.Source
import scala.util.Random


object CreateData {
  def main(args: Array[String]): Unit = {
    var i = 0
    while (true){
      val filename = "./BookRating.txt"
      val lines = Source.fromFile(filename).getLines().toList
      val firerow = lines.length
      val writer = new PrintWriter(
          new File("F:\\StreamingData\\StreamingData-"+i+".txt"))
      i = i + 1
      var j= 0;
      while(j < 100) {
        writer.write(lines(index(firerow)) + "\n")
        val time = new Date().getTime
        val format = new SimpleDateFormat("yyyy-MM-dd HH:mm:ss")
        println("="*10 + format.format(time) + "当前时间点" + "="*10)
        println(lines(index(firerow)))
        j = j + 1
      }
      writer.close()
      Thread sleep 60000
    }
  }
  def index(length: Int) = {
    val rdm = new Random
    rdm.nextInt(length)
  }
}
```

执行代码 6-13，即可在 "F:\\StreamingData" 路径下产生一系列以 "StreamingData-" 为前缀，"txt" 为后缀的文件，每个文件都有 100 条记录，如图 6-13 所示。

名称	类型	大小
StreamingData-0.txt	文本文档	2 KB
StreamingData-1.txt	文本文档	2 KB
StreamingData-2.txt	文本文档	2 KB
StreamingData-3.txt	文本文档	2 KB
StreamingData-4.txt	文本文档	2 KB
StreamingData-5.txt	文本文档	2 KB
StreamingData-6.txt	文本文档	2 KB
StreamingData-7.txt	文本文档	2 KB
StreamingData-8.txt	文本文档	2 KB
StreamingData-9.txt	文本文档	2 KB
StreamingData-10.txt	文本文档	2 KB
StreamingData-11.txt	文本文档	2 KB
StreamingData-12.txt	文本文档	2 KB
StreamingData-13.txt	文本文档	2 KB
StreamingData-14.txt	文本文档	2 KB
StreamingData-15.txt	文本文档	2 KB
StreamingData-16.txt	文本文档	2 KB
StreamingData-17.txt	文本文档	2 KB
StreamingData-18.txt	文本文档	2 KB
StreamingData-19.txt	文本文档	2 KB
StreamingData-20.txt	文本文档	2 KB

图 6-13　生成模拟日志

创建 rating.scala，实例化 StreamingContext 对象并监控 "F:\\StreamingData" 路径，实时抽取产生的新文件的数据并转化为数据流，设置批处理时间间隔为 60 秒。在获取到数据流后，通过 split() 方法按制表符进行切分，并输出数据流进行测试，如代码 6-14 所示。

代码 6-14　实例化 StreamingContext 对象并监控 F:\\StreamingData 路径

```
val ssc=new StreamingContext(sc,Seconds(60))
ssc.checkpoint("./flume")


val stream = ssc.textFileStream("F:\\StreamingData\\")
val splitData = stream.map{
  x => val y = x.split("\t"); (y(0), y(1), y(2).toInt)}
splitData.print()
```

执行代码 6-14，结果如图 6-14 所示，实例化后的 SparkStreaming 每隔 60 秒会读取新产生的文件数据流，并将数据流按制表符进行切分。注意，代码 6-14 中的 "splitData.print()" 为数据流获取的输出测试，对书籍数据进行实时计算前需要先注释该命令行。

6.3.2 计算用户评分次数及平均评分

根据书籍热度的计算公式,需要计算出用户的评分次数及用户的平均评分。在数据流中出现的次数为用户的评分次数,用户评分次数越多,侧面反映出该用户的阅读积累量越多,那么该用户对书籍的评分也可能更专业。同时考虑到个人评分存在主观因素,有些用户较为严苛,评分偏低,另外也存在有些用户评分偏高的情况。因此要计算用户的平均评分,再将用户的评分次数和用户的平均评分进行相乘,得到用户的专业评分。用户对书籍的评分经常会出现偏差,因此从式（6-1）所示的书籍热度计算公式中可以看出,用户的专业评分并不能作为书籍热度的主导因素,需要与 0.3 进行相乘。

首先需要将代码 6-14 中切分后的数据流由 DStream 形式转换为 DataFrame 形式,再使用 Spark SQL API 进行后续的数据处理。通过 foreachRDD()方法将数据流由 DStream 形式转换为 RDD 形式,再使用 toDF()方法将 RDD 形式的数据流转换为 DataFrame 数据,如代码 6-15 所示。

```
------------------------------
Time: 1618295700000 ms
------------------------------
(13319,1927,3)
(9074,7068,5)
(4212,211,5)
(9382,1492,5)
(11171,545,5)
(7743,24,4)
(8891,699,5)
(1411,4027,5)
(1760,8390,4)
(2532,1339,4)
...
------------------------------
Time: 1618295760000 ms
------------------------------
(10732,1166,2)
(7344,3910,4)
(5527,332,5)
(2763,701,1)
(12614,4544,5)
(73,4707,4)
(16001,18,4)
(1792,9655,3)
(6018,5678,3)
(1983,709,5)
...
```

图 6-14 SparkStreaming 数据流获取结果

代码 6-15 使用 foreachRDD()方法将 DStream 数据流转换为 DataFrame 数据

```
splitData.foreachRDD(line => {
    import hiveContext.implicits._
    import org.apache.spark.sql.functions._
    val dataFrame = line.toDF("UserID","BookID","Ratings")
```

将数据流转换为 DataFrame 数据后,使用 groupBy()方法根据 UserID 字段进行分组,分别求出用户评分次数和用户的平均评分,并将统计结果分别存放在不同的 DataFrame 中。因为统计结果需要在书籍热度计算公式中应用,所以需要根据 UserID 字段对原始 DataFrame 数据、用户评分次数、用户的平均评分进行合并,可以通过 join()方法根据 UserID 字段对 3 份 DataFrame 数据进行连接,如代码 6-16 所示。

代码 6-16 用户的评分次数和平均评分统计

```
val user_rating = dataFrame.groupBy("UserID").avg(
    "Ratings").withColumnRenamed("avg(Ratings)","user_avg_rating")
val user_count = dataFrame.groupBy(
    "UserID").count().withColumnRenamed("count","user_count")
val data_user_rating = dataFrame.join(user_rating,user_rating(
    "UserID")===dataFrame("UserID")).drop(user_rating("UserID"))
val data_user = data_user_rating.join(user_count,user_count(
    "UserID")===data_user_rating("UserID")).drop(user_count("UserID"))
```

```
val time = new Date().getTime
val format = new SimpleDateFormat("HH:mm:ss")
println("="*20+format.format(time)+"="*20)
data_user.show()
})
ssc.start()
ssc.awaitTermination()
}
}
```

执行代码 6-15 和代码 6-16，结果如图 6-15 所示。由于该任务为模拟场景，时间间隔仅为 60 秒，因此从图 6-15 中可以看出，大部分用户仅进行了一次评分行为。真实场景中，由于书籍的特殊性，时间间隔建议设置为 24 小时以上。

```
=====================15:22:00===================
+------+-------+------+----------------+----------+
|BookID|Ratings|UserID|user_avg_rating|user_count|
+------+-------+------+----------------+----------+
|  2309|      4| 14879|            4.0|         1|
|    40|      4|  2275|            4.0|         1|
|  8882|      4|  3057|            4.0|         1|
|   266|      5|  2808|            5.0|         1|
|  2559|      3|   462|            3.0|         1|
|   287|      4|  5104|            4.0|         1|
|   609|      3| 10228|            3.0|         1|
|  1392|      4| 13636|            4.0|         1|
|  1319|      4| 15229|            4.0|         1|
|  1645|      3|  8743|            3.0|         1|
|   278|      5| 11869|            5.0|         1|
|   714|      2|  7037|            2.0|         1|
|   309|      3|  9580|            3.0|         1|
|   528|      4|  6119|            4.0|         1|
|    62|      5| 11500|            5.0|         1|
|  7970|      4| 13661|            4.0|         1|
|  5539|      3| 14833|            3.0|         1|
|  3258|      3| 11238|            3.0|         1|
|    57|      4|  4823|            4.0|         1|
|    40|      5| 14715|            5.0|         1|
+------+-------+------+----------------+----------+
only showing top 20 rows

=====================15:23:00===================
```

图 6-15　用户评分次数和平均评分统计

6.3.3　计算书籍被评分次数及平均评分

书籍被评分次数可以直观反映出该书籍的受欢迎程度，但也有可能出现一本书的品质太差导致该书被评分的次数较多的情况。因此仅将书籍的被评分次数加入书籍热度计算公式不能真实地为用户推荐热度、质量双高的书籍，还需加入书籍的评分。而部分书籍有可能存在两极分化的评分，针对这种情况，可以计算书籍的平均评分。

同用户评分次数和平均评分的统计方法类似，书籍的被评分次数和平均评分也使用groupBy()方法进行统计，并将统计结果与代码 6-16 运行得到的 DataFrame 数据根据 BookID字段进行连接，得到最终数据集，如代码 6-17 所示。

代码 6-17 书籍被评分次数、平均评分统计

```
val book_rating = dataFrame.groupBy("BookID").avg(
    "Ratings").withColumnRenamed("avg(Ratings)", "book_avg_rating")
val book_count = dataFrame.groupBy("BookID").count().withColumnRenamed(
    "count", "book_count")
val data_user_book_rating = data_user.join(book_rating, book_rating(
    "BookID") === data_user("BookID")).drop(book_rating("BookID"))
val total_data = data_user_book_rating.join(book_count, book_count(
    "BookID") === data_user_book_rating("BookID")).drop(book_count("BookID"))
```

显示连接的具体时间点，并输出每个时间窗口下合并后的前 5 条数据，如代码 6-18（此部分代码为测试代码）所示。

代码 6-18 输出测试

```
val time = new Date().getTime
val format = new SimpleDateFormat("HH:mm:ss")
println("="*30 + format.format(time) + "="*30)
total_data.show(5)
})
ssc.start()
ssc.awaitTermination()
    }
}
```

执行代码 6-17 和代码 6-18，结果如图 6-16 所示，可以看出，热度计算公式所需的用户评分次数、用户的平均评分、书籍的被评分次数、书籍的平均评分均已合并至同一个 DataFrame 中。

```
==============================10:01:02==============================
+-------+------+---------------+----------+------+---------------+----------+
|Ratings|UserID|user_avg_rating|user_count|BookID|book_avg_rating|book_count|
+-------+------+---------------+----------+------+---------------+----------+
|      3| 10911|            3.0|         1|   944|            3.0|         1|
|      3| 15057|            3.0|         1|  1043|            3.0|         1|
|      4|   928|            4.0|         1|    54|            3.5|         2|
|      3| 12002|            3.0|         1|    54|            3.5|         2|
|      5| 13126|            5.0|         1|   132|            4.0|         2|
+-------+------+---------------+----------+------+---------------+----------+
only showing top 5 rows

==============================10:02:02==============================
+-------+------+---------------+----------+------+---------------+----------+
|Ratings|UserID|user_avg_rating|user_count|BookID|book_avg_rating|book_count|
+-------+------+---------------+----------+------+---------------+----------+
|      3|  5831|            3.0|         1|    15|            3.0|         1|
|      4|  9731|            4.0|         1|  1236|            4.0|         1|
|      5|    55|            5.0|         1|   101|            5.0|         1|
|      5|  5240|            5.0|         1|  8898|            5.0|         1|
|      4|  4300|            4.0|         1|    42|            4.0|         1|
+-------+------+---------------+----------+------+---------------+----------+
only showing top 5 rows
```

图 6-16 书籍被评分次数、平均评分统计结果

6.3.4　实时计算书籍热度

书籍热度计算公式所需的数据已计算完成，现根据公式对时间窗口内的数据进行热度计算。

使用 withColumn()方法新增一个字段 hot，用于存储计算所得到的书籍热度，再使用 sort()方法根据书籍热度对书籍进行降序排序，查询出前 10 条记录并保存至 Hive 的 book 数据库下的 topBookHot 表中，如代码 6-19 所示。注意，Hive 中的 book 数据库需要自行创建，topBookHot 表则不需要创建。

代码 6-19　书籍热度计算

```
val BookHot = total_data.withColumn("hot", col(
    "user_avg_rating") * col("user_count")*0.3 + col(
    "book_avg_rating") * col("book_count"))
// 排序并保存
BookHot.sort(desc("hot")).limit(10).write.mode(
    "overwrite").saveAsTable("book.topBookHot")
// 设置时间
val time = new Date().getTime
val format = new SimpleDateFormat("HH:mm:ss")
println("="*30+format.format(time)+"="*30)
BookHot.sort(desc("hot")).show(5)
})
ssc.start()
ssc.awaitTermination()
}}
```

运行代码 6-19，结果如图 6-17 所示，可以在 spark-shell 中看到，每间隔 60 秒会将书籍热度排名前 10 的书籍信息更新并保存至 topBookHot 表中。

```
=============================09:55:02=============================
+-------+------+---------------+----------+------+------------------+----------+----+
|Ratings|UserID|user_avg_rating|user_count|BookID|   book_avg_rating|book_count| hot|
+-------+------+---------------+----------+------+------------------+----------+----+
|      4|  2525|            4.0|         1|   178|3.6666666666666665|         3|12.2|
|      4|  3061|            4.0|         1|   178|3.6666666666666665|         3|12.2|
|      3| 10056|            3.0|         1|   178|3.6666666666666665|         3|11.9|
|      5| 13229|            5.0|         1|     1|               5.0|         2|11.5|
|      5| 13673|            5.0|         1|     1|               5.0|         2|11.5|
+-------+------+---------------+----------+------+------------------+----------+----+
only showing top 5 rows

=============================09:56:02=============================
+-------+------+---------------+----------+------+------------------+----------+----+
|Ratings|UserID|user_avg_rating|user_count|BookID|   book_avg_rating|book_count| hot|
+-------+------+---------------+----------+------+------------------+----------+----+
|      4|  1265|            4.0|         1|     2|3.6666666666666665|         3|12.2|
|      4| 16006|            4.0|         1|     2|3.6666666666666665|         3|12.2|
|      3|  2341|            3.0|         1|     2|3.6666666666666665|         3|11.9|
|      5|  1819|            5.0|         1|   219|               4.0|         2| 9.5|
|      5|  7703|            5.0|         1|    32|               4.0|         2| 9.5|
+-------+------+---------------+----------+------+------------------+----------+----+
only showing top 5 rows
```

图 6-17　书籍热度计算

6.3.5 任务实现

实现书籍热度
实时计算

书籍热度实时计算可以实时统计出排名前 10 的热门书籍，完整代码将通过 IntelliJ IDEA 实现，如代码 6-20 所示。

代码 6-20 实时统计书籍热度

```scala
import java.text.SimpleDateFormat
import java.util.Date
import org.apache.spark.sql.hive.HiveContext
import org.apache.spark.streaming.{Seconds, StreamingContext}
import org.apache.spark.{SparkConf, SparkContext}


object rating {
  def main(args: Array[String]): Unit = {
    // 实例化 SparkContext，设置日志级别为 ERROR
    val conf = new SparkConf().setAppName("book").setMaster("local[3]")
    val sc = new SparkContext(conf)
    val hiveContext = new HiveContext(sc)
    sc.setLogLevel("ERROR")
    // 设置批次窗口时间间隔和日志文件存放点
    val ssc = new StreamingContext(sc,Seconds(60))
    ssc.checkpoint("./flume")
    // 获取数据流
    val stream = ssc.textFileStream("F:\\StreamingData\\")
    // 以制表符分割数据
    // stream.print()
    val splitData = stream.map{
      x => val y = x.split("\t"); (y(0), y(1), y(2).toInt)}
    // splitData.print()
    // 使用 foreachRDD 将 DStream 转换为 RDD
    splitData.foreachRDD(line => {
      import hiveContext.implicits._
      import org.apache.spark.sql.functions._
      // 将 RDD 数据转换为 DataFrame 处理
      val dataFrame = line.toDF("UserID", "BookID", "Ratings")
      // 根据需求计算用户平均评分、书籍平均评分、用户的评分次数、书籍的被评分次数
      val user_rating = dataFrame.groupBy(
        "UserID").avg("Ratings").withColumnRenamed(
        "avg(Ratings)", "user_avg_rating")
      val book_rating = dataFrame.groupBy(
        "BookID").avg("Ratings").withColumnRenamed(
```

```
                    "avg(Ratings)", "book_avg_rating")
        val user_count = dataFrame.groupBy(
            "UserID").count().withColumnRenamed("count", "user_count")
        val book_count = dataFrame.groupBy(
            "BookID").count().withColumnRenamed("count","book_count")
        // 合并 4 份 DataFrame
        val data_user_rating = dataFrame.join(
            user_rating,user_rating("UserID")===dataFrame("UserID")).drop(
            user_rating("UserID"))
        val data_user = data_user_rating.join(
            user_count,user_count("UserID")===data_user_rating("UserID")).drop(
            user_count("UserID"))
        val data_user_book_rating = data_user.join(
            book_rating,book_rating("BookID")===data_user("BookID")).drop(
            book_rating("BookID"))
        val total_data = data_user_book_rating.join(book_count,
            book_count("BookID")===data_user_book_rating("BookID")).drop(
            book_count("BookID"))
        // 计算书籍热度
        val BookHot = total_data.withColumn("hot",col("user_avg_rating")*col(
            "user_count")*0.3 + col("book_avg_rating")*col("book_count"))
        // 排序并保存
        BookHot.sort(desc("hot")).limit(10).write.mode(
            "overwrite").saveAsTable("book.topBookHot")
        // 设置时间
        val time = new Date().getTime
        val format = new SimpleDateFormat("HH:mm:ss")
        println("="*30 + format.format(time) + "="*30)
        BookHot.sort.(desc("hot")).show(5)
    })

    ssc.start()
    ssc.awaitTermination()
  }
}
```

　　日志生成模拟器的代码如代码 6-13 所示。运行日志生成模拟器代码，每隔 60 秒生成一个文件的同时，新打开一个 IntelliJ IDEA 窗口，运行代码 6-20 所示的代码。Spark Streaming监控产生文件的目录，一旦有新文件产生就会计算新文件中的书籍热度及其排名，然后将其输出到 topBookHot 表。查看 topBookHot 表的内容，如图 6-18 所示。

```
hive> select * from book.topBookHot limit 10;
OK
4     1265    4.0    1    2       3.6666666666666665        31
2.2
4     16006   4.0    1    2       3.6666666666666665        31
2.2
3     2341    3.0    1    2       3.6666666666666665        31
1.9
5     1819    5.0    1    219     4.0        2       9.5
5     7703    5.0    1    32      4.0        2       9.5
4     2453    4.0    1    398     4.0        2       9.2
4     13810   4.0    1    398     4.0        2       9.2
3     10293   3.0    1    219     4.0        2       8.9
3     12629   3.0    1    32      4.0        2       8.9
5     1598    5.0    1    696     3.5        2       8.5
Time taken: 0.18 seconds, Fetched: 10 row(s)
hive>
```

图 6-18　topBookHot 表中的数据

小结

本章介绍的 Spark Streaming 是一种实时计算框架，首先介绍了 Spark Streaming 的基本概念及运行原理，然后初步讲解了 Spark Streaming 的用法，为后面的编程打下基础。接着介绍 DStream 编程模型，重点讲解了 DStream 转换操作、窗口操作及输出操作。最后以实现书籍热度实时计算的案例加深读者对 Spark Streaming 的理解。

实训

实训 1　使用 Spark Streaming 实现课程实时查找

1．训练要点

（1）掌握使用 socketTextStream 连接端口获取数据源的方法。

（2）掌握 DStream 的转换操作。

2．需求说明

某高校为大数据相关专业的学生开设了多门课程，为了能够实时地查找出目标课程，需要在 IntelliJ IDEA 中使用 Spark Streaming 编程实现从一台服务器的 8888 端口上接收课程数据，课程数据需手动在服务器的 8888 端口输入，输入的课程数据如表 6-7 所示，每一条数据有 2 个字段，分别表示课程编号和课程名称，以空格分隔。现目标课程是 "Hadoop" 和 "Spark"，需要查询两门课程及对应课程编号。

表 6-7　输入的课程数据

121 Hadoop
123 Java
069 HBase
223 Spark
078 Hive

3．实现思路及步骤

（1）在 IntelliJ IDEA 中配置好 Spark Streaming 开发环境。

（2）启动 IntelliJ IDEA，并进行 Spark Streaming 编程。

（3）在一台服务器（master 节点）中查看是否安装了 nc 软件，若没有安装 nc 软件，则先安装 nc 软件。

（4）在 master 节点上用 nc 启动 8888 端口。

（5）在 IntelliJ IDEA 中使用 socketTextStream 监听 8888 端口，获取数据。

（6）使用 map()方法将每一条数据以空格分割，并转化成"（课程名称,课程编号）"的形式。

（7）创建数组，将要查找的"Hadoop"和"Spark"两门课程标记为 true，形式如"("Hadoop",true)"，并使用 parallelize 把数组转化成 RDD。

（8）使用 leftOuterJoin()方法对步骤（6）得到的 RDD 数据与步骤（7）得到的 RDD 数据进行左外连接，最终形成"(课程名称,(课程编号,true))"形式的数据。

（9）使用 getOrElse 函数判断数据是否含有"true"字段，并使用 filter 把含有"true"的数据筛选出来。

实训 2　使用 Spark Streaming 实时统计广告点击量前 3 名

1．训练要点

（1）掌握使用 Spark Streaming 从文件系统中读取数据。

（2）掌握 DStream 的转换操作。

（3）掌握 DStream 的输出操作。

2．需求说明

在现代商业社会中，依靠广告，利用先进的媒介与传播技术，加强产、供、销之间的信息联系，传播商情，对实现国民经济高质量发展越来越重要。现有一份 2020 年 9 月某 10 个省份的广告数据文件 agent.log，记录了用户对某些广告的访问信息，部分数据如表 6-8 所示，文件共有 5 列数据，分别代表时间戳、省份 ID、城市 ID、用户 ID 和广告 ID。

表 6-8　用户对广告的访问信息部分数据

```
1516609143867 6 7 64 16
1516609143869 9 4 75 18
1516609143869 1 7 87 12
1516609143869 2 8 92 9
1516609143869 6 7 84 24
1516609143869 1 8 95 5
1516609143869 8 1 90 29
1516609143869 3 3 36 16
1516609143869 3 3 54 22
1516609143869 7 6 33 5
```

为了研究不同省份在 2020 年 9 月的广告点击量情况，现要求使用 Spark Streaming 实时统计每个省份的广告点击量前 3 名，输出结果为"((省份 ID,((广告 A,sum),(广告 B,sum),(广告 C,sum)))"的形式。广告 A、广告 B、广告 C 分别代表该省份的前 3 名广告对应的广告

ID，sum 表示该省份的前 3 名广告对应的点击量。

3. 实现思路及步骤

（1）编写模拟器代码。在一台服务器中编写脚本，实现在一个文件夹中批量生成文件，并从 agent.log 文件中随机抽取 200 条数据送至每一个生成的文件中。

（2）在脚本中实现将生成的文件上传到 HDFS 上。

（3）启动 spark-shell。

（4）在 spark-shell 中创建 Spark Streaming 连接对象，并设置窗口长度为 10 秒。

（5）使用 textFileStream()方法监听 HDFS 上的文件目录，获取数据。

（6）使用 map()方法将每一个文件的每一条数据以空格分割，并转化成"((省份 ID,广告 ID),1)"的形式。

（7）使用 reduceByKey()方法对转换后的数据进行分组聚合，转化成"((省份 ID,广告 ID),sum)"的形式。

（8）使用 map()方法对聚合的结果进行结构的转换，转化成"(省份 ID,(广告 ID,sum))"的形式。

（9）使用 groupByKey()方法将转换结构后的数据根据省份进行分组，转化成"(省份 ID,((广告 A,sum),(广告 B,sum),(广告 C,sum)))"的形式。

（10）使用 mapValues()方法和 sortBy()方法对分组后的数据进行组内的降序排序，取前 3 名。

课后习题

1. 选择题

（1）关于 Spark Streaming，以下选项中说法错误的是（　　　）。

    A. Spark Streaming 处理的数据源可以是 Kafka、Flume

    B. Spark Streaming 可以使用 Spark MLlib 和 Spark GraphX 来处理数据

    C. Spark Streaming 不可以将处理结果保存至数据库中

    D. Spark Streaming 能够处理流式数据

（2）关于 DStream，以下说法错误的是（　　　）。

    A. DStream 是 Spark Streaming 对内部实时数据流的抽象描述

    B. DStream 转换操作中，每个批次的处理依赖于之前批次的数据

    C. 经过输出操作，DStream 中的数据才能与外部进行交互

    D. DStream 的任何操作都会转化成对底层 RDD 的操作

（3）在 DStream 窗口操作中，（　　　）方法返回一个基于源 DStream 的窗口批次计算后得到的新 DStream。

    A. window()   B. countByWindow()

    C. reduceByWindow()   D. reduceByKeyAndWindow()

（4）DStream 批处理间隔为 3 秒，窗口长度和滑动步长分别为（　　　）。

    A. 6 秒，5 秒   B. 5 秒，6 秒

    C. 5 秒，9 秒   D. 6 秒，9 秒

（5）关于 DStream 的转换操作，使用（　　　）方法后，除了可以使用 DStream 提供的一些方法之外，还能直接调用 RDD 操作中任意的方法。

　　A. join()　　　　　　　　　　　　B. window()

　　C. reduce()　　　　　　　　　　　D. transform()

（6）关于 DStream 窗口操作的方法，以下选项中描述错误的是（　　　）。

　　A. countByValueAndWindow()方法基于滑动窗口计算源 DStream 中每个 RDD 内每个元素出现的频次并返回 DStream[(K,Long)]，其中 K 是 RDD 中元素的类型，Long 是元素频次

　　B. reduceByKeyAndWindow()方法类似 reduceByKey()方法，两者操作的数据源相同

　　C. reduceByWindow()方法基于滑动窗口对源 DStream 中的元素进行聚合操作，得到一个新的 DStream

　　D. countByWindow()方法返回基于滑动窗口的 DStream 中的元素的数量

（7）关于 DStream 输出操作，以下选项中说法错误的是（　　　）。

　　A. print()方法可以在 Driver 中输出 DStream 中数据的前 20 个元素

　　B. saveAsTextFiles(prefix,[suffix])方法可以将 DStream 中的内容以保存为文本文件

　　C. saveAsObjectFiles(prefix,[suffix])方法可以将 DStream 中的内容按对象序列化，并以 SequenceFile 格式保存

　　D. saveAsHadoopFiles(prefix,[suffix])方法可以将 DStream 中的内容以文本的形式保存为 Hadoop 文件

（8）关于 DStream 的转换操作，以下选项中说法错误的是（　　　）。

　　A. filter(func)方法可以对源 DSteam 中的每一个元素应用 func 函数进行计算，如果 func 函数返回结果为 true，则保留该元素，否则丢弃该元素，返回一个新的 DStream

　　B. count()方法可以统计 DStream 中每个 RDD 包含的元素的个数

　　C. map(func)方法可以对源 DStream 的每一个元素应用 func 函数返回一个新的 DStream

　　D. union(otherStream)方法可以合并两个 DStream，生成一个包含两个 DStream 中相同元素的新的 DStream

（9）关于 DStream 的 foreachRDD()，以下选项中使用方法正确的是（　　　）。

　　A. dstream.foreachRDD{rdd =>

　　　　val connection = createNewConnection()

　　　　rdd.foreach{record =>

　　　　　connection.send(record)

　　　　}

　　　}

　　B. dstream.foreachRDD{rdd =>

　　　　rdd.foreach{record =>

　　　　　val connection = createNewConnection()

```
            connection.send(record)
            connection.close()
        }
    }
C.  dstream.foreachRDD{rdd =>
        rdd.foreachPartition{partitionOfRecords =>
        val connection = createNewConnection()
        partitionOfRecords.foreach(record => connection.send(record))
        }
    }
```
D. 以上都不正确

（10）使用 Spark Streaming 连接 master 虚拟机的 9999 端口获取数据，以下选项中命令正确的是（   ）。

A. ssc.textFileStream("master", 9999)　　B. ssc.socketTextStream("master", 9999)

C. ssc.read("master", 9999)　　D. ssc.read.format("master", 9999)

2. 操作题

"下馆子"指的是去酒楼、饭店吃喝。下馆子时，店家会提供一张菜单给客户点餐。现有一份某饭店的菜单数据文件 menu.txt，部分数据如表 6-9 所示，每一行有 3 个字段，分别表示菜品 ID、菜名和单价（单位：元）。

表 6-9　某饭店的菜单数据

```
1 香菇肥牛 58
2 麻婆豆腐 32
3 红烧茄子 15
4 小炒凉粉 16
5 京酱肉丝 22
6 剁椒鱼头 48
7 土豆炖鸡 38
8 锅巴香虾 66
```

一位顾客依次点了红烧茄子、京酱肉丝和剁椒鱼头共 3 个菜，为实时计算顾客点餐的费用，请使用 Spark Streaming 编程完成以下操作。

（1）在 master 虚拟机上启动 8888 端口。

（2）使用 Spark Streaming 连接 master 虚拟机的 8888 端口，并实时统计顾客点餐的总费用。

（3）启动 Spark Streaming 程序，在 8888 端口输入顾客所点的菜单数据，如"3 红烧茄子 15"，查看顾客本次点餐的总费用。

第7章 Spark GraphX——图计算框架

素养目标

（1）通过分析 PageRank 网页排名方法培养行业规范意识。
（2）通过图的创建及操作培养耐心细致的职业素养。
（3）通过使用图的缓存方法培养工作效率意识。

学习目标

（1）了解图与图计算的基本概念。
（2）了解图与图计算的应用。
（3）了解 GraphX 图计算框架及其发展历程。
（4）掌握 GraphX 图的创建与存储方法。
（5）掌握 GraphX 的数据查询与转换操作。
（6）掌握 GraphX 的关联聚合操作。

任务背景

　　每个人对自己的人生都会有自己的价值定位和人生追求，生命虽然有限，但用生命所创造的价值却可以与世长存。人生的价值在于劳动、创造与奉献。社会需要我们创造价值，体现的价值越高，人生才会越有意义，中国提出了全球发展倡议、全球安全倡议，愿同国际社会一道努力落实，呼吁世界各国弘扬和平、发展、公平、正义、民主、自由的全人类共同价值。对于网页而言，网页也是存在价值的，对网页价值进行分析，可以节省网站建设的时间成本，将更多的精力和资源集中在高价值网页的设计上。

　　PageRank 即网页排名，又称网页级别或佩奇排名，是用于标识网页的等级或重要性的一种算法，也是衡量网站好坏的一种标准。通过 PageRank 算法可以计算网页的价值，使等级更高、更重要的网页在搜索结果中更容易被查找到，从而提高搜索结果的相关性和质量。

　　现有两份关于某资讯网站的数据，一份为网页信息数据文件 news_vertices.csv，包含 3 个数据字段，数据字段说明如表 7-1 所示。另一份为网页之间的链接关系数据文件 news_edges.csv，包含两个数据字段，数据字段说明如表 7-2 所示。两份文件的数据字段均使用","（逗号）进行分隔。

表 7-1　网页信息部分数据

字段名称	说明	示例
id	自定义的简化的网页 ID	1
network_id	网页 ID	191000000000
page_type	网页类型，包括 4 种类型，分别为人才招聘、社区论坛、教育文化和新闻媒体	社区论坛

表 7-2 网页之间的链接关系部分数据

字段名称	说明	示例
id_1	简化的起始网页 ID	1
id_2	简化的连接网页 ID	2

由于网页之间是有链接的，而 PageRank 是一个通过网页链接计算网页得分以进行网页排名的算法，因此，为了探究网页的热度和网页之间的相关性，并实现网页价值排名，可以通过图计算的方法进行分析。

本章将首先介绍图与图计算的基本概念、Spark GraphX 图计算框架及其发展历程，并详细介绍 GraphX 中图计算的基础操作的方法，最后使用 GraphX 对某资讯网站数据进行分析，并使用 GraphX 内置的 PageRank 算法实现网页的价值排名。

任务 7.1　认识 Spark GraphX

任务描述

学习 GraphX 常用的图计算基础操作前，需要先了解图与图计算的基本概念，并对 Spark GraphX 图计算框架有基础的了解。本节的任务是了解图和图计算的基本概念、了解 Spark GraphX 的基础概念和发展历程，为 GraphX 框架的使用奠定理论基础。

7.1.1　了解图的基本概念

此处介绍的图（Graph）不是指图片，而是数据结构中的图结构类型。图是由一个有穷非空顶点集合和一个描述顶点之间多对多关系的边集合组成的数据结构。图的结构通常表示为 G(V,E)。其中，G 表示一个图，V 是图 G 中顶点的集合，E 是图 G 中边的集合。

图是一种数据元素间有多对多关系的数据结构，加上一组基本操作构成的抽象数据类型。图是一种复杂的非线性结构，在图结构中，每个元素都可以有 0 个或多个前驱，也可以有 0 个或多个后继，即元素之间的关系是任意的。图的每个顶点都代表了一个重要的对象，每一条边则代表了两个对象之间的关系。

图按照边无方向和有方向可以分为有向图和无向图。有向图是由顶点和弧（有向边）构成的，无向图是由顶点和无向边构成的，如图 7-1 所示。如果任意两个顶点之间都存在边那么该图称为完全图，其中边都有方向的图称为有向完全图。如果无重复的边或顶点到自身的边那么该图称为简单图。

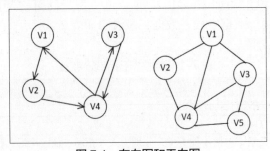

图 7-1　有向图和无向图

7.1.2　了解图计算的应用

图论（Graph Theory）是数学的一个分支，以图为研究对象。而图计算是指以"图论"为基础的对现实世界的采用图结构的抽象表达以及在图数据结构上进行的计算模式。图数据结构很好地表达了数据之间的关联性，而关联性计算是大数据计算的核心，通过获得数据的关联性，可以从噪声很多的海量数据中抽取有用的信息。图计算的应用有以下几个常见案例。

1. 淘宝图谱计算平台

将各种图的指标精细化和规范化，为产品和运营的构思进行数据上的预研指导并提供科学决策的依据是图谱计算平台设计的初衷和出发点。基于这样的出发点，淘宝借助 GraphX 丰富的接口和工具包，针对淘宝内部具体的业务需求，开发了一个图谱计算平台。

2. 新浪微博社交网络分析

社交网络本身是一个复杂的图关系结构的网络，非常适合用图进行表达和计算，图的顶点表示人，边表示人与人之间的关系。新浪微博社交网络分析通过用户之间的关注、转发等行为建立用户社交网络关系图，根据用户在社交网络中所处位置对用户进行分析和应用。

3. 淘宝、腾讯的推荐应用

淘宝的商品推荐根据商品之间的交互构建商品网络图，在应用过程中可通过点与点之间的关系将与某商品相关的其他商品推荐给用户。腾讯的好友推荐根据用户之间的关系构建社交网络图，将某个用户朋友的朋友推荐给该用户。

7.1.3　了解 GraphX 的基础概念

Spark 的每一个子框架都有一种抽象数据结构，Spark GraphX 框架的核心抽象数据结构是弹性分布式属性图（Resilient Distribute Property Graph，简称 Graph）。Graph 是一种顶点和边都带属性的有向多重图，同时拥有 Table 和 Graph 两种视图，但只需要进行一次物理存储。两种视图都有自带的操作符，使用图计算的操作很灵活，执行效率很高。

Spark GraphX 是一个基于 Spark 的分布式图计算框架，提供了众多图计算和图挖掘的操作接口，简洁易用。GraphX 的分布式或并行处理指的是将图拆分成很多子图，再分别对子图进行计算，计算时可以分别迭代进行分阶段计算。Spark GraphX 中包含对图的一系列操作方法（如 subgraph()、joinvertices()和 aggregatemessages()等方法）以及优化的 Pregel 操作接口。

7.1.4　了解 GraphX 的发展历程

GraphX 的发展历程如图 7-2 所示。

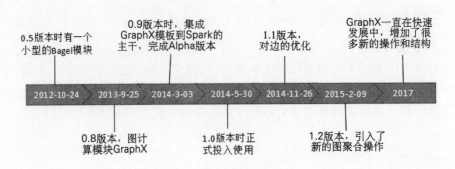

图 7-2　GraphX 的发展历程

0.5 版本时，在 Spark 中自带了一个小型的 Bagel 模块，即图计算引擎，但该版本非常原始，性能比较弱，属于实验型产品。

到 0.8 版本时，鉴于各行业对分布式图计算的需求日益增长，Spark 开始独立出一个分支 GraphX 作为图计算模块。借鉴基于图像处理模型的图计算框架 GraphLab，开始设计开发 GraphX。

0.9 版本时，GraphX 模块被正式集成至 Spark 的主干，虽然是 Alpha 版本，但是已可以试用，Bagel 正式告别舞台。

1.0 版本，GraphX 正式投入生产使用。

在 1.1 版本中，GraphX 对边的表示，从 EdgeRDD[ED]类型转换为 EdgeRDD[ED,VD]类型，并进行了缓存优化。

在 1.2 版本中，GraphX 引入了新的图聚合操作 aggregatemessages，用于替换原本的 mapReduceTriplets 操作。

GraphX 目前依然处于快速发展中，从 0.8 版本到 0.9 版本再到 1.2 版本，每个版本的代码都有不少的改进和重构。虽然和 GraphLab 的性能还有一定差距，但凭借 Spark 的一体化流水线处理、社区的高活跃度和 Spark 快速改进的速度，GraphX 目前依旧具有强大的竞争力。

任务 7.2　了解 GraphX 常用 API

任务描述

Spark GraphX 是图计算的利器，利用了 Spark 的分布式系统架构完成分布式图计算。为了使用 GraphX 构建网页结构图并进行网页价值排名计算，本节的任务是了解 GraphX 中的专业名称，并学习在 GraphX 中创建和计算图的方法。

7.2.1　创建与存储图

GraphX 对 Spark RDD 进行了封装，用类表示图模型，并提供了一些基础的图计算的方法，帮助读者了解图的基本结构和操作，实现图计算。GraphX 中一些专业名称解释说明如下。

（1）Edge：边对象，Edge(srcId,dstId,attr)，存有 srcId、dstId、attr3 个参数，以及一些操作边的方法。

（2）RDD[Edge]：存放边对象的 RDD。

（3）EdgeRDD：提供边的各种方法的对象。

（4）RDD[(VertexId,VD)]：存放顶点的 RDD，顶点有 VertexId 和 VD 两个参数，第一个表示顶点 ID，第二个表示顶点属性。

（5）VertexRDD：提供顶点的各种方法的对象。

EdgeRDD 与 RDD[Edge]之间、VertexRDD 与 RDD[(VertexId,VD)]之间的继承关系如下。

● EdgeRDD 继承 RDD[Edge]。

● VertexRDD[VD]继承 RDD[(VertexId,VD)]。

1. 图的创建

图的创建是进行图计算的重要步骤。在 Spark GraphX 中创建图的方式很多，根据不同的数据集可以使用不同的方法。GraphX 有一个 Graph 类，对 Graph 类进行实例化可得到一个 Graph 对象。Graph 对象是用户的操作入口，包含边属性、顶点属性、创建图的方法、查询的方法和其他转换的方法等。

在 HDFS 中有两个数据文件，一份为用户信息数据 vertices.txt，有 3 个字段，分别为用户 ID、姓名和职业，如表 7-3 所示。另一份为是用户之间的关系数据 edges.txt，有 3 个字段，第 1、2 个是用户 ID，第 3 个是第 1 个用户与第 2 个用户的关系，如表 7-4 所示，"3 7 Collaborator"表示 3 是 7 的合作伙伴。

表 7-3　用户关系网络图顶点数据

3 rxin student
7 jgonzal postdoc
5 franklin professor
2 istoica professor

表 7-4　用户关系网络图边数据

3 7 Collaborator
5 3 Advisor
2 5 Colleague
5 7 PI

vertices.txt 作为顶点数据，用户 ID 为顶点 ID，其他为顶点属性。edges.txt 作为边数据，包含起点用户 ID、目标点用户 ID、边属性 3 个字段。根据顶点数据和边数据，构建图 7-3 所示的用户关系网络图。顶点数据包含用户 ID 和用户属性，边数据包含起点和目标点，并且有边属性和指向。例如，5 指向 3，属性"Advisor"表示的是用户 5 是用户 3 的顾问。

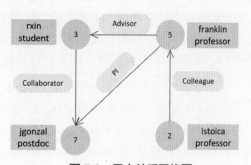

图 7-3　用户关系网络图

在 Spark GraphX 中进行图计算操作时，需要先导入指定的包，如代码 7-1 所示，其中，

org.apache.spark.graphx 包中包含图计算所需要的类。

代码 7-1　GraphX 包的导入方法

```
import org.apache.spark._
import org.apache.spark.graphx._
import org.apache.spark.rdd.RDD
```

创建图的方法主要有 3 种，适用于不同类型的输入数据，如表 7-5 所示。

表 7-5　创建图的 3 种方法

方法	描述
Graph(vertices,edges, defaultVertexAttr)	根据分开存放的顶点数据和边数据创建图，适用于有顶点数据和边数据的情况
Graph.fromEdges(RDD[Edge[ED]], defaultValue)	根据边数据创建图，数据需要转换成 RDD[Edge[ED]] 类型，适用于边数据有边属性的情况
Graph.fromEdgeTuples(rawEdges:RDD[(VertexId, VertexId)], defaultValue)	根据边数据创建图，边数据需要加载为二元组，可以选择是否对边分区，适用于边数据只有起点和目标点的情况

创建图的方法解释说明如下。

（1）根据有属性的顶点和边构建图（Graph()）

使用 Graph()方法构造图时，默认使用 GraphX 的 apply()方法。Graph()方法有以下 3 个参数。

① vertices:RDD[(VertexId,VD)]："顶点"类型的 RDD，其中 VertexId 为顶点 ID（其类型必须为 Long 类型），VD 为顶点属性信息。

② edges:RDD[Edge[ED]]："边"类型的 RDD，Edge 类包含 srcId（起点，Long 类型）、dstId（目标点，Long 类型）、attr（边属性）3 个参数。

③ defaultVertexAttr：一个固定的顶点信息，数据中出现顶点缺失情况时使用。

在这 3 个参数中，必须设置前两个参数，最后一个参数则为可选项。"顶点"和"边"类型的 RDD 来自不同的数据源，因此需要一份顶点数据文件和一份边数据文件。根据表 7-3 所示的顶点数据和表 7-4 所示的边数据创建图，首先创建"顶点"类型的 RDD 和"边"类型的 RDD，再利用两个 RDD 创建图，如代码 7-2 所示。在后续 GraphX 常用操作方法的介绍中，如果没有特别指明，那么均以该图为例。

代码 7-2　构造有属性的顶点和边的图

```
# 顶点 RDD[顶点 ID,顶点属性值]，ID 必须为 Long 类型值
val users = sc.textFile("/user/root/vertices.txt").map{line =>
    val lines = line.split(" "); (lines(0).toLong, (lines(1),lines(2)))}
# 边 RDD[起点 ID,目标点 ID, 边属性（边的标注,边的权重等）]，ID 必须为 Long 类型值
val relationships = sc.textFile("/user/root/edges.txt").map{line =>
    val lines = line.split(" ");
```

```
      Edge(lines(0).toLong, lines(1).toLong,lines(2))}
# 定义一个默认用户
val defaultUser = ("John Doe", "Missing")
# 使用 RDD 建立一个 Graph 对象
val graph_urelate = Graph(users, relationships, defaultUser)
```

查询创建完成的图 graph_urelate，可以使用 graph_urelate.vertices 查看顶点信息，用 graph_urelate.edges 查看边信息，如代码 7-3 所示，结果如图 7-4 所示。

代码 7-3　查询图的顶点和边的信息

```
# 查询图的顶点信息
graph_urelate.vertices.collect.foreach(println(_))
# 查询图的边信息
graph_urelate.edges.collect.foreach(println(_))
```

```
scala> val graph_urelate = Graph(users, relationships, defaultUser)
graph_urelate: org.apache.spark.graphx.Graph[(String, String),String
 org.apache.spark.graphx.impl.GraphImpl@5b2728db

scala> graph_urelate.vertices.collect.foreach(println(_))
(2,(istoica,professor))
(3,(rxin,student))
(7,(jgonzal,postdoc))
(5,(franklin,professor))

scala> graph_urelate.edges.collect.foreach(println(_))
Edge(3,7,Collaborator)
Edge(5,3,Advisor)
Edge(2,5,Colleague)
Edge(5,7,PI)
```

图 7-4　图的顶点和边的信息结果

（2）根据边创建图（Graph.fromEdges()）

Graph.fromEdges()方法使用起来比较简单，仅由 "边" 类型 RDD 建立图，没有边的属性则将其设置为一个固定值，"边" 中出现的所有顶点（起点、目标点）作为图的顶点集，顶点属性将被设置为默认值。fromEdges()方法有以下两个参数值。

① RDD[Edge[ED]]："边" 类型的 RDD。

② defaultValue:VD：默认顶点属性值。

根据边创建图只需要用到边数据。仅根据 edges.txt 中的边数据创建图，顶点由边数据中出现的顶点决定，如代码 7-4 所示。

代码 7-4　Graph.fromEdges()方法创建图

```
# 读入数据文件
val records = sc.textFile("/user/root/edges.txt")
val followers = records.map {
   case x => val fields=x.split(" ")
   Edge(fields(0).toLong, fields(1).toLong,fields(2)) }
val graph_fromEdges=Graph.fromEdges(followers, 1L)
```

对图的顶点和边进行查询，结果如图 7-5 所示，文件中的边和边属性都加载到图中，顶点为边的数据中出现的起点和目标点，顶点属性默认值为 1。

```
scala> graph_fromEdges.vertices.collect.foreach(println(_))
(2,1)
(3,1)
(7,1)
(5,1)

scala> graph_fromEdges.edges.collect.foreach(println(_))
Edge(3,7,Collaborator)
Edge(5,3,Advisor)
Edge(2,5,Colleague)
Edge(5,7,PI)
```

图 7-5　Graph.fromEdges()方法创建图的顶点与边

（3）根据边的两个顶点的二元组创建图（Graph.fromEdgeTuples()）

Graph.fromEdgeTuples()方法与 Graph.fromEdges()方法类似，均是通过边数据创建图的。不同的是，Graph.fromEdges()方法是通过"边"类型的 RDD 创建图的，有边属性。而 Graph.fromEdgeTuples()方法是通过边的两个顶点的顶点 ID 组成的二元组创建图的，不包括边属性，将一条边的起点与目标点放在一个二元组中，通过边的二元组 RDD 创建图。Graph.fromEdgeTuples()方法有以下 3 个输入参数。

① rawEdges:RDD[(VertexId,VertexId)]：其中的数据是由起点与目标点组成的元组。

② defaultValue:VD：默认顶点属性值。

③ uniqueEdges: Option[PartitionStrategy] = None：是否对边进行分区的选项，默认不分区。

Graph.fromEdgeTuples()方法仅需要边的起点和目标点。将 edges.txt 文件的数据作为输入数据，通过 Graph.fromEdgeTuples()方法创建图，如代码 7-5 所示。

代码 7-5　Graph.fromEdgeTuples()方法创建图

```
val file = sc.textFile("/user/root/edges.txt")
# 使用边的起点和目标点创建二元组 RDD
val edgesRDD = file.map(line =>line.split(" ")).map(
    line =>(line(0).toLong, line(1).toLong))
# 创建图
val graph_fromEdgeTuples = Graph.fromEdgeTuples(edgesRDD, 1L)
```

对图的边和顶点进行查询，结果如图 7-6 所示，与图 7-5 相比，边的属性值默认为 1。

```
scala> graph_fromEdgeTuples.vertices.collect.foreach(println(_))
(2,1)
(3,1)
(7,1)
(5,1)

scala> graph_fromEdgeTuples.edges.collect.foreach(println(_))
Edge(3,7,1)
Edge(5,3,1)
Edge(2,5,1)
Edge(5,7,1)
```

图 7-6　Graph.fromEdgeTuples()方法创建图的顶点和边

2. 图的缓存及释放

在图计算的过程中，如果频繁使用一个图，为了节省重新计算的时间，需要对图进行缓存。常见的图的缓存和释放缓存方法如表 7-6 所示。

表 7-6　常见的图的缓存和释放缓存方法

方法	描述
cache()	缓存整个图，默认存储在内存中
persist(newLevel:StorageLevel=StorageLevel.MEMORY_ONLY)	缓存整个图，可以指定存储级别
unpersist()	释放整个图的缓存
unpersist Vertices(blocking:Boolean=true)	释放顶点缓存
edges.unpersist(blocking:Boolean = true)	释放边缓存

（1）图的缓存

在 Spark 中，RDD 默认没有持久化在内存中。多次使用某个变量时，为了避免重复计算，变量必须被明确缓存，GraphX 中的图也使用相同的方式。当一个图需要多次计算或使用时，需要对图进行缓存，这样在多次调用图时则不需要进行重复计算，可以提高运行效率。缓存有 cache() 和 persist() 两种方法，与第 4 章中 RDD 的持久化类似。对于 persist() 方法，如果指定缓存类型，需要导入 org.apache.spark.storage.StorageLevel 类。指定缓存位置为内存时，写入的参数为 StorageLevel.MEMORY_ONLY，如代码 7-6 所示。

代码 7-6　图的几种缓存方法

```
# 导入包
import org.apache.spark.storage.StorageLevel
# 使用 cache 缓存 graph_urelate
graph_urelate.cache()
# 使用 persist 缓存 graph_fromEdges
graph_fromEdges.persist()
# 使用 persist 缓存 graph_fromEdgeTuples 并制定缓存位置为内存
graph_fromEdgeTuples.persist(StorageLevel.MEMORY_ONLY)
```

（2）释放缓存

在迭代过程中，释放缓存也是必要的。默认情况下，虽然缓存在内存中的图会在内存紧张时被强制清理，但是在运算过程中还是会影响垃圾回收和数据处理的速度。因此可以释放已经完成计算且无须再使用的图的缓存，也可以释放在迭代过程中无须再使用的图的缓存。释放缓存的方法有以下 3 种。

① Graph.unpersist(blocking = true)：释放整个图的缓存。

② Graph.unpersistVertices(blocking = true)：释放内存中缓存的顶点，适用于只修改顶点的属性值，但会重复使用边进行计算的迭代操作，使用该方法可以释放先前迭代的顶点属性，提高垃圾回收性能。

③ Graph.edges.unpersist(blocking = true)：释放边缓存，适合对边进行修改，但会重复

使用点进行运算的操作。

释放 graph_fromEdges 图的缓存，如代码 7-7 所示。

代码 7-7　释放缓存

```
# 释放整个图的缓存
graph_fromEdges.unpersist(blocking = true)
# 释放内存中缓存的顶点
graph_fromEdgeTuples.unpersistVertices(blocking = true)
#释放边缓存
graph_fromEdgeTuples.edges.unpersist(blocking = true)
```

7.2.2　查询与转换数据

图的基本操作对应方法均被定义在 Graph 类中，除了 7.2.1 小节创建图的方法外，还包括数据查询、数据转换操作的常用方法，通过 Graph 类所定义的方法可以完成基本的图计算，具体的数据查询与转换的方法介绍如下。

1．数据查询

对基于代码 7-2 建立的用户关系网络图进行查询。查询内容包括顶点与边的数量、顶点与边的视图、出度数（以当前顶点为起点的边的数量）和入度数（以当前顶点为目标点的边的数量），数据查询的方法如表 7-7 所示。

表 7-7　数据查询的方法

方法	描述
numVertices	查询顶点个数
numEdges	查询边数
degrees(in/out)	查询度数
vertices	查询顶点信息
edges	查询边信息

（1）顶点查询和边查询

① numVertices：查询图中顶点个数，不需要输入任何参数，直接通过 Graph.numVertices 查询，返回类型为 Long 类型。

② numEdges：查询图中边的数量，不需要输入任何参数，直接通过 Graph.numEdges 查询，返回类型为 Long 类型。

查询用户关系网络图的顶点个数和边数，如代码 7-8 所示，结果如图 7-7 所示。

代码 7-8　查询图的顶点个数和边数

```
# 查看图的顶点个数
graph_urelate.numVertices
# 查看图的边数
graph_urelate.numEdges
```

```
scala> graph_urelate.numVertices
res21: Long = 4

scala> graph_urelate.numEdges
res22: Long = 4
```

图 7-7　顶点个数和边数查询

（2）视图操作

Spark GraphX 中有 3 种基本视图可以访问，包括顶点视图（Vertices）、边视图（Edges）和整体视图（Triplets），如图 7-8 所示。假设有一个 Graph 的实例 graph，通过 graph.vertices、graph.edges、graph.triplets 即可访问 3 种视图。

图 7-8　3 种基本视图

① 顶点视图。顶点视图可以查看顶点的信息，包括顶点 ID 和顶点属性。有两种方式可以查看顶点信息。通过 graph.vertices 可以返回 VertexRDD[VD]类型的数据，VD 为顶点属性，继承于 RDD[(VertexID,VD)]，因此也可以使用 Scala 的 case 表达式解构元组，查看顶点信息。具体使用介绍如下。

a. 通过 graph.vertices.collect 直接查看顶点信息。对代码 7-2 中创建的用户关系网络图进行查询，查看图的所有顶点的顶点 ID 和顶点的属性，如代码 7-9 所示，结果如图 7-9 所示。

代码 7-9　查看顶点信息

```
# 查看顶点信息
graph_urelate.vertices
graph_urelate.vertices.collect.foreach(println(_))
```

```
scala> graph_urelate.vertices
res24: org.apache.spark.graphx.VertexRDD[(String, String)] = VertexRDDI
mpl[27] at RDD at VertexRDD.scala:57

scala> graph_urelate.vertices.collect.foreach(println(_))
(2,(istoica,professor))
(3,(rxin,student))
(7,(jgonzal,postdoc))
(5,(franklin,professor))
```

图 7-9　查看顶点信息

b. 通过模式匹配解构元组，查询顶点信息。根据返回的顶点字段数，通过模式匹配返回的 RDD 类型元组。匹配用户关系网络图的顶点查询返回值，并对用户职业 prop 与姓名 name 的位置进行交换，如代码 7-10 所示。

代码 7-10　case 匹配顶点信息

```
graph_urelate.vertices.map{
    case(id,(name,prop)) =>  //利用 case 进行匹配
    (prop,name)   //可以加上任何转换操作
}.collect.foreach(println(_))
```

Vertices 返回的 RDD[(VertexID,(String,String))]通过 case 解构，再通过 map()方法将属性部分的值调换，过滤顶点 ID 后输出结果，如图 7-10 所示。

```
scala> graph_urelate.vertices.map{
    | case (id,(name,prop))=>//利用case进行匹配
    | (prop,name)//可以在这里加上自己想要的任何转换
    | }.collect.foreach(println(_))
(professor,istoica)
(student,rxin)
(postdoc,jgonzal)
(professor,franklin)
```

图 7-10 case 查询顶点信息

c. 增加过滤条件的顶点视图。可以通过 filter()方法增加过滤条件查询顶点信息，如查询职业属性为"postdoc"的顶点信息，如代码 7-11 所示，结果如图 7-11 所示。

代码 7-11 增加过滤条件的顶点查询

```
# 查询顶点的职业属性为"postdoc"的顶点信息
graph_urelate.vertices.filter{
    case(id,(name,pos)) => pos == "postdoc"}.collect.foreach(println(_))
```

```
scala> graph_urelate.vertices.filter{case(id,(name,pos))=>pos=="postdoc
"}.collect.foreach(println(_))
(7,(jgonzal,postdoc))
```

图 7-11 增加过滤条件的顶点查询

d. 通过下标查询。可以直接根据 Spark 元组的特性，通过下标的方式访问返回的顶点信息，如代码 7-12 所示，结果如图 7-12 所示。

代码 7-12 下标访问顶点信息

```
# 下标访问顶点信息
graph_urelate.vertices.map{
    v => (v._1, v._2._1, v._2._2)}.collect.foreach(println(_))
```

```
scala> graph_urelate.vertices.map{v=>(v._1,v._2._1,v._2._2)}.collect.fo
reach(println(_))
(2,istoica,professor)
(3,rxin,student)
(7,jgonzal,postdoc)
(5,franklin,professor)
```

图 7-12 下标访问顶点信息

② 边视图。边视图只返回边的信息，包括起始点 ID、目标点 ID 和边属性。graph.edges 返回一个包含 Edge[ED]对象的 EdgeRDD，ED 表示边属性的类型。Edge 有 3 个字段，即起点 ID、目标点 ID 和边属性，并且可以通过 case 类的类型构造器匹配并返回 EdgeRDD，下面分别介绍查询方式。

a. 通过 graph.edges.collect 直接查看所有边信息。查看用户关系网络图，返回的信息包含边的 3 个字段：起点 ID、目标点 ID、边属性，如代码 7-13 所示，结果如图 7-13 所示。

代码 7-13 查询边信息

```
# 查询边信息
graph_urelate.edges
    graph_urelate.edges.collect.foreach(println(_))
```

```
scala> graph_urelate.edges
res33: org.apache.spark.graphx.EdgeRDD[String] = EdgeRDD
 at EdgeRDD.scala:40

scala> graph_urelate.edges.collect.foreach(println(_))
Edge(3,7,Collaborator)
Edge(5,3,Advisor)
Edge(2,5,Colleague)
Edge(5,7,PI)
```

图 7-13　查询边信息

b. 通过模式匹配解构并且添加过滤条件。利用模式匹配 Edge 类型的返回结果，再使用 filter()方法进行过滤。查看起点 ID 大于目标点 ID 的边，如代码 7-14 所示，结果如图 7-14 所示。

代码 7-14　增加过滤条件的边视图

```
# 查看起点 ID 大于目标点 ID 的边
graph_urelate.edges.filter{
    case Edge(src,dst,prop) => src > dst}.collect.foreach(println(_))
```

```
scala> graph_urelate.edges.filter{case Edge(src,dst,prop)=>src>dst}.col
lect.foreach(println(_))
Edge(5,3,Advisor)
```

图 7-14　增加过滤条件的边视图

c. 通过下标查询。通过下标查询时，由于 Edge 类中有 3 个属性，即 srcId、dstId 和 attr，因此可以直接指定边属性访问，如代码 7-15 所示，结果如图 7-15 所示。

代码 7-15　通过下标查看边视图

```
# 通过下标查看边视图
graph_urelate.edges.map{
    e => (e.attr, e.srcId, e.dstId)}.collect.foreach(println(_))
```

```
scala> graph_urelate.edges.map{e=>(e.attr,e.srcId,e.dstId)}.collect.for
each(println(_))
(Collaborator,3,7)
(Advisor,5,3)
(Colleague,2,5)
(PI,5,7)
```

图 7-15　通过下标查看边视图

③ 顶点与边的三元组整体视图。三元组整体视图逻辑上将顶点和边的属性保存为一个 RDD[EdgeTriplet[VD,ED]]，包含 EdgeTriplet 类的实例。EdgeTriplet 类继承于 Edge 类，因此可以直接访问 Edge 类的 3 个属性，并且加入了 srcAttr 和 dstAttr 成员，这两个成员分别包含起点和目标点的属性。graph.triplets 可以用于查看边和顶点的所有信息，是一个完整的视图。具体使用介绍如下。

a. 通过 graph.triplets.collect 直接查询边和顶点的所有信息。查询用户关系网络图，包括边的起点和目标点、起点属性、目标点属性、边属性，如代码 7-16 所示，结果如图 7-16 所示。

代码 7-16　三元组整体视图

```
# 查询用户关系网络图，返回结果包含顶点和边的所有信息
graph_urelate.triplets
graph_urelate.triplets.collect.foreach(println(_))
```

```
scala> graph_urelate.triplets
res37: org.apache.spark.rdd.RDD[org.apache.spark.graphx.EdgeTriplet[(St
ring, String),String]] = MapPartitionsRDD[93] at mapPartitions at Graph
Impl.scala:51

scala> graph_urelate.triplets.collect.foreach(println(_))
((3,(rxin,student)),(7,(jgonzal,postdoc)),Collaborator)
((5,(franklin,professor)),(3,(rxin,student)),Advisor)
((2,(istoica,professor)),(5,(franklin,professor)),Colleague)
((5,(franklin,professor)),(7,(jgonzal,postdoc)),PI)
```

图 7-16　三元组整体视图

b. 通过下标查询。通过新成员变量 srcAttr 和 dstAttr 可以访问起点属性和目标点属性，可以用边的字段访问边的属性。查询起点用户姓名、目标点用户职业、起点 ID 和目标点 ID，如代码 7-17 所示，结果如图 7-17 所示。

代码 7-17　通过下标查询三元组整体视图

```
# 通过 srcAttr 和 dstAttr 访问起点属性和目标点属性
val graph_triplets = graph_urelate.triplets.map{triplet => (
    triplet.srcAttr._1, triplet.dstAttr._2, triplet.srcId, triplet.dstId)}
# 查看结果
graph_triplets.collect.foreach(println(_))
```

```
scala> val graph_triplets = graph_urelate.triplets.map{triplet=>(triple
t.srcAttr._1,triplet.dstAttr._2,triplet.srcId,triplet.dstId)}
graph_triplets: org.apache.spark.rdd.RDD[(String, String, org.apache.sp
ark.graphx.VertexId, org.apache.spark.graphx.VertexId)] = MapPartitions
RDD[94] at map at <console>:43

scala> graph_triplets.collect.foreach(println(_))
(rxin,postdoc,3,7)
(franklin,student,5,3)
(istoica,professor,2,5)
(franklin,postdoc,5,7)
```

图 7-17　通过下标查询三元组整体视图

（3）度分布计算

度分布是图计算中一个非常基础、非常重要的指标。度分布检测的目的，主要是了解图中"超级节点"的个数和规模，以及所有节点度的分布曲线。超级节点的存在对各种传播算法都会有重大的影响（不论是正面的助力还是反面的阻力），需要预先对这些数据进行估计。借助 GraphX 基本的图信息接口 degrees:VertexRDD[Int]（包括 inDegrees 和 outDegrees）可以计算度分布，并进行各种各样的统计。Graph 类中度分布计算的方法主要有以下 3 个。

① degrees：返回每个顶点的度数，不需要参数。graph.degrees 返回的是 VertexRDD[Int] 类型，即(VertexID,Int)，元组的第一个元素为计算度数的顶点，第二个元素为该顶点的度数。

② inDegrees：计算每个顶点的入度数，不需要参数。

③ outDegrees：计算每个顶点的出度数，不需要参数。

查询用户关系网络图中每个顶点的总度数，即入度数和出度数，如代码 7-18 所示，结果如图 7-18 所示。

代码 7-18　度计算

```
# 每个顶点的度数
graph_urelate.degrees.collect
# 每个顶点的入度数
graph_urelate.inDegrees.collect
# 每个顶点的出度数
graph_urelate.outDegrees.collect
```

```
scala> graph_urelate.degrees.collect
res40: Array[(org.apache.spark.graphx.VertexId, Int)] = Array((2,1), (3
,2), (7,2), (5,3))

scala> graph_urelate.inDegrees.collect
res41: Array[(org.apache.spark.graphx.VertexId, Int)] = Array((3,1), (7
,2), (5,1))

scala> graph_urelate.outDegrees.collect
res42: Array[(org.apache.spark.graphx.VertexId, Int)] = Array((2,1), (3
,1), (5,2))
```

图 7-18　度计算

用户如果想要对图的度进行一些特别的计算，如求最大值、最小值和平均值等，那么可以通过 RDD 内置的方法完成。例如，使用 RDD 内置的 min()、max()、sortByKey()、top() 等方法对度统计最大值和最小值、排序、取出度数排在前 N 位的顶点。

graph.degrees 返回的是 VertexRDD[Int]，即(VertexID,Int)，需要将其转换成 RDD[(Int, VetexId)]，因为这些方法都是对第一个值，也就是 Key 进行操作的。求度最大值、最小值，以及降序排序后度数排在前 3 的顶点，如代码 7-19 所示，结果如图 7-19 所示。

代码 7-19　求最大值、最小值和排序

```
val degree2 = graph_urelate.degrees.map(a => (a._2, a._1))
print("max degree = " + (degree2.max()._2, degree2.max()._1))
# 最小值
print("min degree =" +(degree2.min()._2, degree2.min()._1))
# top(N)度数排在前 3 的顶点
degree2.sortByKey(true, 1).top(3).foreach(x => print(x._2, x._1))
```

```
scala> print("max degree = " + (degree2.max()._2,degree2.max()._1))
max degree = (5,3)
scala> //最小值

scala> print("min degree =" +(degree2.min()._2,degree2.min()._1))
min degree =(2,1)
scala> //求度数排在前3的顶点

scala> degree2.sortByKey(true, 1).top(3).foreach(x=>print(x._2,x._1))
(5,3)(7,2)(3,2)
```

图 7-19　求最大值、最小值和排序

2. 数据转换

转换数据操作的重要特征是，允许所得图形重用原有图形的结构索引，即还能保存图的结构。Spark GraphX 数据转换操作常见的方法如表 7-8 所示。

表 7-8　数据转换操作常见的方法

方法	描述
mapVertices[VD2: ClassTag](map: (VertexId, VD) => VD2)	对顶点属性进行变换生成新的图
mapEdges[ED2](map: Edge[ED] => ED2)	对边属性进行变换生成新的图
mapTriplets[ED2: ClassTag](map: EdgeTriplet[VD, ED] => ED2)	作用同 mapEdges，但可使用顶点属性

基于代码 7-2 创建的用户关系网络图，介绍以下几种常见的数据转换操作的方法。

（1）mapVertices()

通过 mapVertices()方法直接对顶点进行 map 操作，返回一个改变图中顶点属性的值或类型之后的新图。mapVertices()方法需要一个函数调用 Spark 中的 map 操作，更新顶点的属性值，顶点的属性可以由 VD 类型转变为一个新的类型。例如，用户关系网络图中顶点有两个属性值，通过 mapVertices()方法只取第一个值（姓名）作为属性值，如代码 7-20 所示，结果如图 7-20 所示。

代码 7-20　mapVertices()方法示例

```
# 使用 mapVertices()方法对图的顶点属性进行修改
val newGraph = graph_urelate.mapVertices((id, attr) => attr._1)
# 查看新图顶点信息
newGraph.vertices.collect.foreach(println(_))
```

```
scala> val newGraph = graph_urelate.mapVertices((id,attr)=>attr._1)
newGraph: org.apache.spark.graphx.Graph[String,String] = org.apache
rk.graphx.impl.GraphImpl@1d0ad1e3

scala> newGraph.vertices.collect.foreach(println(_))
(2,istoica)
(3,rxin)
(7,jgonzal)
(5,franklin)
```

图 7-20　mapVertices()方法示例

如果使用代码 7-21 所示的方法，则不保存图结构，需要重新创建图。

代码 7-21　通过 map()方法转换数据

```
val newVertices = graph_urelate.vertices.map {
    case (id, attr) => (attr._1.toLong, attr._2)}
val newGraph = Graph(newVertices, graph_urelate.edges)
```

（2）mapEdges()

通过 mapEdges()方法直接对边的属性进行操作，调用 Spark 中的 map 操作更新边的属性值，需要一个修改边属性的函数，map 遍历的每一个元素都是"边"类型的，结果返回一个修改了图中边属性的值或类型之后的新图。

修改边属性的值，将起点 ID 和目标点 ID 加入边属性中，如代码 7-22 所示，结果如图 7-21 所示。

代码 7-22　mapEdges()方法示例

```
# 修改边属性的值
graph_urelate.mapEdges(
    e => e.srcId + e.dstId).edges.collect.foreach(println(_))
```

```
scala> graph_urelate.mapEdges(
    | e => e.srcId + e.dstId).edges.collect.foreach(println(_))
Edge(3,7,10)
Edge(5,3,8)
Edge(2,5,7)
Edge(5,7,12)
```

图 7-21　mapEdges()方法示例

（3）mapTriplets()

mapTriplets()方法针对边的属性值调用 Spark 中的 map 操作，通过一个修改边属性的函数更新边的属性值，结果返回一个修改了图中边属性的值或类型之后的新图。与 mapEdges() 方法不同的是，mapTriplets()方法的每一个元素是一个包含顶点属性和边属性的三元组，因此可以使用顶点的属性。

例如，对边的属性用起点属性的第一个值（姓名）进行替换，如代码 7-23 所示，结果如图 7-22 所示。

代码 7-23　mapTriplets()方法示例

```
# 对边的属性用起点属性的第一个值（姓名）替换
val newGraph = graph_urelate.mapTriplets(triplet => triplet.srcAttr._1)
# 查看结果

newGraph.triplets.collect.foreach(println(_))
```

```
scala> val newGraph = graph_urelate.mapTriplets(triplet=>triplet.srcAtt
r._1)
newGraph: org.apache.spark.graphx.Graph[(String, String),String] = org.
apache.spark.graphx.impl.GraphImpl@6e56bd6b

scala> newGraph.triplets.collect.foreach(println(_))
((3,(rxin,student)),(7,(jgonzal,postdoc)),rxin)
((5,(franklin,professor)),(3,(rxin,student)),franklin)
((2,(istoica,professor)),(5,(franklin,professor)),istoica)
((5,(franklin,professor)),(7,(jgonzal,postdoc)),franklin)
```

图 7-22　mapTriplets()方法示例

7.2.3　转换结构与关联聚合数据

在 GraphX 中，除了基础的图计算的方法，还可以对图的结构进行转换，对数据进行关联聚合。图结构的转换和图数据的关联聚合在图计算中也是非常重要的操作，在解决实际问题的过程中常常会被用到。

图计算结构转
换常用方法

1. 结构转换

结构转换是指对整个图的结构进行操作，生成新的图。在 Spark GraphX 中，图结构转换操作的方法也是存放在 Graph 类中的，常见的结构转换操作的方法如表 7-9 所示。

表 7-9　常见的结构转换操作的方法

方法	描述
reverse	反转图中所有边的方向
subgraph()	按照设定条件取出子图
mask()	取两个图的公共顶点和边作新图，并保持前一个图顶点与边的属性
groupEdges()	合并相同边的属性

某用户社交网络图的顶点和边的数据分别如表 7-10 和表 7-11 所示。顶点包含用户顶点 ID、姓名、年龄共 3 个数据字段。边包含起点 ID、目标点 ID 和权重（边属性，Int 类型）共 3 个数据字段。权重表示的是起点是目标点的追随者，即"粉丝"，指的是起点用户对目标点用户的支持度。

表 7-10　user.txt 顶点数据

```
4,David,42
6,Fran,50
2,Bob,27
1,Alice,28
3,Charlie,65
5,Ed,55
```

表 7-11　relate.txt 边数据

```
5,3,8
2,1,7
3,2,4
5,6,3
3,6,3
3,2,6
```

根据顶点和边数据，创建一个简单的描述用户之间追随关系的用户社交网络图。通过 Graph(vertices,edges,defaultUser)的方法创建用户社交网络图，如代码 7-24 所示，结果如图 7-23 所示。

代码 7-24　创建用户社交网络图

```
val users=sc.textFile("/user/root/user.txt").map{
    line=>val lines=line.split (",");
    (lines(0).toLong,(lines(1),lines(2).toInt))}
val relationships=sc.textFile("/user/root/relate.txt").map{
    line=>val lines= line.split(",");
```

```
      Edge(lines(0).toLong,lines(1).toLong,lines(2).toInt)}
val graph = Graph(users, relationships)
```

```
scala> val graph = Graph(users, relationships)
graph: org.apache.spark.graphx.Graph[(String, Int),Int] = org.apach
aphx.impl.GraphImpl@6cd089

scala> graph.triplets.collect.foreach(println(_))
((2,(Bob,27)),(1,(Alice,28)),7)
((3,(Charlie,65)),(2,(Bob,27)),4)
((5,(Ed,55)),(3,(Charlie,65)),8)
((5,(Ed,55)),(6,(Fran,50)),3)
((3,(Charlie,65)),(2,(Bob,27)),6)
((3,(Charlie,65)),(6,(Fran,50)),3)
```

图 7-23　创建用户社交网络图

基于代码 7-24 创建的用户社交网络图，对图结构转换方法的介绍如下。

（1）reverse 方法将返回一个新的图，图的边的方向与原图相比都是反转的。没有修改顶点或边的属性，也没有改变边的数量，不需要输入其他参数。对用户社交网络图的边进行反转，如代码 7-25 所示，结果如图 7-24 所示。

代码 7-25　reverse 方法示例

```
# reverse 反转边的方向
val graph2 = graph.reverse
# 反转后与原图对比
graph.edges.collect
graph2.edges.collect
```

```
scala> val graph2 = graph.reverse
graph2: org.apache.spark.graphx.Graph[(String, Int),Int] = org.apache.spark.graphx

scala> graph.edges.collect
res16: Array[org.apache.spark.graphx.Edge[Int]] = Array(Edge(2,1,7), Edge(3,2,4),

scala> graph2.edges.collect
res17: Array[org.apache.spark.graphx.Edge[Int]] = Array(Edge(1,2,7), Edge(2,3,4),
```

图 7-24　reverse 方法示例

（2）subgraph()方法是创建子图的方法。子图是指节点集和边集分别是某一图的节点集的子集和边集的子集的图。subgraph()方法可以用于很多场景，如获取感兴趣的顶点和边组成的图，或获取清除断开的链接后的图。在 subgraph()方法中需要输入边的过滤条件或顶点的过滤条件，设置了顶点的过滤条件即可查询出满足过滤条件的顶点组成的图，设置边过滤条件即可查询出满足条件的边组成的图。如果顶点和边的过滤条件均被设置，即可查询出满足过滤条件的顶点和边组成的图。

对边和顶点同时过滤时，用"，"隔开边和顶点的过滤条件。如查询用户社交网络图中追随者支持度大于 3、用户年龄大于 30 的顶点和边组成的子图，顶点操作通过一个指代字段 vpred 匹配顶点 ID 和属性。对于边属性，通过指代字段 epred 匹配，其中的属性可以通过属性名获取，如代码 7-26 所示，结果如图 7-25 所示。

代码 7-26 根据边和顶点创建子图

```
# 按要求创建子图
val subGraph3 = graph.subgraph (
    epred => epred.attr > 3, vpred = (id, attr) => attr._2 > 30)
# 查看子图顶点信息
subGraph3.vertices.collect.foreach(println(_))
# 查看子图边信息
subGraph3.edges.collect.foreach(println(_))
```

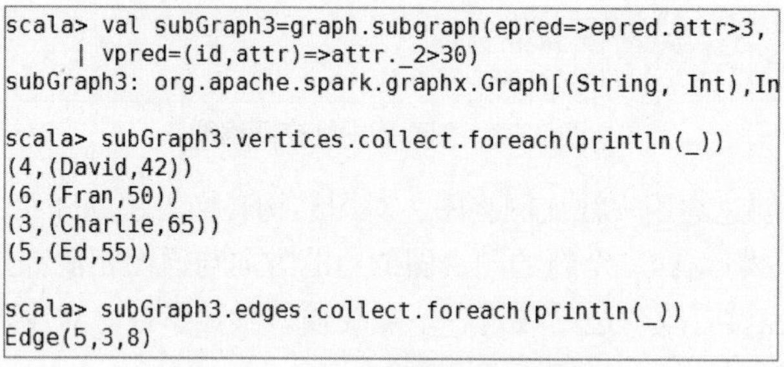

```
scala> val subGraph3=graph.subgraph(epred=>epred.attr>3,
    | vpred=(id,attr)=>attr._2>30)
subGraph3: org.apache.spark.graphx.Graph[(String, Int),In

scala> subGraph3.vertices.collect.foreach(println(_))
(4,(David,42))
(6,(Fran,50))
(3,(Charlie,65))
(5,(Ed,55))

scala> subGraph3.edges.collect.foreach(println(_))
Edge(5,3,8)
```

图 7-25 根据边和顶点创建子图

（3）mask()方法可以合并两个图并且只保留两个图中都有的顶点和边，在使用时需要输入另一个图作为参数。例如，将图 7-25 得到的子图作为另一个图，对图 graph 与图 subGraph3 进行合并，保留两个图公共的点和边，组成新的图，并保留 graph 中点和边的属性，如代码 7-27 所示，结果如图 7-26 所示。

代码 7-27 mask()方法示例

```
# 使用 mask 合并两个图
val mask_graph = graph.mask(subGraph3)
# 查看合并后的图的所有信息
mask_graph.triplets.collect.foreach(println(_))
```

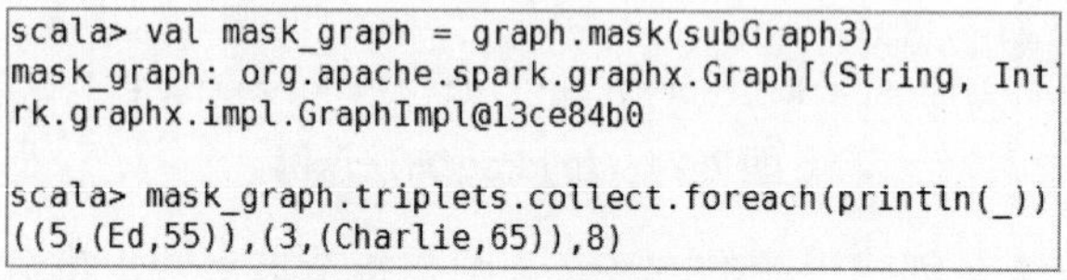

```
scala> val mask_graph = graph.mask(subGraph3)
mask_graph: org.apache.spark.graphx.Graph[(String, Int)
rk.graphx.impl.GraphImpl@13ce84b0

scala> mask_graph.triplets.collect.foreach(println(_))
((5,(Ed,55)),(3,(Charlie,65)),8)
```

图 7-26 mask()方法示例

（4）groupEdges()方法可以合并具有相同 ID 的边。groupEdges()方法将同一起点与目标点的边的属性值集合在一起，根据 merge 函数，对图中多重边的属性值进行合并，保证图中对应(srcID,dstID)只有一条边。

groupEdges()方法需要重新对图数据进行分区，因为相同的边可以被分配到同一个分区，所以必须在调用 groupEdges()方法前调用 Graph.partitionBy:Graph([VD,ED])进行分区。常用的分区策略是 artitionStrategy.RandomVertexCut，表示分配相同的边到同一个分区。

例如，在用户社交网络图中有两条以 3 为起点、以 2 为目标点的边，分别为"3,2,4"和"3,2,6"；要求将两条边合并，属性值相加。首先需要先调用 graph.partitionBy(Partition Strategy.RandomVertexCut)方法对图进行分区，再使用 groupEdges()方法将相同边的属性值相加，如代码 7-28 所示，结果如图 7-27 所示。

代码 7-28　groupEdges()方法示例

```
# 调用 graph.partitionBy(PartitionStrategy. RandomVertexCut)对 graph 进行分区
val graph2 = graph.partitionBy(PartitionStrategy.RandomVertexCut)
# 使用 groupEdges 将相同边的属性值相加
graph2.groupEdges((a, b) => a + b).edges.collect.foreach(println(_))
```

```
scala> val graph2 = graph.partitionBy(PartitionStrategy.RandomVertexCut)
graph2: org.apache.spark.graphx.Graph[(String, Int),Int] = org.apache.sp
aphx.impl.GraphImpl@4396910

scala> graph2.groupEdges((a,b)=>a+b).edges.collect.foreach(println(_))
Edge(2,1,7)
Edge(3,6,3)
Edge(5,6,3)
Edge(3,2,10)
Edge(5,3,8)
```

图 7-27　groupEdges()方法示例

2. 数据关联聚合

关联聚合操作是图计算的重点操作，通过关联操作可以将顶点属性值连接到图中。而聚合操作可以发送信息给指定顶点并聚合数据，关联聚合操作常用的方法如表 7-12 所示。

图计算关联聚合常用方法

表 7-12　关联聚合操作常用的方法

方法	描述
collectNeighbors(edgeDirection: EdgeDirection)	收集邻居顶点的顶点 ID 和顶点属性
collectNeighborIds(edgeDirection: EdgeDirection)	收集邻居顶点的顶点 ID
aggregateMessages()	向指定顶点发送信息并聚合信息
joinVertices()	将顶点信息更新到图中，顶点属性值个数和类型不能变
outerJoinVertices()	将顶点信息更新到图中，顶点属性值个数和类型可变

以图 7-23 所示的用户社交网络图为例，每个用户有顶点 ID、属性 name 和 age，顶点与顶点间的关系是一个权重，介绍图常用的关联聚合操作的方法。

（1）collectNeighbors()

collectNeighbors()方法的作用是收集每个顶点的邻居顶点的顶点 ID 和顶点属性，邻居顶点就是与该点直接相连的顶点。该方法需要输入一个参数，返回的结果是顶点 ID 和顶点属性的元组。参数有以下几种类型。

① EdgeDirection.Out：表示只收集以该顶点为起点、以邻居顶点为目标点的邻居顶点的顶点 ID 和顶点信息。

② EdgeDirection.In：表示只收集以邻居顶点作为起点、以该点作为目标点的邻居顶点的顶点 ID 和顶点信息。

③ EdgeDirection.Either：收集所有邻居顶点的顶点 ID 和顶点信息。

分别使用 3 种参数查询用户社交网络图中每个顶点的邻居顶点的顶点 ID 和顶点属性，如代码 7-29 所示，结果如图 7-28 所示。

代码 7-29　collectNeighbors()方法示例

```
# 设置参数为 EdgeDirection.Out
graph.collectNeighbors(EdgeDirection.Out).collect
# 设置参数为 EdgeDirection.In
graph.collectNeighbors(EdgeDirection.In).collect
# 设置参数为 EdgeDirection.Either
graph.collectNeighbors(EdgeDirection.Either).collect
```

```
scala> graph.collectNeighbors(EdgeDirection.Out).collect
res5: Array[(org.apache.spark.graphx.VertexId, Array[(org.apache.spark.graphx.
VertexId, (String, Int))])] = Array((4,Array()), (6,Array()), (2,Array((1,(Ali
ce,28)))), (1,Array()), (3,Array((2,(Bob,27)), (2,(Bob,27)), (6,(Fran,50)))),
(5,Array((3,(Charlie,65)), (6,(Fran,50)))))

scala> graph.collectNeighbors(EdgeDirection.In).collect
res6: Array[(org.apache.spark.graphx.VertexId, Array[(org.apache.spark.graphx.
VertexId, (String, Int))])] = Array((4,Array()), (6,Array((3,(Charlie,65)), (5
,(Ed,55)))), (2,Array((3,(Charlie,65)), (3,(Charlie,65)))), (1,Array((2,(Bob,2
7)))), (3,Array((5,(Ed,55)))), (5,Array()))

scala> graph.collectNeighbors(EdgeDirection.Either).collect
res7: Array[(org.apache.spark.graphx.VertexId, Array[(org.apache.spark.graphx.
VertexId, (String, Int))])] = Array((4,Array()), (6,Array((3,(Charlie,65)), (5
,(Ed,55)))), (2,Array((3,(Charlie,65)), (1,(Alice,28)), (3,(Charlie,65)))), (1
,Array((2,(Bob,27)))), (3,Array((2,(Bob,27)), (5,(Ed,55)), (2,(Bob,27)), (6,(F
ran,50)))), (5,Array((3,(Charlie,65)), (6,(Fran,50)))))
```

图 7-28　collectNeighbors()方法示例

（2）collectNeighborIds()

collectNeighborIds()方法的使用方式与 collectNeighbors()方法的使用方式一致，但 collectNeighborIds()方法只返回顶点 ID，不返回顶点属性，如图 7-29 所示。

```
scala> graph.collectNeighborIds(EdgeDirection.Out).collect
res8: Array[(org.apache.spark.graphx.VertexId, Array[org.apache.spark.graphx.V
ertexId])] = Array((4,Array()), (6,Array()), (2,Array(1)), (1,Array()), (3,Arr
ay(2, 2, 6)), (5,Array(3, 6)))

scala> graph.collectNeighborIds(EdgeDirection.In).collect
res9: Array[(org.apache.spark.graphx.VertexId, Array[org.apache.spark.graphx.V
ertexId])] = Array((4,Array()), (6,Array(3, 5)), (2,Array(3, 3)), (1,Array(2))
, (3,Array(5)), (5,Array()))

scala> graph.collectNeighborIds(EdgeDirection.Either).collect
res10: Array[(org.apache.spark.graphx.VertexId, Array[org.apache.spark.graphx.
VertexId])] = Array((4,Array()), (6,Array(3, 5)), (2,Array(3, 1, 3)), (1,Array
(2)), (3,Array(2, 5, 2, 6)), (5,Array(3, 6)))
```

图 7-29　collectNeighborIds()方法示例

（3）aggregateMessages()

图分析任务的关键步骤之一是汇总每个顶点附近的信息。aggregateMessages()方法是 GraphX 中的核心聚合操作，主要功能是向其他顶点发消息，聚合每个顶点收到的消息，返回 VertexRDD[A]类型的结果，A 为某种数据类型。aggregateMessages()方法使用的语法格式如下。

```
def aggregateMessages[Msg: ClassTag](
    sendMsg: EdgeContext[VD, ED, Msg] => Unit,
    mergeMsg: (Msg, Msg) => Msg,
    tripletFields: TripletFields = TripletFields.All)
```

在 aggregateMessages()方法中，会将用户定义的 sendMsg 函数应用到图的每个边三元组，并对其目标点应用 mergeMsg 函数聚合数据。具体过程如下。

① 将 sendMsg 函数看作 Hadoop 的 MapReduce 过程中的 Map 阶段，负责向邻边发消息。函数的左侧为每个边三元组，包括边的起点、目标点、属性，以及起点的属性和目标点的属性；右侧为需要发送的顶点类型以及发送的信息。对每一个三元组的起点和目标点中的至少一个顶点发送一个或多个消息，对应方法为 sendToSrc()和 sendToDst()。

② 将用户自定义的 mergeMsg 函数应用于每一个顶点，对 sendMsg 过程中发送到各顶点的数据进行合并。合并的函数的运行原理是将发送的两个消息合并为一个消息后再加入一个新的消息，与之前得到的消息进行合并，直至所有消息处理完毕。可以将 mergeMsg 函数看作 MapReduce 过程中的 Reduce 阶段。

③ TripletFields 参数可指出哪些数据将被访问，有 3 种可选择的值，即 TripletFields.Src、TripletFields.Dst 和 TripletFields.All，分别表示源顶点特征、目标点特征和两者同时。因此 TripletFields 参数的作用是通知 GraphX 仅仅需要 EdgeContext 的一部分参与计算，TripletFields 是一个优化的连接策略。

例如，通过 aggregateMessages()方法计算每个用户的追随者（即边的起点）的平均年龄，在 sendMsg 阶段对每一个目标点发送起点的 age 属性值以及一个计数值 1，在 mergeMsg 阶段统计 age 总值和计数总值，再将返回值的每个顶点对应的年龄总值与计数总值相除，求出每个顶点的追随者平均年龄（这里假定追随者至少有一个），如代码 7-30 所示，结果如图 7-30 所示。

代码 7-30　aggregateMessages()方法示例

```
val olderFollowers = graph.aggregateMessages[(Int, Int)] (
    triplet => {triplet.sendToDst((1, triplet.srcAttr._2))},
    (a,b)=>(a._1 + b._1, a._2 + b._2),
    TripletFields.All)
val avgAgeOfOlderFollowers: VertexRDD[Double] =
    olderFollowers.mapValues((id, value) => value match {
    case (count, totalAge) => totalAge / count.toDouble} )
avgAgeOfOlderFollowers.collect.foreach(println(_))
```

```
scala> val olderFollowers=graph.aggregateMessages[(Int,Int)](
     | triplet => {
     | triplet.sendToDst((1,triplet.srcAttr._2))
     | },
     | (a,b)=>(a._1+b._1,a._2+b._2),
     |       TripletFields.All)
olderFollowers: org.apache.spark.graphx.VertexRDD[(Int, Int)]
107] at RDD at VertexRDD.scala:57

scala> val avgAgeOfOlderFollowers: VertexRDD[Double] =
     | olderFollowers.mapValues( (id, value) => value match {
alAge) => totalAge / count.toDouble} )
avgAgeOfOlderFollowers: org.apache.spark.graphx.VertexRDD[Doub
mpl[109] at RDD at VertexRDD.scala:57

scala> avgAgeOfOlderFollowers.collect.foreach(println(_))
(6,60.0)
(2,65.0)
(1,27.0)
(3,55.0)
```

图 7-30　aggregateMessages()方法示例

（4）joinVertices()

joinVertices()方法用于连接其他顶点，将其他顶点的顶点信息与图中的顶点信息处理后，更新图的顶点信息。其返回值的类型是图结构顶点属性的类型，顶点个数不能新增，也不可以减少，即不能改变原始图结构顶点属性的类型和个数。

将外部存放顶点的 RDD 与图进行连接，对应于图结构中的某些顶点，若 RDD 中无对应的属性，则保留图结构中原有属性值，不进行任何改变。

对应于图结构中某些顶点，若 RDD 中对应的值不只一个，则只有最后一个值在进行连接操作时起作用。这种情况下，可以选择先对顶点 RDD 进行处理，确保顶点不重复。

例如，通过 aggregateMessages()方法发送信息"1"给每个边的目标点，再使用 joinVertices()方法计算追随者的人数，结果会生成多个顶点。将顶点与图中的顶点进行连接，将值加入图对应顶点的年龄属性中，如代码 7-31 所示。

代码 7-31　joinVertices()方法示例

```
val energys = graph.aggregateMessages[Int] (
    triplet => triplet.sendToDst(1), (a,b) => a + b)
val energys_name = graph.joinVertices(energys){
    case(id, (name, age), energy) => (name, age + energy)
}
```

由于每个节点的追随者人数不一样，因此连接后的数据中的年龄都有不同程度的增长，如图 7-31 所示。

```
scala> val energys = graph.aggregateMessages[Int] (
     |    triplet => triplet.sendToDst(1), (a,b) => a + b)
energys: org.apache.spark.graphx.VertexRDD[Int] = VertexRDDImpl[52] at RDD at VertexRDD.s
cala:57

scala> energys.collect
res11: Array[(org.apache.spark.graphx.VertexId, Int)] = Arr
ay((6,2), (2,2), (1,1), (3,1))

scala> val energys_name = graph.joinVertices(energys){
     |    case(id, (name, age), energy) => (name, age + energy)
     | }
energys_name: org.apache.spark.graphx.Graph[(String, Int),Int] = org.apache.spark.graphx.
impl.GraphImpl@464172fe

scala> energys_name.vertices.collect.foreach(println(_))
(4,(David,42))
(6,(Fran,52))
(2,(Bob,29))
(1,(Alice,29))
(3,(Charlie,66))
(5,(Ed,55))
```

图 7-31　joinVertices()方法示例

（5）outerJoinVertices()

与使用 joinVertices()方法的不同之处在于，使用 outerJoinVertices()方法后，顶点属性更新后的类型和个数可以与原先图中顶点属性的类型和个数不同。在 outerJoinVertices()方法中，使用者可以随意定义想要的返回类型，从而可以完全改变图的顶点属性的类型和个数。

例如，将图 7-30 计算得到的追随者平均年龄添加至对应顶点属性中，即增加了顶点属性的个数，如代码 7-32 所示。

代码 7-32　outerJoinVertices()方法示例

```
val graph_avgAge = graph.outerJoinVertices(avgAgeOfOlderFollowers){
    case(id, (name, age), Some(avgAge)) => (name,age,avgAge)
    case(id, (name, age), None) => (name,age,0)}
```

顶点属性多了追随者平均年龄的属性，如图 7-32 所示。

```
scala> val graph_avgAge=graph.outerJoinVertices(avgAgeOfOlderFollowers){
     | case(id,(name,age),Some(avgAge))=>(name,age,avgAge)
     | case(id,(name,age),None)=>(name,age,0) }
graph_avgAge: org.apache.spark.graphx.Graph[(String, Int, AnyVal),Int] =
pache.spark.graphx.impl.GraphImpl@36ab2c76

scala> graph_avgAge.vertices.collect.foreach(println(_))
(4,(David,42,0))
(6,(Fran,50,60.0))
(2,(Bob,27,65.0))
(1,(Alice,28,27.0))
(3,(Charlie,65,55.0))
(5,(Ed,55,0))
```

图 7-32　outerJoinVertices()方法示例

任务7.3　统计网页价值排名前 10 的网页

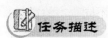任务描述

为探究某资讯网站内网页的热度和内容相关性，需要构建网页结构图，并使用图计算的方法实现网页排名。本节的任务是根据某资讯网站数据，使用 Spark GraphX 构建出网页结构图，并使用 GraphX 内置的 PageRank 算法计算网页得分，根据网页得分降序排序找出排名前 10 的网页。

7.3.1　构建网页结构图

目前所获得的某资讯网站数据有两份。一份是网页信息数据 news_vertices.csv，可作为图的顶点数据。另一份数据是网页之间的链接关系数据 news_edges.csv，可作为图的边数据。构建网页结构图的具体实现过程如下。

（1）将两份数据上传至 HDFS 中，如代码 7-33 所示。

代码 7-33　将数据上传到 HDFS

```
hdfs dfs -put news_vertices.csv /user/root
hdfs dfs -put news_edges.csv /user/root
```

（2）在 spark-shell 中导入构建图所需要的包，如代码 7-34 所示。

代码 7-34　导入构建图所需要的包

```
import org.apache.spark._
import org.apache.spark.graphx._
import org.apache.spark.rdd.RDD
```

（3）读取 news_vertices.csv 文件的数据，并选择第 1 个和第 3 个数据字段（即自定义的网页简化 ID 和网页类型）作为顶点，读取 news_edges.csv 文件的数据作为边，再利用顶点和边进行构图，如代码 7-35 所示。

代码 7-35　构建网页结构图

```
# 读取 news_vertices.csv 的数据构建顶点
val vertice = sc.textFile("/user/root/news_vertices.csv").map(
    line => {val data = line.split(","); (data(0).toLong, data(2))})
# 读取 news_edges.csv 的数据构建边
val edge = sc.textFile("/user/root/news_edges.csv").map(
    line => {val data = line.split(",");
    Edge(data(0).toLong, data(1).toLong, "连接")})
# 创建图，并进行缓存
val graph = Graph(vertice, edge).cache()
```

7.3.2　计算网页得分

PageRank 的基本思想为：如果一个网页被很多其他网页链接到，那么说明这个网页比较重要，其 PageRank 值也会相对较高；如果一个 PageRank 值很高的网页链接到其他的网页，那么被链接的网页的 PageRank 值也会相应提高。PageRank 算法分为静态和动态两种调用方式，静态调用提供一个参数 number，用于指定迭代次数，无论结果如何，PageRank 算法将在达到指定的迭代次数后停止计算，返回图结果。动态调用提供一个参数 tol，用于指定前后两次迭代的结果的差值范围，达到最终收敛的效果时才停止计算，返回图结果。现已构建了网页结构图，可以使用 GraphX 内置的 PageRank 算法计算每个网页的得分，以此确定网页结构图中顶点（网页）的重要性。将使用的 PageRank 算法设置为动态调用，并设置参数为 "0.001"，如代码 7-36 所示。

代码 7-36　计算网页得分

```
# 计算网页得分
val web_rating = graph.pageRank(0.001)
# 查看网页得分
web_rating.vertices.collect.foreach(println(_))
```

结果如图 7-33 所示，得到部分网页 ID 对应的网页的得分。

7.3.3　找出排名前 10 的网页

在图 7-33 所示的网页得分结果中，网页的得分是乱序的，还需要进行排序后才能直观地看到网页的排名。为了统计网页排名，需要根据网页得分结果对网页进行降序排序，再取出排名前 10 的网页，实现过程如下。

（1）获取代码 7-36 所示的网页得分图 web_rating 的顶点，顶点包含自定义的简化的网页 ID 和网页得分，使用 outerJoinVertices()

```
(16047,0.8672921042625714)
(19557,0.7520891259296787)
(14127,1.7086621982589292)
(19887,0.8109314040714536)
(20065,0.9642957126616932)
(8051,0.37186179842992056)
(10611,0.4520593129545218)
(14677,1.1324304609719718)
(22143,1.6103994843673037)
(8621,0.6932656593440176)
```

图 7-33　部分网页得分结果

方法根据 web_rating 的顶点与图 graph 进行连接，创建一个新图 graph_score，如代码 7-37 所示。

代码 7-37　根据顶点连接 web_rating 和 graph

```
# 取出图的顶点
val web_score = web_rating.vertices
# 连接顶点属性和得分，构建新图
val graph_score = graph.outerJoinVertices(web_score) {
    case (id, title, Some(score)) => (title, score)
    case (id, title, None) => (title, 0.0)}
# 查看新图的顶点和边
graph_score.vertices.collect.foreach(println(_))
graph_score.edges.collect.foreach(println(_))
```

graph_score 的顶点数据为"(网页 ID,(网页类型,网页得分))"的形式，如图 7-34 所示。graph_score 的边则不变，如图 7-35 所示。

（2）获取图 graph_score 的顶点属性并按照网页得分对网页进行降序排列，查询出网页得分排名前 10 的网页，如代码 7-38 所示，结果如图 7-36 所示。

代码 7-38　查询网页得分排名前 10 的网页

```
# 排名 Top10 的网页
graph_score.vertices.sortBy(_._2._2, false).take(10).foreach(println)
```

```
(16047,(社区论坛,0.8672921042625714))
(19557,(教育文化,0.7520891259296787))
(14127,(人才招聘,1.7086621982589292))
(19887,(新闻媒体,0.8109314040714536))
(20065,(教育文化,0.9642957126616932))
(8051,(新闻媒体,0.37186179842992056))
(10611,(社区论坛,0.4520593129545218))
(14677,(社区论坛,1.1324304609719718))
(22143,(新闻媒体,1.6103994843673037))
(8621,(新闻媒体,0.6932656593440176))
```
图 7-34　顶点的结果

```
Edge(22464,14438,连接)
Edge(22464,18876,连接)
Edge(22464,18892,连接)
Edge(22464,18927,连接)
Edge(22464,20810,连接)
```
图 7-35　边的结果

```
(21729,(社区论坛,118.82647469574889))
(22208,(社区论坛,67.07808425317218))
(21781,(教育文化,56.38006588391629))
(22440,(社区论坛,55.196479225943655))
(22057,(社区论坛,47.9951500185153))
(22438,(新闻媒体,47.80753050318886))
(22329,(社区论坛,46.990068811825594))
(20415,(新闻媒体,42.76011120365531))
(22403,(新闻媒体,36.517573047930824))
(21955,(教育文化,36.19173067115696))
```
图 7-36　排名前 10 的网页

7.3.4　任务实现

在 7.3.1～7.3.3 小节中，已在 spark-shell 中分步实现构建网页结构图、计算网页得分并找出排名前 10 的网页的操作。为模拟真实的生产环境，将在 IntelliJ IDEA 中编写 Spark 程序对 7.3.1～7.3.3 小节的实现代码进行封装，再将 Spark 程序打包，在 Linux 中使用 spark-submit 提交并运行程序，最后在 HDFS 中查看结果，具体实现过程如下。

实现网页价值
排名前 10

（1）启动 IntelliJ IDEA，新建一个 Spark 工程，并在该工程的 src 目录下新建一个单例对象，命名为 PageRank。

（2）在 PageRank 中编写代码，构建网页结构图并计算网页得分，实现网页价值排名，如代码 7-39 所示。

代码 7-39　实现网页价值排名

```
import org.apache.spark.{SparkConf, SparkContext}
import org.apache.spark.graphx.{Edge, Graph, VertexId, VertexRDD}
```

```scala
import org.apache.spark.rdd.RDD

object PageRank {
  def main(args: Array[String]): Unit = {
    val conf = new SparkConf().setAppName("PageRank")
    val sc = new SparkContext(conf)
    // 创建顶点
    val vertice: RDD[(Long, String)] = sc.textFile(
      "/user/root/news_vertices.csv")
      .map(line => {
        val data = line.split(",")
        (data(0).toLong, data(2))
      })

    // 创建边
    val edge: RDD[Edge[String]] = sc.textFile("/user/root/news_edges.csv")
      .map(line => {
        val data = line.split(",")
        Edge(data(0).toLong, data(1).toLong, "连接")
      })
    // 创建图
    val graph = Graph(vertice, edge).cache()
    // 调用 PageRank 算法计算网页得分
    val web_rating: Graph[Double, Double] = graph.pageRank(0.001).cache()
    //得到一个图，取出图的顶点
    val web_score: VertexRDD[Double] = web_rating.vertices
    // 连接顶点属性和得分
    val graph_score: Graph[(String, Double), String] = graph.outerJoinVertices(
      web_score) {
      case (id, title, Some(score)) => (title, score)
      case (id, title, None) => (title, 0.0)
      }
    // 获取图的顶点属性，根据网页得分降序排序
    val Top10: Array[(VertexId, (String, Double))] =
    graph_score.vertices.sortBy(_._2._2, false).take(10)
    //  Top10.foreach(println)
    // 保存结果
```

```
sc.makeRDD(Top10).repartition(1).saveAsTextFile("hdfs://master/user/root/
    Top10")
    sc.stop()
  }
}
```

（3）将程序编译打包，并命名为 page.jar。

（4）将 page.jar 包上传至 Linux 的/opt 目录下。进入 Spark 安装目录的/bin 目录下，使用 spark-submit 提交 Spark 程序，如代码 7-40 所示。

代码 7-40　使用 spark-submit 提交程序

```
# 使用 spark-submit 提交程序
./spark-submit --master spark://master:7077 --class PageRank /opt/page.jar
```

（5）在 HDFS 上查看排名前 10 的网页，如图 7-37 所示。

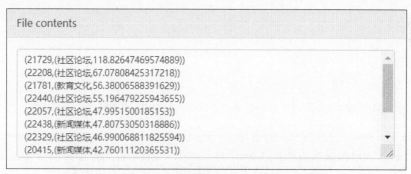

图 7-37　在 HDFS 上查看排名前 10 的网页（部分）

小结

本章首先介绍了图与图计算的基本概念，其次结合任务描述，介绍了 Spark GraphX 图计算框架的基础概念和发展历程，再重点介绍 Spark GraphX 基本操作，最后结合网页相关数据，使用 Spark GraphX 统计网页价值排名前 10 的网页，使读者对 Spark GraphX 的基本操作及使用其解决实际问题有更加深入的理解。

实训

实训 1　使用 Spark GraphX 实现家庭关系网络图构建及查询

1．训练要点

（1）掌握 GraphX 创建图的方法。

（2）掌握 GraphX 查询图的边和顶点方法。

2．需求说明

和谐家庭是构建和谐社会的基石，家庭关系分析适合用图计算完成。本项目中家庭关系网络图以图的形式描述家庭中每代人之间的血亲关系和婚姻关系。现根据某个家庭关系网络图得到了两份文件，vertices.txt 和 edges.txt。vertices.txt 为顶点数据文件，表示家庭人物的基本信息，包含顶点 ID、姓名和年龄共 3 个数据字段，如表 7-13 所示。edges.tx 为边数据文件，表示两个人物之间的家庭关系，包含两个人物的顶点 ID 和人物关系共 3 个数据字段，如表 7-14 所示。

表 7-13　vertices.txt 顶点数据

1 Ben 58
2 Lucy 30
3 Tom 33
4 Alice 28
5 Paul 6
6 Bruce 8

表 7-14　edges.txt 边数据

1 3 father
4 1 daughter
3 2 husband
3 5 father
3 6 father
6 5 brother

为了能够进一步理解该家庭的人物关系，使用 Spark GraphX 构建家庭关系网络图，并查询图中年龄大于 30 的顶点和属性是"father"的边。

3. 实现思路及步骤

（1）读取 vertices.txt 文件的数据，设置顶点。以空格分割，将数据转化成(顶点 ID,(姓名,年龄))的形式，其中顶点 ID 转换成 Long 类型，年龄转换成 Int 类型。

（2）读取 edges.txt 文件的数据，设置边。以空格分割，将两个顶点 ID 转换成 Long 类型。

（3）使用 filter()方法查找年龄大于 30 的顶点。

（4）使用 filter()方法查找属性是"father"的边。

实训 2　使用 Spark GraphX 统计最具影响力用户

1. 训练要点

（1）掌握 GraphX 基本操作。

（2）掌握 GraphX pregel()方法。

2. 需求说明

某社交网站经过几年的运营，积累了非常多的用户，访问量也非常庞大。用户的粉丝数在一定程度上可以体现该用户的影响力。现有一份该社交网站用户关系数据文件

graph-data.txt，记录某个时间节点下的用户关系，数据如表 7-15 所示，每一条数据有 3 对括号，最外层括号内的每个括号里包含 2 个数据，分别代表用户名和用户编号，且第 2 个用户是的第 1 个用户的粉丝。

表 7-15　某社交网站用户关系部分数据

((User47,86566510),(User83,15647839))

((User47,86566510),(User42,197134784))

((User89,74286565),(User49,19315174))

((User16,22679419),(User69,45705189))

((User37,14559570),(User64,24742040))

((User31,63644892),(User10,123004655))

((User10,123004655),(User50,17613979))

((User37,14559570),(User11,14269220))

((User78,3365291),(User30,93905958))

((User14,199097645),(User60,16547411))

为了进行用户影响力分析，需要使用 Spark GraphX 构建用户社交网络图，并统计出最具影响力的用户及其粉丝数。

3．实现思路及步骤

（1）读取 graph-data.txt 文件的数据，使用 map()方法根据"，"分割数据，选出每一条记录的第 1 个数据和第 2 个数据，使用 replace()方法将分割后的第 1 个数据的"(("和第 2 个数据的")"替换为" "，最后形成"(用户编号.toLong,用户名)"的形式。

（2）读取 graph-data.txt 文件的数据，使用 map()方法根据"，"分割数据，选出第 3 个数据和第 4 个数据，使用 replace()方法将分割后的第 3 个数据的"("和第 4 个数据的"))"替换为" "，最后形成"(用户编号.toLong,用户名)"的形式。

（3）使用 union()方法对步骤（1）和步骤（2）的结果进行拼接，形成图的顶点数据。

（4）读取 graph-data.txt 数据文件，使用 map()方法根据"，"分割数据，选出第 2 个数据和第 4 个数据，再使用 replace()方法将分割后的第 2 个数据的")"和第 4 个数据的"))"替换为" "，并转换成长整数，最后构造的图边数据为"(用户编号 1,用户编号 2,follow)"。

（5）使用步骤（3）和步骤（4）的顶点数据和边数据构建图。

（6）使用图的 pregel()方法，根据用户编号将每个用户的粉丝用户迭代聚合，形成子图。子图的顶点数据为"(用户编号,(用户名 1,,用户名 2,,用户名 3,,…,,用户名 n))"。

（7）使用 map()方法对子图的顶点数据的第 2 个位置数据根据"，"进行分割，并在去重后获取数量，转换成"(vertex._1, vertex._2.split(",").distinct.length))"的形式。

（8）重写 max()方法，将步骤（7）转换后的子图顶点数据与第 2 个位置的数据进行比较，筛选出粉丝数最多的用户编号。

（9）使用 filter()方法，根据步骤（8）所得到的粉丝数最多的用户编号筛选出该顶点的用户名。

（10）将步骤（9）得到的最具影响力用户名和步骤（8）得到的对应粉丝数输出。

课后习题

1. 选择题

（1）关于 Spark GraphX 的图概念，以下说法错误的是（　　）。

    A. Spark GraphX 里的图并不是图片，而是数据结构中的图结构类型

    B. 图的结构通常表示为 G(V, E)，G 代表一个图，V 是顶点集合，E 是边的集合

    C. 图是一种非线性结构，可以包含多个前驱和后继

    D. 在图结构中，元素之间的关系不是任意的，顶点间的连接有固定的数量限制

（2）假设现在有顶点数据集 vertices 以及边数据集 edges，以下创建图的方法使用正确的是（　　）。

    A. g = Graph(edges, 1, vertices)　　　　B. g = Graph(vertices, 1, edges)

    C. g = Graph(vertices, edges)　　　　　D. g = Graph(edges, 1, vertices)

（3）下列选项中，（　　）方法可以查询顶点个数。

    A. numVertices　　　　　　　　　　　B. numEdges

    C. Vertices　　　　　　　　　　　　　D. edges

（4）下列关于度分布计算的说法正确的是（　　）。

    A. Degrees：返回每个顶点的度数　　　B. inDegrees：计算每个顶点的入度数

    C. outDegrees：计算每个顶点的入度数　D. degree：返回每个顶点的度数

（5）下列选项中，关于创建图的方法描述错误的是（　　）。

    A. Graph()：根据顶点数据和边数据创建图，适用于有顶点数据和边数据的情况

    B. jGraph.fromEdges()：根据边数据创建图，需要将数据转换成 RDD[Edge[ED]] 类型

    C. Graph.fromEdgeTuples()：根据边数据创建图，边数据需要加载为二元组

    D. Graph.fromVertices()：根据顶点数据创建图

（6）在 Spark GraphX 的关联聚合方法中，能够将顶点信息更新到图中，且顶点属性的个数和类型不可变的是（　　）。

    A. joinVertices()　　　　　　　　　　B. outerJoinVertices()

    C. aggregateMessages()　　　　　　　D. collectNeighborsIds()

（7）关于 Spark GraphX 的数据转换方法，下列选项中能对边和顶点进行转换操作的方法是（　　）。

    A. mapVertices()　　　　　　　　　　B. mapEdges()

    C. mapTriplets()　　　　　　　　　　D. mapVerticesAndEdges()

（8）关于 Spark GraphX 的结构转换方法，下列选项中描述错误的是（　　）。

    A. reverse：反转图中所有边的方向

    B. subgraph()：按照设定条件取出子图

    C. mask()：取两个图的公共顶点和边作新图，并保持后一个图顶点与边的属性

    D. groupEdges()：合并相同边的属性

（9）下列选项中（　　　）方法不能释放图的缓存。

  A．Graph.unpersist()　　　　　　　　B．Graph.unpersistVertices()

  C．Graph.unpersistEdges()　　　　　　D．Graph.edges.unpersist()

（10）Spark GraphX 的 collectNeighbors()方法，只需要输入一个参数 EdgeDirection，以下选项中关于传入参数 EdgeDirection 的说法正确的是（　　　）。

  A．EdgeDirection.In：只收集以该顶点作为起点、以该点作为目标点的邻居顶点的顶点 ID 和顶点信息

  B．EdgeDirection.Out：只收集以邻居顶点作为起点、以邻居顶点作为目标点的邻居顶点的顶点 ID 和顶点信息

  C．EdgeDirection.Out：只收集以该顶点作为起点、以该顶点作为目标点的邻居顶点的顶点 ID 和顶点信息

  D．EdgeDirection.In：只收集以邻居顶点作为起点、以该点作为目标点的邻居顶点的顶点 ID 和顶点信息

2．操作题

金庸，是我国武侠小说"四大宗师"之一。"飞雪连天射白鹿，笑书神侠倚碧鸳"说的便是金庸的 14 部作品。在他的笔下，侠客们锄强扶弱的率性奔放之中，往往饱含深深的爱国之情。其中"射"指的是《射雕英雄传》。现已整理出了小说《射雕英雄传》中的人物、武器和武功秘籍的信息，共有两份数据文件，hero.txt 和 hero_weapon.txt。hero.txt 文件包含两个数据字段，分别表示顶点 ID 和顶点属性，顶点属性可能为人物、武器或武功秘籍，部分数据如表 7-16 所示。hero_weapon.txt 文件包含两个字段，第一个字段表示人物对应的顶点 ID，第二个字段表示武器或武功秘籍对应的顶点 ID，部分数据如表 7-17 所示。

表 7-16　hero.txt 部分数据

1029 简长老
1059 沙通天
1034 黎生
1040 陆乘风
1120 东邪
1014 博尔忽
1121 岛主
1127 老叫花
1073 王重阳
1082 尹志平

表 7-17　hero_weapon.txt 部分数据

1022 4012
1079 4004
1022 4012

续表

1079	4004
1079	4004
1079	4004
1079	4004
1053	4004
1079	4004
1022	4004

为探究《射雕英雄传》各人物所使用的武器和武功秘籍，请使用 Spark GraphX 编程，完成以下需求。

（1）边数据文件中含有重复数据记录，需要删除重复数据。

（2）根据顶点数据和去重后的边数据构建人物属性图。

（3）查找出"丘处机"的武器和武功秘籍。

第 8 章　Spark MLlib——功能强大的算法库

素养目标

（1）通过分析网络安全攻击类型项目背景培养网络安全意识。
（2）通过使用算法库提供的算法培养知识分享精神与版权意识。

学习目标

（1）了解机器学习的概念及常用算法。
（2）了解 MLlib 的概念与发展历史。
（3）熟悉 MLlib 调用算法时所需的数据类型格式。
（4）掌握 MLlib 中机器学习算法的调用。
（5）掌握 MLlib 中模型评估方法的调用。

任务背景

　　互联网的蓬勃发展为人们的工作和生活提供了极大便利，但随着现代化网络应用的普及，导致网络不安全的因素也越来越多，这些因素对网络信息安全构成了严峻的挑战。传统的网络安全技术已经很难应对日益严重的网络安全威胁，但网络不是法外之地，全面依法治国是国家治理的一场深刻革命，关系党执政兴国，关系人民幸福安康，关系党和国家长治久安，因此，开发专门的网络安全检测工具以预防不安全因素的攻击是非常有必要的。

　　如今的网络攻击手段大致分为 4 种类型，分别为 DoS 攻击、Probing 扫描攻击、R2L攻击和 U2R 攻击，具体说明如表 8-1 所示。

表 8-1　网络攻击类型及说明

攻击类型	攻击方式说明
DoS 攻击	拒绝服务攻击，即攻击者想办法让目标主机无法继续对外提供服务。究其根本，这是网络协议本身的安全缺陷造成的。攻击方式主要是对目标主机发送大量无用或畸形数据、利用 TCP 连接三次握手原理的缺陷等方式，浪费目标主机系统资源，直至其死机或系统崩溃。包括 SYN Flood、Smurf、Ping of Death、Teardrop 以及 DDoS 等
Probing 扫描攻击	通过利用正常网络的连线行为，搜索目标主机的安全弱点，非法取得权限
R2L 攻击	来自远程主机的未授权访问攻击，在这种情况下，攻击者采用远程攻击的方式获得目标对象访问权限
U2R 攻击	未授权的本地 root 用户特权访问，是指攻击者在获得用户权限的情况下，利用操作系统的漏洞以获取更高权限

在某一局域网内，有记录了不同用户类型、网络流量和攻击手段的网络监测数据，数据共包含 31 个数据字段，具体说明如表 8-2 所示。

表 8-2　网络监测数据字段说明

字段名称	说明
duration	连接持续时间，以秒为单位。范围是[0,58329]。它的定义是从 TCP 连接以三次握手建立算起，至 FIN/ACK 连接结束为止的时间。若协议为 UDP，则将每个 UDP 数据包作为一条连接
protocol_type	协议类型，共有 3 种，即 TCP、UDP、ICMP
flag	连接正常或错误的状态，共 11 种
src_bytes	从源主机到目标主机的数据的字节数，范围是[0,1379963888]
dst_bytes	从目标主机到源主机的数据的字节数，范围是[0,1309937401]
land	若连接来自（或送达）同一个主机或端口则为 1，否则为 0
wrong_fragment	错误分段的数量，范围是[0,3]
urgent	加急包的个数，范围是[0,14]
hot	访问系统敏感文件和目录的次数，范围是[0,101]
num_failed_logins	登录尝试失败的次数，范围是[0,5]
logged_in	成功登录则为 1，否则为 0
num_compromised	受威胁次数，范围是[0,7479]
root_shell	是否获得 root 用户权限，若是则为 1，否则为 0
su_attempted	若出现"su root"命令则为 1，否则为 0
num_root	root 用户访问次数，范围是[0,7468]
num_file_creations	文件创建操作的次数，范围是[0,100]
num_shells	使用 Shell 命令的次数，范围是[0,5]
num_access_files	访问控制文件的次数，范围是[0,9]
is_hot_login	登录用户是否为常用用户，若是则为 1，否则为 0
is_guest_login	登录方式是否为客户端登录，若是则为 1，否则为 0
count	过去两秒内，与当前连接具有相同的目标主机的连接数，范围是[0,511]
srv_count	过去两秒内，与当前连接具有相同服务的连接数，范围是[0,511]
serror_rate	过去两秒内，在与当前连接具有相同目标主机的连接中，出现"SYN"错误的连接的比例，范围是[0.00,1.00]
srv_serror_rate	过去两秒内，在与当前连接具有相同服务的连接中，出现"SYN"错误的连接的比例，范围是[0.00,1.00]
rerror_rate	过去两秒内，在与当前连接具有相同目标主机的连接中，出现"REJ"错误的连接的比例，范围是[0.00,1.00]
srv_rerror_rate	过去两秒内，在与当前连接具有相同服务的连接中，出现"REJ"错误的连接的比例，范围是[0.00,1.00]
same_srv_rate	过去两秒内，在与当前连接具有相同目标主机的连接中，与当前连接具有相同服务的连接的比例，范围是[0.00,1.00]

续表

字段名称	说明
diff_srv_rate	过去两秒内，在与当前连接具有相同目标主机的连接中，与当前连接具有不同服务的连接的比例，范围是[0.00,1.00]
srv_diff_host_rate	过去两秒内，在与当前连接具有相同服务的连接中，与当前连接具有不同目标主机的连接的比例，范围是[0.00,1.00]
label	包含 1 种正常的标识"normal"和其他 22 种网络攻击方式标识
attack_type	根据 label 列将网络数据划分为 5 种类型，分别为正常标签 Normal 和 4 种常见的网络攻击类型

　　网络安全检测如果靠人工来进行，会耗费大量的时间与精力，考虑到网络监测数据的数据量，本章将使用 Spark MLlib 建立分类模型以识别网络攻击类型。

　　本章首先介绍机器学习的概念及常见的机器学习算法，再由此引入 Spark MLlib 的介绍，包括 MLlib 的基本概念、发展历史、常用算法和算法包的使用、模型评估方法的调用，最后结合网络监测数据实例，在 IntelliJ IDEA 中使用 Spark MLlib 实现网络攻击类型的识别。

任务 8.1　了解 MLlib 算法库

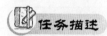 任务描述

　　Spark MLlib 是 Spark 提供的一个机器学习算法库，包含一些机器学习常用的算法和处理工具。本节的任务是对机器学习的相关概念进行简单介绍，再介绍 Spark MLlib 的概念及其发展历史，并结合 Spark 安装包中提供的示例数据，对 MLlib 中的算法与算法包进行基本的调用。

8.1.1　了解机器学习算法

　　机器学习是人工智能的一个重要分支，也是实现人工智能的一个重要途径。在 20 世纪中期，机器学习成为计算机科学领域中一个重要的研究课题，现已发展为一门多领域交叉学科，涉及概率论、统计学、逼近论、凸分析、计算复杂性理论等。

1. 机器学习概念

　　机器学习指的是让机器能像人一样有学习、理解、认识的能力。例如，在医疗诊断中，如果计算机能够对大量的癌症治疗记录进行归纳和总结，并给医生提出适当的建议，那么对于病人的康复将有重大的意义。

　　机器学习主要研究的是如何在经验学习中改善具体算法的性能。机器学习的过程是：通过计算机对历史数据的规律或以往经验进行学习并构建算法模型，再对模型进行评估，评估的性能如果达到要求，那么该模型即可用于测试其他的数据；如果达不到要求，那么需要调整算法重新建立模型，再次进行评估，如此循环，直到获得达到要求的算法模型。

　　机器学习可以分为监督学习、无监督学习、半监督学习 3 种。监督学习的训练数据是有标签的，即已经能够确定所给数据集的类别。半监督学习针对的是数据量超级大但是标签数据很少或者标签数据不易获取的情况。无监督学习与监督学习相反，训练数据完全没有标签，

只能依靠数据间的相似性进行分类，如广泛使用的 K-Means 算法即属于无监督学习算法。

2. 机器学习常用算法

机器学习是很多重要学科或领域的支撑，机器学习的算法很多，常用的主要有以下几种。

（1）回归算法

回归算法有两个重要的子类：线性回归和逻辑回归。线性回归是指根据已有数据拟合曲线，常采用的方法是最小二乘法。逻辑回归是一种与线性回归非常类似的算法，但是线性回归处理的是数值问题，而逻辑回归属于分类算法，预测结果是离散的分类。

（2）分类算法

分类与预测是机器学习的重点。分类算法属于监督学习算法，通过有类别标签的训练数据对模型进行训练和评估，再根据评估后的模型对未知类别数据进行分类，主要有 KNN 算法、朴素贝叶斯算法、SVM（Support Vector Machine，支持向量机）、逻辑回归、决策树、随机森林等。

（3）聚类算法

聚类是一种无监督学习算法，用于将对象分到高度相似的类中。常用的聚类算法有 K-Means、层次聚类，比较少见的有 SOM 算法、FCM 算法。FCM 算法是一种以隶属度确定每个数据点属于某个聚类的可能性的算法。

（4）推荐算法

目前推荐算法在电商领域（如天猫、京东等）中得到了广泛的运用。推荐算法的主要特征是可以根据用户的历史记录自动向其推荐可能感兴趣的产品或服务，从而提高用户购买率，提升效益。推荐算法有两个主要的类别：一种是协同过滤推荐算法，有基于用户和基于内容两种方式；另一种是基于关联规则的算法，将满足支持度与置信度的多个用户共同购买的商品推荐给买了其中一种或几种的用户。

（5）降维算法

降维算法的主要作用是压缩数据与提升其他机器学习算法的效率。通过降维算法，可以将几千个特征压缩至少量特征。降维算法的主要代表是 PCA 算法，即主成分分析算法。

机器学习的算法非常多，有些算法很难明确归到某一类。而对于同一类别的算法，也需要针对不同类型的问题进行选择。

8.1.2 使用 MLlib

MLlib 介绍

Spark MLlib 封装了多种常用的机器学习算法，通过调用 MLlib 算法包可以快速构建、评估和优化模型。并且由于采用的是分布式并行计算，运行效率更高。

1. MLlib 简介

Spark MLlib 旨在简化机器学习的工程实践工作，使用分布式并行计算实现模型，进行海量数据的迭代计算。MLlib 对数据进行处理的速度远快于普通的数据处理引擎，大幅度提升了运行性能。MLlib 由一些通用的机器学习算法和工具组成，主要包括以下内容。

（1）算法：常用的机器学习算法，如分类、回归、聚类和协同过滤等算法。

（2）特征化工具：对特征进行提取、转化、降维和选择的工具。

（3）管道（Pipeline）工具：用于构建、评估和调整机器学习管道的工具。

（4）实用工具：线性代数、统计、数据处理等工具。

2．MLlib 发展历史

Spark MLlib 发展的历史比较长，1.0 以前的版本提供的算法均是基于 RDD 实现的。Spark MLlib 发展历史主要如下。

0.8 版本时，MLlib 算法库被加入 Spark，但只支持 Java 和 Scala 两种语言。

1.0 版本时，Spark MLlib 支持使用 Python 语言。

自 1.2 版本开始，Spark MLlib 被分为以下两个包。

（1）spark.mllib 包，包含基于 RDD 的算法 API。

（2）spark.ml 包，提供了基于 DataFrame 的算法 API，可以用于构建机器学习工作流。管道弥补了原始 MLlib 库的不足，向用户提供了一个基于 DataFrame 的机器学习工作流式 API 套件。

1.2 以后的版本，对 MLlib 中的算法进行不断地增加和改进。

从 Spark 2.0 开始，基于 RDD 的 API 进入维护模式，即不增加任何新的特性。Spark 官方更推荐使用 spark.ml 包。如果新的算法能够适用于机器学习管道的概念，那么可以将该算法放入 spark.ml 包中。

3．算法与算法包

Spark MLlib 中的算法包很多，主要包含的模块有文本转换、特征变换、聚类、分类、回归、推荐、关联等。每一个模块都含有不同的方法可以调用，具体使用方法如下。

（1）数据类型

在 MLlib 中，对不同算法包的调用都要求了一定的输入数据类型，其中几种常见的基本数据类型如表 8-3 所示。

表 8-3　MLlib 中常见的基本数据类型

数据类型	描述
Vector	数据向量，包括稀疏向量和稠密向量。稠密向量存储向量每一个值。稀疏向量存储非 0 向量，由索引数组和值数组这两个并行数组支持。例如，对于向量(1,0,3)，稠密向量格式表示为[1.0,0.0,3.0]；稀疏向量则表示为(3, [0, 2], [1, 3])，其中 3 是向量的大小，[0,2] 为索引数组，[1,3]为值数组。在使用算法包时，很多算法都要求将数据转化为向量，Vector 向量数据类型可以由 mllib.linalg.Vectors 创建
LabeledPoint	监督学习算法的数据对象，用于表示带标签的数据，包含两个部分：第一个部分为数据的类别标签 label，由一个浮点数表示；第二个部分是一个特征向量 feature，向量通常是 Vector 向量数据类型，向量中的值是 Double 类型。LabeledPoint 数据类型存放在 mllib.regression 中。对于二类分类，标签应该是 0（负）或 1（正）。对于多分类，标签是从 0 开始的索引，即 0、1、2 等
Rating	对产品的评分，用于 ALS 推荐算法。ALS 协同过滤推荐算法所使用的类型，存放在 mllib.recommendation 中，包括用户 ID、商品 ID 和 rating（评分）3 个部分，用户 ID 和商品 ID 要求为 Int 类型数据

（2）特征提取

mllib.feature 中提供了一些常见的特征转化方法，主要用于特征向量化、相关系数计算和数据标准化。

① TF-IDF 算法

TF-IDF（Term Frequency-Inverse Document Frequency）算法是一种将文档转化成特征向量的方法。TF 指的是词频，即该词在文档中出现的次数；IDF 是逆文档概率，是词在文档集中出现的概率，TF 与 IDF 的乘积可以表示该词在文档中的重要程度。

mllib.feature 中有两个算法可以计算 TF-IDF，即 HashingTF 和 IDF。HashingTF 从一个文档中计算出给定大小的词频向量，并且通过哈希法排列词向量的顺序，使词与向量能一一对应。IDF 则可以计算逆文档频率，需要调用 fit() 方法获取一个 IDFModel，表示语料库的逆文档频率，再通过 IDFModel 的 transform() 方法将 TF 向量转换为 IDF 向量。

以一份英文文档为例，数据如表 8-4 所示，一行表示一个文档，要求将文档转换成向量。

表 8-4 tf-idf.txt 文档数据

Hi I heard about Spark
I wish Java could use case classes
Logistic regression models are neat

数据分割成单词后需要序列化。对每一个句子（词袋），使用 HashingTF 转换为特征向量，HashingTF 要求转换的数据为 RDD[Iterable[]] 类型数据，即 RDD 中的每个元素应该是一个可迭代的对象。最后调用 IDF() 方法重新调整特征向量，得到文档转化后的特征向量，如代码 8-1 所示。

代码 8-1 TF-IDF 算法实现文档特征向量化

```
import org.apache.spark.rdd.RDD

import org.apache.spark.SparkContext

import org.apache.spark.mllib.feature.HashingTF

import org.apache.spark.mllib.linalg.Vectors

import org.apache.spark.mllib.feature.IDF

# Load documents (one per line).

val documents = sc.textFile("/tipdm/tf-idf.txt").map(_.split (" ").toSeq)

val hashingTF = new HashingTF()

val tf = hashingTF.transform(documents).cache()

val idf = new IDF().fit(tf)

val tfidf = idf.transform(tf)

tfidf.collect.foreach(println)
```

转换后的结果如图 8-1 所示，其中每一条输出的第一个值为默认的 Hash 表的分桶个数，前一个列表的值是每个词被分配的 ID，后一个列表的值对应前一个列表中每个单词的逆文档频率。

```
scala> tfidf.collect.foreach(println)
(1048576,[73,2337,336781,393917,585782],[0.28768207245178085,0.693147180559945
3,0.6931471805599453,0.6931471805599453,0.6931471805599453])
(1048576,[73,79910,116103,204354,479425,503975,949040],[0.28768207245178085,0.
6931471805599453,0.6931471805599453,0.6931471805599453,0.6931471805599453,0.69
31471805599453,0.6931471805599453])
(1048576,[96852,231466,491585,748138,906880],[0.6931471805599453,0.69314718055
99453,0.6931471805599453,0.6931471805599453,0.6931471805599453])
```

图 8-1　TF-IDF 算法结果

② Word2Vec 算法

Word2Vec 是 NLP（自然语言处理）领域的重要算法，它的功能是使用 K 维的稠密向量表示每个词，它使用的训练集是语料库，不含标点，以空格断句。通过训练将每个词映射成 K 维实数向量（K 一般为模型中的超参数），通过词之间的距离（如余弦相似度、欧氏距离等）判断词之间的语义相似度。每一个文档都表示为一个单词序列，因此一个含有 M 个单词的文档将由 M 个 K 维向量组成。mllib.feature 中包含 Word2Vec 算法包，输入数据要求是 String 类型的可迭代对象。

例如，对文本文件 w2v 进行转换，其中每行文本代表一个文档。使用 Word2Vec 算法将每个词表示为 K 维的稠密向量，如代码 8-2 所示。

代码 8-2　Word2Vector 转化文档

```scala
import org.apache.spark._

import org.apache.spark.rdd._

import org.apache.spark.SparkContext._

import org.apache.spark.mllib.feature.{Word2Vec, Word2VecModel}

val input = sc.textFile("/tipdm/w2v").map(line => line.split(" ").toSeq)

val word2vec = new Word2Vec()

val model = word2vec.fit(input)
# 寻找与"I"语义相同的 10 个词，输出与"I"相似的词及其相似度

val synonyms = model.findSynonyms("I",10)

for((synonym, cosineSimilarity) <- synonyms) {

println(s"$synonym $cosineSimilarity")

}
```

③ 统计最大值、最小值、均值、方差和相关系数

MLlib 的 mllib.stat.Statistics 类中提供了几种广泛使用的统计方法，可以直接在 RDD 上进行使用，如表 8-5 所示。

表 8-5　Statistics 类中提供的统计方法

方法	描述
max()/min()	最大值/最小值
mean()	均值
variance()	方差

方法	描述
normL1()/normL2()	L1 范数/L2 范数
Statistics.corr(rdd,method)	相关系数，method 可选 pearson（皮尔森相关算法）或 spearman（斯皮尔曼相关算法）
Statistics.corr(rdd1,rdd2, method)	计算两个由浮点值组成的 RDD 的相关矩阵，使用 pearson 或 spearman 中的一种方法
Statistics.chiSqTest（rdd）	LabeledPoint 对象的 RDD 的独立性检验

以数据文件 stat.txt 为例，数据如表 8-6 所示。

表 8-6　stat.txt 数据

1.0 2.0 3.0 4.0 5.0

6.0 7.0 1.0 5.0 9.0

3.0 5.0 6.0 3.0 1.0

3.0 1.0 1.0 5.0 6.0

读取 stat.txt 文件的数据并创建 RDD，调用 Statistics 类中的方法，统计 RDD 数据的均值、方差和相关系数，结果如图 8-2 所示。

```
scala> import org.apache.spark.mllib.linalg.{Vector,Vectors}
import org.apache.spark.mllib.linalg.{Vector, Vectors}

scala> import org.apache.spark.mllib.stat.Statistics
import org.apache.spark.mllib.stat.Statistics

scala> val data = sc.textFile("/tipdm/stat.txt").map(_.split(" ")).map(f=>f.map(f=>f.t
oDouble))
data: org.apache.spark.rdd.RDD[Array[Double]] = MapPartitionsRDD[49] at map at <consol
e>:63

scala> val data1 = data.map(f=>Vectors.dense(f))
data1: org.apache.spark.rdd.RDD[org.apache.spark.mllib.linalg.Vector] = MapPartitionsR
DD[50] at map at <console>:65

scala> val stat1 = Statistics.colStats(data1)
stat1: org.apache.spark.mllib.stat.MultivariateStatisticalSummary = org.apache.spark.m
llib.stat.MultivariateOnlineSummarizer@40af423a

scala> stat1.mean
res14: org.apache.spark.mllib.linalg.Vector = [3.25,3.75,2.75,4.25,5.25]

scala> stat1.variance
res15: org.apache.spark.mllib.linalg.Vector = [4.25,7.583333333333333,5.58333333333333
3,0.9166666666666666,10.916666666666666]

scala> val corr1=Statistics.corr(data1,"pearson")
corr1: org.apache.spark.mllib.linalg.Matrix =
1.0                0.7779829610026362    -0.39346431156047523  ... (5 total)
0.7779829610026362  1.0                   0.14087521363240252   ...
```

图 8-2　Statistics 类中的方法的使用

④ 数据特征处理方法

为避免数据字段的量纲和量级的不同对模型的效果造成不好的影响，经常需要对数据进行数据标准化或归一化。经过数据标准化或归一化后，算法的效果在一定程度上也会变好。Spark 提供了 3 种常见的数据处理的方法，即 Normalizer()、StandardScaler() 和 MinMaxScaler() 方法。spark.mllib.feature 类中只有前两种数据处理方法，spark.ml.feature 类中则含有 3 种。因此，使用 spark.ml.feature 类中的方法进行数据特征处理。

Normalizer()、StandardScaler() 和 MinMaxScaler() 方法处理的均为 Vector 类型的数据，因此需要先将数据的类型转换为 Vector 类型。转化一个集合序列为 RDD，再由 RDD 数据创建 DataFrame 数据，最后将 DataFrame 数据的类型转换成 Vector 类型，如代码 8-3 所示。

代码 8-3　数据转换为向量

```
import org.apache.spark.ml.linalg.{Vector, Vectors}
val dataFrame = spark.createDataFrame(Seq(
  (0,Vectors.dense(1.0, 0.5, -1.0)),
  (1, Vectors.dense(2.0, 1.0, 1.0)),
  (2, Vectors.dense(4.0, 10.0, 2.0))
)).toDF("id", "features")
```

将数据的类型转换成 Vector 类型后，即可使用 Normalizer() 和 MinMaxScaler() 方法进行数据归一化，以及使用 StandardScaler() 方法进行数据标准化，这 3 种数据处理方法的介绍及使用方法如下。

a. Normalizer()

Normalizer() 方法本质上是一个转换器，它可以将多行向量输入转化为统一的形式。Normalizer() 方法的作用范围是每一行，使每一个行向量的范数变换为一个单位范数。参数 setP 用于指定正则化中使用的 p-norm，默认值为 2。对代码 8-3 所示的 Vector 类型的 dataFrame 数据进行 Normalizer 归一化操作，如代码 8-4 所示。其中，setInputCol("features") 设置了 Normalizer 归一化的输入数据，setOutputCol("normFeatures") 设置了 Normalizer 归一化后输出的数据作为 dataFrame 中的 normFeatures 列。

代码 8-4　Normalizer 归一化

```
import org.apache.spark.ml.feature.Normalizer
val normalizer = new Normalizer().setInputCol(
    "features").setOutputCol("normFeatures").setP(1.0)
val l1NormData = normalizer.transform(dataFrame)
l1NormData.show()
```

结果如图 8-3 所示，features 列为未进行 Normalizer 归一化的原数据列，normFeatures 列为进行归一化后的数据列。

b. StandardScaler()

StandardScaler() 方法处理的对象是列，即每一维特征，将特征标准化为单位标准差、0 均值或 0

```
scala> l1NormData.show()
+---+--------------+-----------------+
| id|      features|     normFeatures|
+---+--------------+-----------------+
|  0|[1.0,0.5,-1.0]|   [0.4,0.2,-0.4]|
|  1| [2.0,1.0,1.0]|  [0.5,0.25,0.25]|
|  2|[4.0,10.0,2.0]|[0.25,0.625,0.125]|
+---+--------------+-----------------+
```

图 8-3　Normalizer 归一化结果

均值单位标准差。StandardScaler()方法有两个参数可以设置，说明如下。

withStd：true 或 false，默认为 true，该参数表示是否将数据标准化到单位标准差。

withMean：true 或 false，默认为 false，该参数表示是否变换为 0 均值，将返回一个稠密输出，因此不适用于稀疏输入。

进行 StandardScaler 标准化需要获取数据每一维的均值和标准差，并以此缩放每一维特征。对代码 8-3 所示的 Vector 类型的 dataFrame 数据进行 StandardScaler 标准化，如代码 8-5 所示。

代码 8-5　StandardScaler 标准化

```
import org.apache.spark.ml.feature.StandardScaler
val scaler = new StandardScaler().setInputCol("features").setOutputCol("
    scaledFeatures").setWithStd(true).setWithMean(false)
val scalerModel = scaler.fit(dataFrame)
val scaledData = scalerModel.transform(dataFrame)
scaledData.show(false)
```

输出结果如图 8-4 所示，每列数据均按比例进行缩放，features 列为未进行 StandardScaler 标准化的原数据列，scaledFeatures 列为进行 StandardScaler 标准化后的数据列。

```
scala> scaledData.show(false)
+---+--------------+-------------------------------------------------------------------------------+
|id |features      |scaledFeatures                                                                 |
+---+--------------+-------------------------------------------------------------------------------+
|0  |[1.0,0.5,-1.0]|[0.6546536707079772,0.09352195295828244,-0.65465367070079771]|
|1  |[2.0,1.0,1.0] |[1.3093073414159544,0.1870439059165649,0.65465367070079771] |
|2  |[4.0,10.0,2.0]|[2.618614682831909,1.870439059165649,1.3093073414159542]    |
+---+--------------+-------------------------------------------------------------------------------+
```

图 8-4　StandardScaler 标准化结果

c. MinMaxScaler()

MinMaxScaler()为常用的最小值—最大值归一化方法，这个方法也针对每一维特征进行处理，将每一维特征线性地映射到指定的区间中，通常是[0,1]。MinMaxScaler()方法有两个参数可以设置，说明如下。

min：默认为 0，指定区间的下限。

max：默认为 1，指定区间的上限。

对代码 8-3 所示的 Vector 类型的 dataFrame 数据进行 MinMaxScaler 归一化，将每一列数据映射在区间[0,1]中，如代码 8-6 所示。

代码 8-6　MinMaxScaler 归一化

```
import org.apache.spark.ml.feature.MinMaxScaler
val scaler = new MinMaxScaler().setInputCol(
    "features").setOutputCol ("scaledFeatures")
val scalerModel = scaler.fit(dataFrame)
val scaledData = scalerModel.transform(dataFrame)
scaledData.show(false)
```

归一化后的结果如图 8-5 所示，features 列为未进行 MinMaxScaler 归一化的原数据列，scaledFeatures 列为进行 MinMaxScaler 归一化后的数据列，每一列的数据均被映射区间[0,1]中。

```
scala> scaledData.show(false)
+---+--------------+-------------------+
|id |features      |scaledFeatures     |
+---+--------------+-------------------+
|0  |[1.0,0.5,-1.0]|(3,[],[])          |
|1  |[2.0,1.0,1.0] |[0.3333333333333333,0.05263157894736842,0.6666666666666666]|
|2  |[4.0,10.0,2.0]|[1.0,1.0,1.0]      |
```

图 8-5　MinMaxScaler 归一化结果

（3）回归

回归指研究一组随机变量（$Y_1, Y_2, \cdots, Y_i$）和另一组变量（$X_1, X_2, \cdots, X_k$）之间关系的统计分析方法，又称多重回归分析。通常前者是因变量，后者是自变量。回归算法是一种监督学习算法，利用已知标签或结果的训练数据训练模型并预测结果。有监督学习的算法要求输入数据的类型为 LabeledPoint 类型。LabeledPoint 类型数据包含一个标签和一个数据特征向量。

① 线性回归。线性回归通过一组线性组合预测输出值。在 MLlib 中可以用于线性回归算法的类主要有 LinearRegressionWithSGD、RidgeRegressionWithSGD 和 LassoWithSGD，这些类均采用随机梯度下降法求解回归方程。有以下几个用于算法调优的参数（不是每一个类都有这么多参数，需要根据具体选择的算法设置相应的参数）。

● numIterations：运行时的迭代次数，默认值为 100。

● stepSize：梯度下降的步长，默认值为 1.0。

● intercept：是否给数据增加干扰特征或偏差特征，默认值为 false。

● reParam：LASSO 回归（Least Absolute Shrinkage and Selection Operator）和岭回归（Ridge Regression）的正规化参数，默认值为 1.0。

以 Spark 安装目录下的 data/mllib/ridge-data/lpsa.data 文件作为输入数据，数据如表 8-7 所示，第一列为预测值，其他列为特征列。

表 8-7　lpsa.data 数据

−0.4307829,−1.63735562648104 −2.00621178480549 −1.86242597251066 −1.02470580167082

−0.522940888712441 −0.863171185425945 −1.04215728919298 −0.864466507337306

−0.1625189,−1.98898046126935 −0.722008756122123 −0.787896192088153 −1.02470580167082

−0.522940888712441 −0.863171185425945 −1.04215728919298 −0.864466507337306

−0.1625189,−1.57881887548545 −2.1887840293994 1.36116336875686 −1.02470580167082

−0.522940888712441 −0.863171185425945 0.342627053981254 −0.155348103855541

−0.1625189,−2.16691708463163 −0.807993896938655 −0.787896192088153 −1.02470580167082

−0.522940888712441 −0.863171185425945 −1.04215728919298 −0.864466507337306

0.3715636,−0.507874475300631 −0.458834049396776 −0.250631301876899 −1.02470580167082

−0.522940888712441 −0.863171185425945 −1.04215728919298 −0.864466507337306

将 lpsa.data 文件上传至 HDFS 的/tipdm 目录下，调用线性回归算法构建模型，如代码 8-7 所示。数据需要先被分割并转化为 LabeledPoint 类型数据；设置模型参数后通过 LinearRegressionWithSGD.train()方法训练模型，使用所建模型的 predict()方法进

行预测，并计算模型误差，最后对模型进行保存与加载。模型的保存与加载的方法对于其他的模型也同样适用，只是加载模型时所用的算法包不同。

代码 8-7　线性回归

```
import org.apache.spark.mllib.regression.LabeledPoint
import org.apache.spark.mllib.regression.LinearRegressionModel
import org.apache.spark.mllib.regression.LinearRegressionWithSGD
import org.apache.spark.mllib.linalg.Vectors
val data = sc.textFile("/tipdm/lpsa.data")
val parsedData = data.map { line =>val parts = line.split(',')
  LabeledPoint(parts(0).toDouble, Vectors.dense(parts(1).split(
  ' ').map(_.toDouble)))
  }.cache()
val numIterations = 100
val stepSize = 0.00000001
val model = LinearRegressionWithSGD.train(parsedData, numIterations, stepSize)
val valuesAndPreds = parsedData.map { point =>
val prediction = model.predict(point.features)
(point.label, prediction)}
val MSE = valuesAndPreds.map{case(v, p) => math.pow((v - p), 2)}.mean()
println("training Mean Squared Error = " + MSE)
model.save(sc, "myModelPath")
val sameModel = LinearRegressionModel.load(sc, "myModelPath")
```

② 逻辑回归。逻辑回归是一种二分类的回归算法，预测的值为新点属于每个类的概率，将概率大于等于阈值的分到一个类，小于阈值的分到另一个类。

在 MLlib 中，逻辑回归算法的输入值为 LabeledPoint 类型数据。MLlib 有两个实现逻辑回归的算法包，一个是 LogisticRegressionWithLBFGS，另一个是 LogisticRegressionWithSGB。前者的效果好于后者。

LogisticRegressionWithLBFGS 通过 train()方法可以得到一个 LogisticRegressionModel，对每个点的预测返回一个 0～1 的概率值，按照默认阈值 0.5 将该点分配到一个类中。阈值的设定可以采用 setThreshold()方法，在定义 LogisticRegressionWithLBFGS 时进行。也可以使用 clearThreshold()方法，设置为不分类，直接输出概率值。在数据不平衡的情况下可以调整阈值大小。

（4）分类

分类算法包括朴素贝叶斯、支持向量机、决策树、随机森林和逻辑回归等。分类算法是一种有监督的学习方法，训练数据有明确的类别标签，需要使用 MLlib 的 LabeledPoint 类作为模型数据类型。

① 朴素贝叶斯。朴素贝叶斯是一种十分简单的分类算法。朴素贝叶斯对于给出的特定features，求解在此项出现条件下各个类别出现的概率，并将其归类为概率最大的类别。

在 Spark 中，可以通过调用 mllib.classification.NaiveBayes 类实现朴素贝叶斯算法，有

多分类和二分类两种方式。朴素贝叶斯支持的参数 lambda 用于进行平滑化。数据类型需要为 LabeledPoint 组成的 RDD，对于 C 个分类，标签值在 0～（C-1）之间。

以根据天气的情况判断是否出去打球为例，部分数据如表 8-8 所示。

表 8-8　根据天气的情况判断是否出去打球部分数据

是否打球	天气	温度	湿度	是否刮风
否	晴天	较高	湿	是
否	晴天	较高	湿	否
是	阴天	较高	不湿	是
是	小雨	适中	湿	是
是	小雨	适中	不湿	是
否	小雨	适中	不湿	否
是	阴天	适中	不湿	否
否	晴天	适中	湿	是
是	晴天	适中	不湿	否
是	小雨	适中	不湿	否

朴素贝叶斯算法要求输入为数值类型的数据，因此将字符类型数据转化为数值类型数据，并保存为 weather_data.txt 文件，数据如表 8-9 所示。

表 8-9　weather_data.txt 部分数据

```
0,0 1 1 1
0,0 1 1 0
1,1 1 0 1
1,2 0 1 1
1,2 0 0 1
0,2 0 0 0
1,1 0 0 0
0,0 0 1 1
1,0 0 0 0
1,2 0 0 0
```

将数据上传至 HDFS 的/tipdm 目录下，并调用朴素贝叶斯算法构建分类模型。将数据转化为 LabeledPoint 类型数据，通过 randomSplit()方法划分训练集和测试集，用训练集训练模型，分类类型设置为 bernoulli，表示二分类，再通过模型的 predict()方法预测测试集的分类结果，如代码 8-8 所示。

代码 8-8　朴素贝叶斯算法

```
import org.apache.spark.mllib.classification.{NaiveBayes, NaiveBayesModel}
import org.apache.spark.mllib.linalg.Vectors
```

```
import org.apache.spark.mllib.regression.LabeledPoint
val data = sc.textFile("/tipdm/weather_data.txt")
val parsedData = data.map {line =>
val parts = line.split(',')
    LabeledPoint(parts(0).toDouble, Vectors.dense(parts(1).split(
    ' ').map(_.toDouble)))
}
val splits = parsedData.randomSplit(Array(0.6, 0.4), seed = 11L)
val training = splits(0)
val test = splits(1)
val model = NaiveBayes.train(training, lambda = 1.0)
val predictionAndLabel = test.map(
    p => (model.predict(p.features), p.label))
val accuracy = 1.0 * predictionAndLabel.filter(
    x => x._1 == x._2).count()/test.count()
```

② 支持向量机。支持向量机是一种线性或非线性分割平面的二分类方法，有 0 或 1 两种标签。在 MLlib 中调用 SVMWithSGD 可以实现算法，SVMWithSGD 在 mllib.classification. SVMModel 中，模型参数与线性回归参数差不多，通过 train()方法可以返回一个 SVMModel 模型。该模型同 LogisticRegressionModel 模型一样是通过阈值分类的，因此 LogisticRegression Model 设置阈值的方法和清除阈值的方法对 SVMModel 也同样适用。SVMModel 模型通过 predict()方法可以预测数据的类别。

③ 决策树。决策树是分类和回归的常用算法，因为决策树容易处理类别特征，所以比较适合处理多分类的问题。MLlib 支持二分类和多分类的决策树。决策树以节点树的形式表示，每个节点代表一个向量，向量的不同特征值会使节点有多条指向下个节点的边，最底层的叶子节点为预测的结果，可以是分类的特征，也可以是连续的特征。每个节点的选择都遵循某一种使模型更加优化的算法，如基于信息增益最大的方法。

在 MLlib 中，可以调用 mllib.tree.DecisionTree 类中的 trainClassifier()静态方法训练分类树，调用 trainRegressor()方法训练回归树。决策树模型需要的参数说明如下。

● data：LabeledPoint 类型的 RDD。

● numClasses：分类时用于设置分类个数。

● impurity：节点的不纯净度测量，分类时的值可以为 gini 或 entropy，回归的值则必须为 variance。

● maxDepth：树的最大深度。

● maxBins：每个特征分裂时，最大划分的节点数量。

● categoricalFeaturesInfo：一个映射表，用于指定哪些特征用于分类，以及各有多少个分类。如特征 1 用于 0、1 的二元分类，特征 2 用于 0、1、2、3 的 4 元分类，则应该传递 Map(1-> 2, 2 -> 4)；如果没有特征用于分类，则传递一个空的映射。

（5）聚类

聚类是一种无监督学习的方法，用于将高度相似的数据分到一类中。聚类没有类别标签，仅根据数据相似度进行分类，因此聚类通常用于数据探索、异常检测，也用于一般数据的分群。聚类的方法有很多，计算相似度的方法也有很多，K-Means 算法是较常使用的一种算法。

MLlib 包含一个 K-Means 算法以及一个称为 K-Means Ⅱ 的变种算法，用于为并行环境提供更好的初始化策略，使 *K* 个初始聚类中心的获取更加合理。

K-Means 算法可以通过调用 mllib.clustering.KMeans 算法包实现，模型数据为 Vector 组成的 RDD。在 MLlib 中，K-Means 算法有几个可以优化的参数，说明如下。

① maxIterations：最大循环次数，聚类算法的最大迭代次数，默认值为 100。

② initializationMode：指定初始化聚类中心的方法，有"k-means Ⅱ"和"random"两个选择，"k-means Ⅱ"选项在选取初始聚类中心时会尽可能地找到 *K* 个距离较远的聚类中心。

③ run：算法并发运行的数目，即运行 K-Means 的次数。

转化一个集合序列为 RDD，再由 RDD 数据创建 DataFrame 数据，最后将 DataFrame 数据的类型转换成 Vector 类型，如代码 8-9 所示。

代码 8-9　数据转换为向量

```
import org.apache.spark.mllib.linalg.{Vector, Vectors}
val seq = Seq(
  Vectors.dense(0.0, 0.0, 0.0),
  Vectors.dense(0.1, 0.1, 0.1),
  Vectors.dense(0.2, 0.2 ,0.2),
  Vectors.dense(9.0, 9.0, 9.0),
  Vectors.dense(9.1, 9.1, 9.1),
  Vectors.dense(9.2, 9.2, 9.2)
)
val parsedData=sc.parallelize(seq)
```

设置聚类相关的参数值和聚类个数，使用 KMeans.train()方法训练数据以构建模型，最后使用模型的 predict()方法预测数据所属类别，并计算模型误差，如代码 8-10 所示。

代码 8-10　Spark K-Means 算法

```
import org.apache.spark.mllib.clustering.{KMeans, KMeansModel}
import org.apache.spark.mllib.linalg.Vectors
# 使用 KMeans 算法将数据分为两个类
val numClusters = 2
val numIterations = 20
val clusters = KMeans.train(parsedData, numClusters, numIterations)
# 通过计算误差平方和用以评估聚类
val predict = parsedData.map(x=> (x,clusters.predict(x)))
val WSSSE = clusters.computeCost(parsedData)
println("Within Set Sum of Squared Errors = " + WSSSE)
# 保存和加载模型
```

```
clusters.save(sc, "myModelPath")
val sameModel = KMeansModel.load(sc, "myModelPath")
```

聚类结果、模型误差和聚类中心如图 8-6 所示。

```
scala> predict.collect.foreach(println)
([0.0,0.0,0.0],0)
([0.1,0.1,0.1],0)
([0.2,0.2,0.2],0)
([9.0,9.0,9.0],1)
([9.1,9.1,9.1],1)
([9.2,9.2,9.2],1)

scala> println("Within Set Sum of Squared Errors = " + WSSSE)
Within Set Sum of Squared Errors = 0.11999999999994547

scala> clusters.clusterCenters
res20: Array[org.apache.spark.mllib.linalg.Vector] = Array([0.1,0.1,0.1], [9.0
99999999999998,9.099999999999998,9.099999999999998])
```

图 8-6　K-Means 算法运行结果

（6）关联规则

FP 算法作为一个关联规则算法，在推荐系统中也得到了广泛应用。FP 算法主要通过大量的客户购买历史数据生成频繁项集，设置支持度，筛选出符合支持度的频繁项集，根据频繁项集生成一些规则后，再通过置信度过滤出较有说服力的强关联规则。通过强关联规则即可完成推荐、分类等工作。

mllib.fpm.FPGrowth 是 MLlib 中实现 FP 算法的算法包，通过 FPGrowth 对象中的 run() 方法训练模型，找出符合支持度的频繁项集，再通过模型的 generateAssociationRules() 方法找出符合置信度的规则。

以餐饮企业的点餐数据为例，调用 FP 算法计算菜品之间的关联性。某餐饮企业的点餐数据保存在 MySQL 数据库中，部分数据如表 8-10 所示。

表 8-10　数据库中部分点餐数据

序列	时间	订单号	菜品 ID	菜品名称
1	2014/8/21	101	18491	健康麦香包
2	2014/8/21	101	8693	香煎葱油饼
3	2014/8/21	101	8705	翡翠蒸香茜饺
4	2014/8/21	102	8842	菜心粒咸骨粥
5	2014/8/21	102	7794	养颜红枣糕
6	2014/8/21	103	8842	金丝燕麦包
7	2014/8/21	103	8693	三丝炒河粉

将点餐数据中的事务数据（一种特殊类型的记录数据）整理成关联规则模型所需的数据结构，从中抽取 10 个点餐订单作为事务数据集。为方便模型构建，将菜品 ID 简记为字母，即每一个菜品 ID 对应一个字母，如菜品 ID 为 18491 简记为 a，菜品 ID 为 8842 简记为 b 等，如表 8-11 所示。

表 8-11　餐厅的事务数据集

订单号	菜品 ID	简记后的菜品 ID
1	18491 8693 8705	a c e
2	8842 7794	b d
3	8842 8693	b c
4	18491 8842 8693 7794	a b c d
5	18491 8842	a b
6	8842 8693	b c
7	18491 8842	a b
8	18491 8842 8693 8705	a b c e
9	18491 8842 8693	a b c
10	18491 8693 8705	a c e

提取简记后的菜品 ID 数据为 menu_orders.txt 文件，将 menu_orders.txt 文件的数据作为关联规则的模型数据，数据如表 8-12 所示。

表 8-12　menu_orders.txt 数据

```
a c e
b d
b c
a b c d
a b
b c
a b
a b c e
a b c
a c e
```

将数据上传至 HDFS 的/tipdm 目录下，调用 FP 算法计算菜品之间的关联规则。模型数据不要求转换为 Vector 类型数据，对数据进行分割即可直接运用至 FP 模型中。先创建一个 FPGrowth 对象的实例，设置支持度，使用 run()方法训练模型，得到满足支持度的频繁项集，再使用 generateAssociationRules()方法找出置信度大于或等于 0.8 的强关联规则，如代码 8-11 所示。

代码 8-11　FP 算法

```
import org.apache.spark.mllib.fpm.FPGrowth
import org.apache.spark.rdd.RDD
val data = sc.textFile("/tipdm/menu_orders.txt")
```

```
val transactions: RDD[Array[String]] = data.map(s => s.trim.split(' '))
val fpg = new FPGrowth().setMinSupport(0.2).setNumPartitions(10)
val model = fpg.run(transactions)
model.freqItemsets.collect().foreach {itemset =>
    println(itemset.items.mkString("[", ",", "]") + ", " + itemset.freq)
}
val minConfidence = 0.8
model.generateAssociationRules(minConfidence).collect().foreach {
    rule =>println(rule.antecedent.mkString("[", ",", "]")
    + " => " + rule.consequent .mkString("[", ",", "]")
    + ", " + rule.confidence)
}
```

（7）推荐

目前热门的推荐算法主要是协同过滤算法。协同过滤算法有基于内容和基于用户两个方面，主要根据用户历史记录和对商品的评分记录计算用户间的相似性，找出与用户购买的商品最为相似的商品推荐给目标用户。

MLlib 目前有一个实现推荐算法的包为 ALS，根据用户对各种产品的交互和评分推荐新产品，通过最小二乘法来求解模型。在 mllib.recommendation.ALS 算法包中要求输入类型为 mllib.recommendation.Rating 的 RDD，通过 train()方法训练模型，得到一个 mllib.recommendation.MatrixFactorizationModel 对象。ALS 有显式评分（默认）和隐式反馈（ALS. trainImplicit()）两种方法，显式评分是指用户对商品有明确评分，预测结果也是评分，隐式反馈是指用户和产品的交互置信度，预测结果也是置信度。ALS 模型的优化参数主要有 4 个，说明如下。

① rank：使用的特征向量的大小，更大的特征向量会产生更好的模型，但同时也需要花费更大的计算代价，默认为 10。

② iterations：算法迭代的次数，默认为 10。

③ lambda：正则化参数，默认为 0.01。

④ alpha：用于在隐式反馈 ALS 中计算置信度，默认为 1.0。

以 Spark 安装包的示例数据文件 test.data 为例，数据如表 8-13 所示，第 1 列为用户 ID，第 2 列为商品 ID，第 3 列为用户对商品的评分，调用 ALS 算法实现商品推荐。

表 8-13   test.data 数据

1,1,5.0
1,2,1.0
1,3,5.0
1,4,1.0
2,1,5.0

读取 test.data 文件的数据并将数据的类型转化为 Rating 类型，设置模型参数，通过调

用 ALS.train()方法训练数据以构建 ALS 模型，再通过模型的 predict()方法预测用户对商品的评分，比较实际值和预测值计算模型的误差，如代码 8-12 所示。

代码 8-12　ALS 实现

```
import org.apache.spark.mllib.recommendation.ALS
import org.apache.spark.mllib.recommendation.MatrixFactorizationModel
import org.apache.spark.mllib.recommendation.Rating
# 加载并解析数据
val data = sc.textFile("/tipdm/test.data")
val ratings = data.map(_.split(',') match {case Array(user, item, rate) =>
  Rating(user.toInt, item.toInt, rate.toDouble)
})
# 使用 ALS 构建推荐模型
val rank = 10
val numIterations = 10
val model = ALS.train(ratings, rank, numIterations, 0.01)
# 根据评级数据评估模型
val usersProducts = ratings.map { case Rating(user, product, rate) =>
  (user, product)
}
val predictions =
  model.predict(usersProducts).map { case Rating(user, product, rate) =>
    ((user, product), rate)
  }
val ratesAndPreds = ratings.map { case Rating(user, product, rate) =>
  ((user, product), rate)
}.join(predictions)
val MSE = ratesAndPreds.map { case ((user, product), (r1, r2)) =>
val err = (r1 - r2)
  err * err
}.mean()
println("Mean Squared Error = " + MSE)
```

4．MLlib 中的模型评估

对于机器学习而言，无论使用哪种算法，模型评估都是非常重要的。通过模型评估可以知道模型的好坏，预测分类结果的准确性，有利于对模型进行修正。

考虑到模型评估的重要性，MLlib 在 mllib.evaluation 包中定义了很多方法，主要分布在 BinaryClassificationMetrics 和 MulticlassMetrics 等类中。通过 mllib.evaluation 包中的类可以通过"(预测,实际值)"形式的 RDD 创建一个 Metrics 对象，计算准确率、召回率、F 值、

ROC 曲线等评价指标。Metrics 对象对应的方法如表 8-14 所示。其中，metrics 是 Metrics 的实例。

表 8-14　Metrics 对象的方法

方法/指标	使用说明
Precision（准确率）	metrics.precisionByThreshold
Recall（召回率）	metrics.recallByThreshold
F-measure（F 值）	metrics.fMeasureByThreshold
ROC 曲线	metrics.roc
Precision-Recall 曲线	metrics.pr
Area Under ROC Curve（ROC 曲线下的面积）	metrics.areaUnderROC
Area Under Precision-Recall Curve（Precision-Recall 曲线下的面积）	metrics.areaUnderPR

在 MLlib 中还有很多算法和数据处理方法，这里不再一一详述。读者可以通过 Spark 官网进行进一步的学习。

任务 8.2　使用决策树算法实现网络攻击类型识别

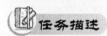
任务描述

在 8.1 节中已经学习了 MLlib 中算法包的使用，利用所学知识，可以解决实际的问题。本节的任务是使用决策树算法实现网络攻击类型识别，根据带标签的训练数据构建一个多分类模型，根据分类模型对测试数据进行预测，并评估模型的效果。

8.2.1　分析思路

目前机器学习领域的分类算法很多，由于网络监测数据中记录的网络攻击有多个类型，因此网络攻击类型识别为多分类问题，可以采用常用的决策树算法构建分类模型。在 Spark MLlib 中早已有了决策树的算法包，调用该算法包不仅可以减少编程时间，降低因代码不够简练所增加的成本，还可以利用 Spark 分布式计算的特点提高模型执行的效率。

样本数据中的标签列为 attack_type，将其他 30 个字段列（不包含 label 字段）作为特征列以构建分类模型。应用分类模型即可对网络攻击类型进行识别，从而推测出该主机是否遭受网络攻击。具体实现思路及步骤如下。

（1）导入数据，进行数据探索，对 4 种攻击类型特点进行分析。

（2）对连续型数据进行归一化处理。

（3）构建特征数据，将特征字段合并为 Vector 类型的数据。

（4）明确分类算法包中决策树模型的参数的含义。

（5）将 attack_type 标签列的类型转换为 Int 类型，建立分类模型，划分数据集。

（6）训练数据以构建分类模型，并进行模型评估，根据评估结果选择是否需要进行模型参数调优以完善模型。

（7）使用分类模型预测测试数据类别，并将预测结果输出至 Hive 中。

8.2.2　探索分析数据

原始数据已有相应的分类标签，分别为 4 种网络攻击类型标签和正常标签，同时通过表 8-1 可以了解 4 种攻击类型的特点。根据现有数据对网络攻击类型进行具体分析，通过 num_compromised（受威胁次数）、src_bytes（上传流量）、dst_bytes（下载流量）、hot（敏感文件被访问次数）及 num_file_creations（文件创建操作次数）共 6 个字段对 4 种网络攻击类型的分布情况进行分析。

1. 数据存储

在 Hive 中创建数据库 network，在 network 数据库中创建 network_label_data 表，并将 data.csv 数据导入 network_label_data 表中，如代码 8-13 所示。

代码 8-13　将数据导入 network_ label_data 表

```
create database network;
use network;
create table network_label_data (
duration double,
protocol_type string,
flag string,
src_bytes double,
dst_bytes double,
land double,
wrong_fragment double,
urgent double,
hot double,
num_failed_logins double,
logged_in double,
num_compromised double,
root_shell double,
su_attempted double,
num_root double,
num_file_creations double,
num_shells double,
num_access_files double,
is_host_login double,
is_guest_login double,
count double,
srv_count double,
```

```
serror_rate double,
srv_serror_rate double,
rerror_rate double,
srv_rerror_rate double,
same_srv_rate double,
diff_srv_rate double,
srv_diff_host_rate double,
label string,
attack_type string)
row format delimited fields terminated by ',';
load data local inpath '/data2/data.csv' overwrite into table
network_label_data;
```

2. 受威胁次数

数据导入 Hive 后，在 spark-shell 中读取 network_label_data 表数据，并对 4 种网络攻击类型的特点进行分析。首先探究 num_compromised 同 4 种攻击类型之间的关系。num_compromised 是主机自身的防火墙监测到的疑似网络攻击的次数，是正常情况下受到威胁的次数。

根据 attack_type 字段进行分组，查询 5 种不同标签下的受威胁次数的均值，如代码 8-14 所示。

代码 8-14　num_compromised 均值统计

```
sc.setLogLevel("WARN")
import org.apache.spark.sql.functions._
val tag = spark.table("network.network_label_data")
# 对比分析 num_compromised 属性在 5 种类型的均值
tag.groupBy("attack_type").mean("num_compromised").show()
```

执行代码 8-14，结果如图 8-7 所示，得到 4 种网络攻击类型对应的 num_compromised 的均值。

从图 8-7 中可以发现，主机被 U2R 方式攻击时，主机检测到的受威胁次数明显高于其余攻击类型。结合表 8-1 所描述的特点，U2R 攻击和 R2L 攻击类似，均是以获取目标主机的高级权限为目的而进行的攻击操作。但 U2R 攻击是通过系统漏洞在本地获取目标主机高级权限的，当目标主机被 U2R 攻击时，这种攻击漏洞的方式易为防火墙所检测，这也导致 U2R 攻击对应的受威胁次数的均值普遍高于其他攻击类型的。

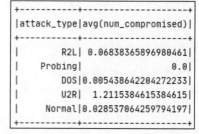

```
+-----------+--------------------+
|attack_type|avg(num_compromised)|
+-----------+--------------------+
|        R2L| 0.06838365896980461|
|    Probing|                 0.0|
|        DOS|0.005438642204272233|
|        U2R|   1.2115384615384615|
|     Normal|0.028537064259794197|
+-----------+--------------------+
```

图 8-7　num_compromised 均值统计结果

3．上传流量和下载流量的比值均值

src_bytes 和 dst_bytes 分别为源主机通过网络传输到目标主机的数据字节数和目标主机到源主机的数据字节数。在正常的网络进程中，目标主机和源主机之间的数据交互会保持相对平衡，但当网络攻击介入其中时，平衡会被打破，出现异常状况。

通过 groupBy() 方法查询 4 种网络攻击类型标签下的 src_bytes 和 dts_bytes 的比值均值，如代码 8-15 所示。

代码 8-15　上传流量和下载流量的比值均值

```
tag.groupBy("attack_type").agg(
mean(col("src_bytes") / col("dst_bytes"))).show()
```

执行代码 8-15，结果如图 8-8 所示。以 Normal 作为衡量标准，可以发现 4 种网络攻击类型在上传或下载方面均出现了不同程度的异常，其中 DoS 攻击最为明显。

DoS 攻击的特征是通过网络从源主机发送大量无用或畸形数据，浪费目标主机资源，使目标主机死机或系统崩溃。因此进行 DoS 攻击时，源主机的上传流量与下载流量的比值大于 6。而其他攻击的相应比值均小于 1，这是由于 Probing、R2L 与 U2R 这 3 种攻击均是为了获取目标主机上的资源而进行攻击的，源主机上传流量会小于下载流量。

4．敏感文件被访问次数均值

DoS 攻击往往会导致目标主机崩溃，其以破坏目标主机为目的，是一种较为快速、明显且容易判断的攻击方式。但是大多数的网络攻击多以窃取目标主机上机密文件或操控目标主机为目的，逐步获取目标主机的使用权限，不以破坏为主要目的，这些网络攻击不易被察觉，但其特点是会多次访问敏感文件。查询 4 种网络攻击类型的标签下，平均访问敏感文件的次数，如代码 8-16 所示。

代码 8-16　敏感文件被访问次数均值

```
tag.groupBy("attack_type").mean("hot").show()
```

执行代码 8-16，结果如图 8-9 所示。在 Normal 标签下访问敏感文件的次数较少，而 R2L 和 U2R 标签对应的访问次数相对较大。在统计不同网络攻击类型的受威胁次数时，我们了解到 R2L 和 U2R 攻击以获取目标主机权限为目的，同时两者也以获取目标高级权限为目的，因此 R2L 和 U2R 攻击存在相似性。而 R2L 攻击远程非法获取高级权限，初始权限更低，访问敏感文件的次数相对 U2R 攻击的更大。

```
+-----------+--------------------------------+
|attack_type|avg((src_bytes / dst_bytes))|
+-----------+--------------------------------+
|       R2L|     0.49122043983429703|
|    Probing|     0.34240943744722757|
|       DOS|      6.643710647524849|
|       U2R|     0.299674980907497 33|
|     Normal|      1.0847624037242836|
+-----------+--------------------------------+
```

图 8-8　上传流量和下载流量比值均值结果

```
+-----------+--------------------+
|attack_type|            avg(hot)|
+-----------+--------------------+
|       R2L|    7.389875666074601|
|    Probing|9.739469198928658E-4|
|       DOS|0.011048439423897327|
|       U2R|   1.4038461538461537|
|     Normal|0.044512063488800026|
+-----------+--------------------+
```

图 8-9　敏感文件被访问次数均值计算结果

而相比于 R2L 和 U2R 这类以获取权限为目的的攻击，虽然 DoS 攻击这类以永久性破坏为目的的攻击访问敏感文件的次数很少，但危害依旧很大。无论受到哪种网络攻击，用户均会丢失其重要的数据，遭受无法挽回的损失。所以为了保障用户网络安全，网络攻击检测尤为重要。

8.2.3 数据特征处理

数据特征处理

Spark MLlib 中的算法对数据有一些特定的要求，因此需要先将数据转换为机器学习算法包所需的数据类型。使用 Spark MLlib 的决策树算法，需要将所有特征字段合并在一个 Vector 类型的向量中。

1. 数据的归一化

数据中存在连续型数据字段，而决策树算法是基于离散型数据展开的，同时离散型特征有利于提高计算效率，且对异常数据有较强的鲁棒性，所以需要对这些数据进行离散化处理。通过对数据的归一化或标准化可以将连续型数据转换为离散型数据，而由于本案例为多分类问题，采用了决策树算法，未涉及任何样本中心点的计算，因此不进行标准化，选用归一化处理。Spark MLlib 提供了 Normalizer()方法（用于归一化）可以用于数据的离散化操作。归一化类似于算法模型，要求被转换的数据为 Vector 类型数据，因此需要先将连续型字段合并为向量集合。

在将多个数据字段转换为 Vector 类型数据时，需要先将需要转换的数据字段放入数组中，再使用 Spark MLlib 中的 VectorAssembler()方法将多个字段合并为 Vector 类型数据，如代码 8-17 所示。

代码 8-17　连续型数据字段合并

```
# 连续型数据归一化
import org.apache.spark.ml.feature.{Normalizer,StandardScaler, VectorAssembler}
val tag = spark.table("network.network_label_data").na.drop()
# 连续型数据字段名
val line_data = Array(
"duration", "src_bytes", "dst_bytes", "wrong_fragment", "urgent", "hot",
"num_failed_logins", "num_compromised", "num_root", "num_file_creations",
"num_shells", "num_access_files", "count", "srv_count", "serror_rate",
"srv_serror_rate", "rerror_rate", "srv_rerror_rate", "same_srv_rate",
"diff_srv_rate", "srv_diff_host_rate")
# 将字段合并为 Vector 类型数据
val data_feature = new VectorAssembler().setInputCols(
    line_data).setOutputCol("features").transform(tag)
data_feature.select("features").show(false)
```

执行代码 8-17，将连续型数据已有的多个字段合并到同一个字段，再通过 Normalizer()

方法对已合并后的数据进行归一化处理，如代码 8-18 所示。

代码 8-18　数据归一化

```
# 数据归一化
val normaliz_data = new Normalizer().setInputCol(
    "features").setOutputCol("normFeatures").setP(1.0).transform(data_feature)
normaliz_data.select("normFeatures").show(false)
```

执行代码 8-18，结果如图 8-10 所示，已对 21 个特征字段的数据进行归一化。

图 8-10　归一化结果

2. 构建完整特征字段

对连续型数据进行归一化后，还需要对原来的离散型的数据字段进行合并，进而构建完整的特征字段。

因为连续型字段经过归一化后已经转换为 Vector 类型数据，所以只需要对转换后的 normFeatures 和离散型数据字段一同用 VectorAssembler()方法进行处理，并将合并后的完整数据保存至 Hive 中的 network_model_data 表中，如代码 8-19 所示。

代码 8-19　合并完整特征字段数据

```
# 将处理好的连续型数据和离散型数据合并为同一个 Vector 类型数据，并保存
val name = Array(
"land", "logged_in", "root_shell", "su_attempted", "is_guest_login",
"normFeatures")
val data_model = new VectorAssembler().setInputCols(
    name).setOutputCol("features_total").transform(normaliz_data)
data_model.write.mode("overwrite").saveAsTable("network.network_model_data")
data_model.show(false)
```

执行代码 8-19，结果如图 8-11 所示，已构建出完整的特征字段 features_total。

```
+------------------------------------------------------------------------------------------------------------------+
|features_total                                                                                                     |
+------------------------------------------------------------------------------------------------------------------+
|(26,[1,6,7,17,18,23],[1.0,0.032046742209631725,0.964943342776204,0.0014164305949085,0.0014164305949085,1.7705382436260624E-4])|
|(26,[1,6,7,17,18,23],[1.0,0.3221024258760108,0.6549865229110512,0.01078167115902965,0.01078167115902965,8.0013477088948787063])|
|(26,[1,6,7,17,18,23],[1.0,0.14789175582127123,0.8414096916299559,0.005034612964128383,0.005034612964128383,6.293266205160479E-4])|
|(26,[1,6,7,17,18,23],[1.0,0.13957934990439771,0.8521351179094965,0.0038240917782026767,0.0038240917782026767,6.37348629700446 1E-4])|
|(26,[1,6,7,17,18,23],[1.0,0.09593280282935455,0.8983200707338639,0.002652519893899204,0.002652519893899204,4.420866489832007E-4])|
|(26,[1,6,7,17,18,23],[1.0,0.09593280282935455,0.8983200707338639,0.002652519893899204,0.002652519893899204,4.420866489832007E-4])|
|(26,[1,6,7,17,18,23,25],[1.0,0.0982846561288827,0.8993973110802039,4.636086613815484E-4,9.272137227630969E-4,4.636086613815484E-4,4.636086613815484E-4])|
|(26,[1,6,7,17,18,23],[1.0,0.037350246652572236,0.9600657740192624,0.0011745360582569885,0.0011745360582569885,2.349072116513977E-4])|
|(26,[1,6,7,17,18,23],[1.0,0.5555555555555556,0.3994708994708995,0.021164021164021163,0.021164021164021163,0.0026455026455026454])|
|(26,[1,6,7,10,17,18,23],[1.0,0.20866141732283464,0.7736220472440944,9.84251968503937E-4,0.007874015748031496,0.007874015748031496,9.84251968503937E-4])|
|(26,[1,6,7,17,18,23],[1.0,0.24110218140068887,0.7164179104477612,0.0206659012629161 9,0.02066590126291619,0.00114810562571 7566])|
|(26,[1,6,7,17,18,23],[1.0,0.08175519630484988,0.9168591224018475,4.6189376443418013E-4,4.6189376443418013E-4,4.6189376443418013E-4])|
|(26,[1,6,7,17,18,23],[1.0,0.2180746561886051,0.7593320235756386,0.010805500982318271,0.010805500982318271,9.823182711198428E-4])|
|(26,[1,6,7,17,18,23],[1.0,0.17852161785216178,0.8152022315202232,0.002789400278940028,0.002789400278940028,6.97350069735007E-4])|
|(26,[1,6,7,17,18,23],[1.0,0.4791252485089463,0.5149105367793241,0.0019880715705765406,0.0019880715705765406,0.0019880715705765406])|
|(26,[1,6,7,17,18,23],[1.0,0.12264150943396226,0.8665094339622641,0.005188679245283019,0.005188679245283019,4.716981132075472E-4])|
|(26,[1,6,7,17,18,23],[1.0,0.47534516765285995,0.514792899408284,0.003944773175542465,0.003944773175542465,0.0019723865877712033])|
|(26,[1,6,7,17,18,23],[1.0,0.2363636363636364,0.7436363636363637,0.01809090909090901,0.01809090909090901,9.090909090909091E-4])|
|(26,[1,6,7,17,18,23,25],[1.0,0.4667000500751267,0.5107661492238358,0.00400600901352028,0.01602403605408112,0.00200300450676014,5.00751126690035E-4])|
|(26,[1,6,7,17,18,23],[1.0,0.30984042553519149,0.6702127659574468,0.009308510638297872,0.009308510638297872,0.0013297872340425532])|
+------------------------------------------------------------------------------------------------------------------+
```

图 8-11　特征字段部分结果展示

8.2.4　MLlib 实现决策树

决策树是一种多功能机器学习算法，既可以执行分类任务也可以执行回归任务，甚至可以执行多输出任务，是一种功能很强大的算法，可以对很复杂的数据集进行拟合。同时决策树是一种监督学习算法，即给定样本数据，数据中有一组特征数据和一个类别，类别是事先确定的，通过学习可以得到一个分类器，这个分类器能够对新出现的对象给出正确的分类结果。

1. 转换标签列

现标签为 Normal、DOS、Probing、R2L、U2R，是字符类型的，而字符类型的标签在机器学习中无法直接被识别，因此需要先将字符类型转换成数值类型。使用 StringIndexer() 方法可以将字段中的字符串转换为相应的数值，如代码 8-20 所示。

代码 8-20　字符串转换为数值

```
import org.apache.spark.ml.feature.{LabeledPoint, StringIndexer}
# 将字符类型转换为数值类型
val labelIndexer = new StringIndexer().setInputCol(
"attack_type").setOutputCol("indexedLabel").fit(data_model).transform
(data_model)
labelIndexer.select("indexedLabel", "attack_type").distinct().show()
```

执行代码 8-20，结果如图 8-12 所示，已将标签转换为相应的数值。

```
+------------+-----------+
|indexedLabel|attack_type|
+------------+-----------+
|         2.0|   Probing|
|         3.0|       R2L|
|         1.0|       DOS|
|         0.0|    Normal|
|         4.0|       U2R|
+------------+-----------+
```

图 8-12　标签转换为数值

2. 训练与预测模型

将标签转换为数值后，为了测试模型的效果，将数据按照 8:2 的比例分成两部分，80%作为训练数据，20%作为测试数据，具体实现过程如下。

（1）调用 MLlib 中的相关类，包括实现模型构建的 Decision TreeClassifier 类和实现模型准确率计算的 MulticlassClassificationEvaluator 类，如代码 8-21 所示。

代码 8-21　导入相关类

```
import org.apache.spark.ml.classification.DecisionTreeClassifier
import org.apache.spark.ml.evaluation.MulticlassClassificationEvaluator
```

（2）对代码 8-20 所示的数据集 labelIndexer 根据 8:2 的比例进行分割，得到训练集和测试集，如代码 8-22 所示。

代码 8-22　分割数据集

```
val Array(trainingData, testData) = labelIndexer.randomSplit(Array(0.8, 0.2))
```

（3）使用 DecisionTreeClassifier 类训练模型，设置数据集中标签列名称和特征列名称，通过 fit() 方法加载训练集至分类模型中，如代码 8-23 所示。

代码 8-23　建立决策树分类模型

```
# 模型训练
val model = new DecisionTreeClassifier().setLabelCol(
    "indexedLabel").setFeaturesCol("features_total").fit(trainingData)
```

（4）对训练集进行训练后，得到一个分类模型，使用该分类模型预测测试数据的分类，如代码 8-24 所示。在原先的测试集上会添加一个预测字段 prediction。

代码 8-24　predict()方法预测数据

```
val pre = model.transform(testData)
pre.select("attack_type","indexedLabel","prediction").show()
```

执行代码 8-24，结果如图 8-13 所示。在输出的 20 条结果中仅有一条预测错误，准确率为 95%，但由于部分结果不能真实地反映整体预测准确率，因此需要对准确率进行全局计算。

```
+-----------+------------+----------+
|attack_type|indexedLabel|prediction|
+-----------+------------+----------+
|        DOS|         1.0|       1.0|
|        DOS|         1.0|       1.0|
|        DOS|         1.0|       1.0|
|        DOS|         1.0|       1.0|
|        DOS|         1.0|       1.0|
|    Probing|         2.0|       1.0|
|        DOS|         1.0|       1.0|
|        DOS|         1.0|       1.0|
|        DOS|         1.0|       1.0|
|        DOS|         1.0|       1.0|
|        DOS|         1.0|       1.0|
|        DOS|         1.0|       1.0|
|        DOS|         1.0|       1.0|
|        DOS|         1.0|       1.0|
|        DOS|         1.0|       1.0|
|        DOS|         1.0|       1.0|
|        DOS|         1.0|       1.0|
|        DOS|         1.0|       1.0|
|        DOS|         1.0|       1.0|
|        DOS|         1.0|       1.0|
+-----------+------------+----------+
only showing top 20 rows
```

图 8-13　决策树模型预测结果

3．计算模型准确率

因为数据可能分布不平衡，准确率并不能完全反映模型的好坏，所以采用准确率和 F 值这 2 个指标进行判断。BinaryClassificationMetrics 和 MulticlassClassificationEvaluator 两个类均支持计算模型准确率。MulticlassClassificationEvaluator 类更适用于多分类，因此选用 MulticlassClassificationEvaluator 类计算模型的准确率和 F 值，如代码 8-25 所示。

代码 8-25　计算准确率、F 值

```
# 准确率计算模型构建
val evaluator_accuracy = new MulticlassClassificationEvaluator().setLabelCol(
"indexedLabel").setPredictionCol("prediction").setMetricName("accuracy")
# F 值计算模型构建
val evaluator_F1 = new MulticlassClassificationEvaluator().setLabelCol(
"indexedLabel").setPredictionCol("prediction").setMetricName("f1")
val accuracy = evaluator_accuracy.evaluate(pre)
val f1 = evaluator_F1.evaluate(pre)
println("model accuracy:"+accuracy)
println("model f1:"+f1)
```

准确率和 F 值的计算结果如图 8-14 所示，该模型的准确率约为 0.993，F 值为 0.993，证明该分类模型效果较好，可以不再进行模型的参数优化。

```
scala> println("model accuracy:"+accuracy)
model accuracy:0.9930329068933833

scala> println("model f1:"+f1)
model f1:0.9920841832215319
```

图 8-14　准确率和 F 值的计算结果

8.2.5　任务实现

在 8.2.3 小节中，构建网络攻击类型识别模型后，可以将模型保存在 HDFS 中，使用时只需加载即可。

在 IntelliJ IDEA 中，对实现网络攻击类型识别的代码进行封装。

在 IntelliJ IDEA 中，编程实现网络监测数据的基础探索，如代码 8-26 所示。

代码 8-26　标签特点探索

```
import org.apache.spark.sql.hive.HiveContext
import org.apache.spark.{SparkConf, SparkContext}
object Data_analysis {
  def main(args: Array[String]): Unit = {
    val conf = new SparkConf().setMaster(
"local[3]").setAppName("Data_Analysis")
    val sc = new SparkContext(conf)
    val spark = new HiveContext(sc)
    sc.setLogLevel("WARN")
    import org.apache.spark.sql.functions._
    val tag = spark.table("network.network_label_data")
    // 分析 num_compromised 属性均值在 5 种类型的对比
    tag.groupBy("attack_type").mean("num_compromised").show()
```

```
    // 分析上传流量 src_bytes 和下载流量 dst_bytes 的比值均值在 5 种类型中的情况
    tag.groupBy("attack_type")
        .agg(mean(col("src_bytes")/col("dst_bytes"))).show()
    // 分析 hot 属性的均值在 5 种类型中的情况
    tag.groupBy("attack_type").mean("hot").show()
    }
}
```

在 IntelliJ IDEA 中，编程实现特征数据处理，如代码 8-27 所示。

代码 8-27　特征数据处理

```
import org.apache.spark.sql.hive.HiveContext
import org.apache.spark.{SparkConf, SparkContext}
import org.apache.spark.ml.feature.{Normalizer, StandardScaler,
VectorAssembler}


object Network_Model {
    def main(args: Array[String]): Unit = {
    val conf = new SparkConf().setMaster("local[3]").setAppName("Model")
    val sc = new SparkContext(conf)
    val hiveContext = new HiveContext(sc)

    import org.apache.spark.sql.functions._
    sc.setLogLevel("WARN")


    // 连续型数据归一化
    val tag = hiveContext.table("network.network_label_data").na.drop()


    // 连续型数据字段名
    val line_data = Array("duration", "src_bytes", "dst_bytes",
"wrong_fragment", "urgent", "hot", "num_failed_logins", "num_compromised",
 "num_root", "num_file_creations", "num_shells", "num_access_files",
"count", "srv_count", "serror_rate", "srv_serror_rate", "rerror_rate",
"srv_rerror_rate", "same_srv_rate", "diff_srv_rate", "srv_diff_host_rate")


    // 将字段合并为 Vector 类型数据
    val data_feature = new VectorAssembler()
        .setInputCols(line_data)
        .setOutputCol("features")
        .transform(tag)
    data_feature.select("features").show(false)
```

```
// 数据归一化
val normaliz_data = new Normalizer()
  .setInputCol("features")
  .setOutputCol("normFeatures")
  .setP(1.0)
  .transform(data_feature)
normaliz_data.select("normFeatures").show(false)

// 将处理好的连续型数据和离散型数据合并为同 1 个 Vector 类型数据，并保存
val name = Array("land", "logged_in", "root_shell", "su_attempted"
  , "is_guest_login", "normFeatures")
val data_model = new VectorAssembler()
  .setInputCols(name)
  .setOutputCol("features_total")
  .transform(normaliz_data)
data_model.write.mode("overwrite").saveAsTable(
  "network.network_model_data")
data_model.show(false)
  }
}
```

在 IntelliJ IDEA 中，编程实现分类模型的构建、预测与评估，如代码 8-28 所示。

代码 8-28　决策树模型的构建、预测与评估

```
import org.apache.spark.ml.classification.DecisionTreeClassifier
import org.apache.spark.ml.evaluation.MulticlassClassificationEvaluator
import org.apache.spark.ml.feature.{LabeledPoint, StringIndexer}
import org.apache.spark.sql.hive.HiveContext
import org.apache.spark.{SparkConf, SparkContext}

object Network_Model_Use {
  def main(args: Array[String]): Unit = {
    val conf = new SparkConf().setAppName("Model_Use").setMaster("local[3]")
    val sc = new SparkContext(conf)
    val hiveContext = new HiveContext(sc)

    sc.setLogLevel("WARN")
    import org.apache.spark.sql.functions._

    val data  = hiveContext.table("network.network_model_data").distinct()

    // 将字符类型转换为数值类型
    val labelIndexer = new StringIndexer()
      .setInputCol("attack_type")
      .setOutputCol("indexedLabel")
```

```
      .fit(data)
      .transform(data)
   labelIndexer.select("indexedLabel", "attack_type").distinct().show()

   // 划分训练数据和测试数据
   val Array(trainingData, testData) = labelIndexer
     .randomSplit(Array(0.8, 0.2))
   // 模型训练
   val model = new DecisionTreeClassifier()
     .setLabelCol("indexedLabel")
     .setFeaturesCol("features_total")
     .fit(trainingData)
   val pre = model.transform(testData)
   pre.select("attack_type","indexedLabel","prediction").show()
   // 模型评估
   val evaluator_accuracy = new MulticlassClassificationEvaluator()
     .setLabelCol("indexedLabel")
     .setPredictionCol("prediction")
     .setMetricName("accuracy")
   val evaluator_F1 = new MulticlassClassificationEvaluator()
     .setLabelCol("indexedLabel")
     .setPredictionCol("prediction")
     .setMetricName("f1")
   val accuracy = evaluator_accuracy.evaluate(pre)
   val f1 = evaluator_F1.evaluate(pre)
   println("model accuracy:"+accuracy)
   println("model f1:"+f1)
   model.save("./Model")
  }
}
```

小结

　　本章从机器学习的简单概念和机器学习常用算法的介绍引入，介绍了 Spark MLlib 的概念及其发展历史等；通过 Spark 安装包的示例文件数据，详细介绍了 MLlib 中的算法以及算法包的使用；最后结合网络监测数据实例，使用 Spark MLlib 构建决策树分类模型实现网络攻击类型识别，使读者对 Spark MLlib 的使用有更深刻的理解。

实训

实训 1　使用 K-Means 划分电影热度等级

1. 训练要点

（1）掌握构建 K-Means 模型的方法。

（2）掌握 K-Means 算法的调用。

（3）掌握数据归一化方法的调用。

2. 需求说明

电影院受到空间和时间的限制，每天所能播放的影片都是有限的，只有合理、有效地排片，才能使电影院获取更大的效益，同时也能最大程度丰富我国文化市场。而除了对热门电影给予较多的排片外，还需要结合社会需求以及当前电影院实际的观影情况进行分析，从而使电影艺术能够更好地宣传社会主义核心价值观。现收集了多家影院的电影售票与放映数据，包含不同电影在不同影院的销售与排片记录，数据字段说明如表 8-15 所示。

表 8-15　电影售票与放映数据字段说明

字段名称	说明	字段名称	说明
film_code	电影编号	occu_perc	影院可用容量占比
cinema_code	影厅编号	ticket_price	总计票价
total_sales	总票房	ticket_use	购买用户数
tickets_sold	售票次数	capacity	影院容纳量
tickets_out	退票次数	show_time	排片次数

通过 K-Means 算法将电影数据分为 3 类，将电影划分为高、中、低 3 个热度，进而对影院之后的排片计划提出合理建议。

3. 实现思路及步骤

（1）读取并转换原始数据为 DataFrame，确认数值字段的类型为 Double 类型。

（2）调用相关的类和 ml.clustering.KMeans、KMeansModel 算法包。

（3）筛选特征字段，并将所有筛选出的特征字段合并至同一个向量中。

（4）若数据量纲不同则可能影响聚类效果，可以调用 ml.feature.Normalizer()方法，对数据进行归一化。

（5）设置聚类个数、算法迭代次数等模型参数，构建聚类模型。

（6）使用 ml.evaluation.ClusteringEvaluator 类计算聚类模型的轮廓系数（轮廓系数越大代表聚类效果越好）。

实训 2　使用逻辑回归算法实现提升员工工作满意度

1. 训练要点

（1）掌握分类算法的数据类型 LabeledPoint 的转换。

（2）掌握分类算法的调用。

（3）掌握分类算法评估的方法。

2. 需求说明

尊重人才，构建和谐劳动关系是新时代每一家企业面临的课题。公司任何一位员工的离职都可能对公司造成损失，通过分析提升员工工作满意度，避免人才流失，是实现和谐劳动关系至关重要的一种手段。现有一份某公司的员工信息数据，包括离职员工和未离职员工的信息数据，数据字段说明如表 8-16 所示。

表 8-16 某公司的员工信息数据字段说明

字段名称	说明	字段名称	说明
satisfaction_level	员工满意程度	work_accident	是否有工伤
last_evaluation	国家编号	left	是否离职
number_project	在职期间完成的项目数	promotion_last_5years	过去 5 年内是否升职
average_montly_hours	每月平均工作时长	sales	工作部门
time_spend_company	工龄	salary	工资的相对等级

数据的 left 字段为员工离职状态字段，0 表示在职，1 表示离职，以此字段作为数据标签，构建分类模型预测员工满意度，并对分类模型进行评估。

3. 实现思路及步骤

（1）读取原始数据为 dataFrame，确认数值字段的类型为 Double 类型。

（2）用 StringIndexer() 方法将两个字符类型的字段转换为数值。

（3）选取特征字段，将其合并、转换为 Vector 类型数据，将标签列数据转换为 LablePoint 类型数据。

（4）将模型数据划分为测试数据和训练数据。

（5）使用训练数据构建分类模型，并使用分类模型预测测试数据分类结果。

（6）使用 ml.evaluation.MulticlassClassificationEvaluator 类计算模型的准确度。

课后习题

1. 选择题

（1）机器学习可以分为（　　　）。

    A. 有监督学习、无监督学习和半监督学习

    B. 有监督学习、无监督学习和强化学习

    C. 有监督学习和强化学习

    D. 无监督学习和强化学习

（2）下列属于关联规则算法是（　　　）。

    A. 决策树   B. K-Means

    C. FP   D. 朴素贝叶斯

（3）下列选项中（　　　）算法不属于有监督学习算法。

    A. K-Means   B. 线性回归

    C. 支持向量机   D. 朴素贝叶斯

（4）下列选项中（　　　）算法属于分类算法。

    A. FCM   B. 决策树

    C. K-Means   D. FP

（5）下列选项中不属于 MLlib 中常用的数据类型的是（　　）。

    A. Vector   B. LabeledPoint

    C. RDD   D. Rating

（6）关于 Spark MLlib 的 mllib.stat.Statistics 类中的方法，描述错误的是（　　）。

    A. mean：求均值   B. variance：求方差

    C. normL1：求正态分布   D. Statistics.corr(rdd, method)：求相关系数

（7）下列选项中，（　　）不需要使用 LabeledPoint 数据类型。

    A. 逻辑回归算法   B. 线性回归算法

    C. 朴素贝叶斯算法   D. 协同过滤算法

（8）下列选项中，（　　）不属于数据标准化或归一化方法。

    A. Normalizer()   B. StandardScaler()

    C. MinMaxScaler()   D. WithMean()

（9）ALS 是 MLlib 的一个实现推荐算法的包，需要输入的数据类型是（　　）。

    A. Vector   B. LabeledPoint

    C. DStream   D. Rating

（10）关于 mllib.feature 中创建特征向量的方法，下列说法错误的是（　　）。

    A. TF-IDF 算法可以将一整个文档转化成向量

    B. TF 指的是词频，IDF 指的是逆文档频率

    C. Word2Vec 可以将每一个单词用 K 维稠密向量来表示

    D. 使用 HashingTF 转化数据为特征向量时，要求转换的数据是不可迭代的。

2. 操作题

数字经济时代，利用大数据技术赋能各行各业，提高产品匹配性是实现经济高质量发展的有效途径。手机作为一种日常消费品，配置和价位存在一定的相关性，以手机配置作为标准对手机价格进行预测，通过对预测价格和真实价格的比较，即可为消费者提供关于性价比较高的手机的购买建议。根据这一需求，获取某交易软件上的二手手机交易数据，数据记录了手机的配置信息，字段说明如表 8-17 所示。标签列为 price_range 字段，有 0、1、2、3 共 4 个值，对应价格范围分别为 0～1000 元、1000～2000 元、2000～3500 元和 3500 元以上。

表 8-17　手机配置信息数据字段说明

字段名称	说明	字段名称	说明
id	编号	n_cores	处理器内核数
batter_power	电池容量	pc	主摄像头分辨率
bluetooth	蓝牙是否可用	px_height	像素（分辨率）高度
clock_speed	开机时间	px_width	像素（分辨率）宽度
dual_sim	是否支持双卡双待	ram	运行内存
fc	前置摄像头分辨率	sc_h	手机屏幕高度
five_g	是否支持 5G	sc_w	手机屏幕宽度

续表

字段名称	说明	字段名称	说明
int_memory	内存剩余大小	talk_time	充满电耗时
m_dep	手机厚度	four_g	是否支持 4G
mobile_wt	手机重量	touch_scream	触摸屏是否正常
wifi	Wi-Fi 是否可用	price_range	手机价格范围

　　根据表 8-17 所示的手机数据，使用 Spark MLlib 完成以下需求，实现手机价格预测。

（1）读取原始数据，确认各字段数据是否为数值。

（2）构建 LablePoint 类型的模型数据，并将其分割为测试数据和训练数据。

（3）构建分类模型，并预测测试数据分类结果，计算分类模型的平均误差值。

第9章 项目案例——广告检测的流量作弊识别

素养目标

（1）通过分析广告作弊流量识别项目背景培养网络安全意识和法制意识。

（2）通过完成数据预处理各个环节培养分而治之，循序渐进的做事方法。

（3）通过调整模型参数调优模型培养精益求精的工匠精神。

学习目标

（1）了解广告检测的流量作弊识别的实现流程。

（2）了解常见的流量作弊方式。

（3）了解常用的分类算法。

（4）掌握 Spark 编程实现分类模型的构建与评估方法。

（5）掌握模型的保存、加载与应用的过程。

任务背景

与传统的电视广告、户外广告采买相比，虚假流量一直被看作互联网广告特有的弊病。互联网广告虚假流量是指通过特殊的方式，模仿人类浏览行为而生成的访问流量。如通过设置程序，每分钟访问一次某网站的主页，这样的流量即属于虚假流量。广告主寻找媒体投放广告的目的是将信息传达给目标受众，以促进相关产品的销售。而媒体的责任则是尽可能引导更多的用户浏览这些信息。同等条件下，流量大的网站收取的广告费用更高。因此，部分网站受利益的驱使，会通过作弊方式产生虚假广告流量。

虚假广告流量的问题在数字营销行业中一直存在，给广告主带来了严重的损失。但互联网不是法外之地，利用大数据及人工智能技术构筑网络安全屏障，一方面能够保障国家安全，国家安全是民族复兴的根基，必须坚定不移贯彻总体国家安全观，确保国家安全；一方面能够提高市场效率，消除网络垃圾，惩治网络违法行为。目前，广告监测行为数据被越来越多地用于建模和做决策，如绘制用户画像、跨设备识别对应用户等。作弊行为、恶意曝光，甚至是在用户毫无感知的情况下被控制访问等非用户主观发出的行为给数据带来了巨大的噪声，给模型训练造成了很大影响。

本章将通过 Spark 大数据技术实现广告检测的流量作弊识别，使读者可以更加熟悉 Spark 相关技术，并灵活应用相关技术解决相应的大数据问题。

任务9.1 分析需求

需求分析

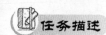

任务描述

任何解决方案都需要从需求入手，分析实现目标所需要进行的步骤。

第❾章 项目案例——广告检测的流量作弊识别

本节的任务是了解在互联网中常见的广告流量作弊方式，结合广告检测的流量作弊识别案例的目标，分析案例的需求。

9.1.1 常见的广告流量作弊方式

互联网时代的核心之一是流量，更多的流量意味着更多的关注和可能的更高的收入。广告主在互联网投放广告时往往会依据流量信息来设计投放方案，广告流量作弊不仅仅会使广告主选择错误的广告投放方案，造成浪费，也会使后期根据用户浏览信息对现有广告进行修改时出现偏差。这些问题常常会引发"蝴蝶效应"，造成不可估量的损失。因此，对广告流量进行作弊检测进而加以防范是非常有必要的。广告的浏览信息数据量往往十分庞大，人工对其进行筛选很不现实，所以一般会通过算法对海量浏览信息进行自动化筛选。首先，需要了解常见的几种广告流量作弊方式，如表 9-1 所示。

表 9-1 常见的广告流量作弊方式及其说明

广告流量作弊方式	说明
脚本刷量	设定程序，使计算机按一定的规则访问目标网站
控制僵尸计算机访问	利用互联网上受病毒感染的计算机访问目标网站
页面代码修改	通过病毒感染或其他方式，在媒体网站插入隐藏代码，在其页面加载肉眼不可见的指向目标网站的小页面
DNS 劫持	通过篡改 DNS 服务器上的数据，强制修改用户计算机的访问位置，使用户原本访问的网站被修改为目标网站

作弊者通过各项技术，不断模拟人的行为，增大识别作弊流量的难度。例如，控制分时间段的 IP 地址访问量，使用正常的用户代理（User Agent，UA），控制页面曝光时间、访问的路径等。访问流量通过上述手段的处理，虽然识别难度增大了，但这并不意味着作弊流量是不可识别的。机器模拟的流量是通过软件实现的，与人类的点击流量存在一定的差异。

9.1.2 分析需求

本案例的目标是建立广告流量作弊识别模型，精准识别虚假流量记录。根据目标对广告检测的流量作弊识别的整体实现流程进行拆分，如图 9-1 所示。

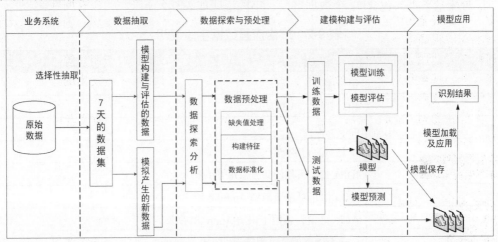

图 9-1 广告流量作弊识别实现流程

广告检测的流量作弊识别实现流程的步骤如下。

（1）对广告检测获得的历史流量数据进行选择性抽取和数据划分。

（2）对第（1）步中形成的数据集进行数据探索分析，包括缺失值、冗余字段的基础探索和流量作弊的行为特征的业务探索。

（3）根据探索分析结果得出的清洗规则，对数据进行相应的预处理，并构建建模时需要的特征，形成建模样本数据。

（4）建立不同的虚假流量识别模型，并对模型进行评估及对比。

（5）保存效果较好的模型，模拟新数据产生，加载保存好的模型以进行应用。

在广告检测中，每一秒都会采集一条或多条状态数据。由于采集频率较高，因此数据的规模是非常庞大的。Spark 分布式计算框架在大数据处理的效率方面具有很大的优势，而且 Spark 提供了一个机器学习算法库 MLlib，可以简化复杂的建模过程，使用起来更加简便。因此，本案例采用 Spark 大数据技术对流量数据进行探索分析和处理，并在 Spark 中实现模型构建、预测、评估、应用的过程。

任务 9.2　探索分析广告流量数据

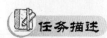

不同的作弊行为产生的数据特征不同，对数据进行探索分析并合理归纳虚假流量的数据特征，为后期有针对性地对数据进行预处理、构建相应的指标提供可靠依据，可有效提高模型分类的准确率。本节的任务是对广告流量数据进行探索分析，包括对数据说明、数据记录数、日访问流量等的基础探索，对作弊浏览的特征探索，使读者对数据字段有更加深入的了解。

9.2.1　数据说明

案例的数据是业务人员从某网站后台的 MySQL 数据库中采用无放回随机抽样法抽取得到的。以 7 天的流量记录作为原始建模数据，导出为 CSV 格式的数据文件 case_data_new.csv。

广告流量数据共包含 22 个数据字段，字段说明如表 9-2 所示。

表 9-2　广告流量数据字段说明

字段名称	说明
rank	记录序号
dt	相对日期，单位为天
cookie	cookie 值
ip	IP 地址，已脱敏
idfa	IDFA 值，可用于识别 iOS 用户
imei	IMEI 值，可用于识别 Android 用户
android	Android 值，可用于识别 Android 用户
openudid	OpenUDID 值，可用于识别 iOS 用户

续表

字段名称	说明
mac	MAC 值，可用于识别不同硬件设备
timestamps	时间戳
camp	项目 ID
creativeid	创意 ID
mobile_os	设备 OS 版本信息，该值为原始值
mobile_type	机型
app_key_md5	App Key 信息
app_name_md5	App Name 信息
placementid	广告位信息
useragent	浏览器信息
mediaid	媒体 ID 信息
os_type	OS 类型标记
born_time	cookie 生成时间
label	作弊标签，1 表示作弊，0 表示正常

案例所提供的原始建模数据已标记了相关流量数据是否作弊的标签，而目标网站在收集流量数据时是没有类别标签的。因此应该处理一份没有标签的流量数据，以便在后期用于模型应用，更加贴合实际生产环境。

9.2.2　基础探索数据

我们对于原始数据知之甚少，一般只能从业务人员处得到数据的一些基本信息，而且业务人员提供的基本信息也是未经验证的，具体数据与业务人员描述的是否一致还未可知。因此，获取数据后需要先对数据进行基本的探索分析工作，再根据探索分析得出的数据清洗规则，对数据进行进一步的处理。

本案例的完整流程都将在 IntelliJ IDEA 中通过编程实现，同时由于数据探索和处理部分会较为频繁地输出结果以进行验证，因此数据探索和处理的程序将选择本地模式进行编译运行。首先创建一个 Spark 工程，导入 Spark 相关的开发依赖包，创建一个 Explore.scala 类。实例化 SparkSession 对象，命名为 spark，并设置日志级别为 "WARN"，如代码 9-1 所示。

代码 9-1　实例化 SparkSession 对象

```
val spark = SparkSession
  .builder()
  .enableHiveSupport()
  .master("local[4]")
  .appName("Explore")
```

```
    .getOrCreate()


spark.sparkContext.setLogLevel("WARN")
```

1. 探索记录数

读取本地 case_data_new.csv 文件的数据为 DataFrame 格式的数据，通过 option 设置文件首行为列名，使用 count()方法统计数据记录数，如代码 9-2 所示。

代码 9-2　统计数据记录数

```
// 统计记录数
val rawData = spark.read.option("header","true").csv(
    "F:\\Data\\case_data_new.csv")
println("原始数据集行数为:" + rawData.count())
```

结果如图 9-2 所示，7 天的流量数据，记录共有 1704154 条。

2. 探索日流量

广告检测流量数据总共有 7 天的数据，在该数据中，dt 字段记录了流量数据提取的相对天数。dt 字段的值为 1～7，1 表示提取的 7 天流量数据的第 1 天数据，以此类推。对每天的数据流量进行统计，查看是否有异常。使用 groupBy()方法根据 dt 字段进行分组统计，查询 7 天中每天的日流量，并根据相对天数进行升序排序，如代码 9-3 所示。

代码 9-3　统计数据日流量

```
// 统计日流量
rawData.groupBy("dt").count().selectExpr(
    "dt","count as dayCount").sort("dt").show()
```

执行代码 9-3，结果如图 9-3 所示，可以看出日流量差异不大，数据的产生相对稳定，不存在数据倾斜问题。

```
+---+--------+
| dt|dayCount|
+---+--------+
|  1|  222665|
|  2|  323512|
|  3|  273309|
|  4|  233976|
|  5|  244887|
|  6|  251982|
|  7|  153823|
+---+--------+
```

```
原始数据集行数为: 1704154
```
图 9-2　统计数据记录数结果

图 9-3　日流量统计

3. 分析数据类型

根据数据的类型对数据中的 22 个字段进行探索，结果如表 9-3 所示。

表 9-3　流量数据的数据类型

数据类型	字段名称
字符类型（character）	cookie、ip、idfa、imei、android、openudid、mac、app_key_md5、app_name_md5、placementid、useragent、os_type
数值类型（numeric）	rank、dt、timestamps、camp、creativeid、mobile_os、mobile_type、mediaid、born_time、label

从表 9-3 可以看出，大部分的字段是字符类型的，不适用于直接运用至一些需要数值类型的分类模型中，因此还需要对字符类型的数据进行相应的编码或根据字符类型的数据字段构造新的特征列。

4. 统计缺失数据

在很多的数据样本中，某些数据字段经常会存在缺失值。如果使用具有缺失值的字段且字段的缺失值会影响模型构建的过程、影响模型的效果，那么需要对缺失值进行进一步的处理。对 7 天中所有的广告流量数据进行缺失值探索，统计出各个字段的缺失值情况。

Spark SQL 的 DataFrame 中有 na()方法可以对缺失值进行统计，结合 drop()方法即可得到数据字段的缺失值占比，即缺失率。原始数据存在 22 个字段，若对每个字段的缺失率统计都编写类似的代码，会造成代码冗余。同时通过观察，creativeid 字段的大量值都为 0，不符合正常情况，因此，若 creativeid 的字段值为 0 也视为存在缺失值，且需单独统计。为提高代码利用率，在主程序（main()方法）外构建自定义方法用于计算数据字段缺失率，如代码 9-4 所示。

代码 9-4　缺失率统计的外部方法定义

```
def MissingCount(data:DataFrame,columnName:String): Unit ={
  if (columnName != "creativeid") {
   val missingRate = data.select(
       columnName).na.drop().count().toDouble / data.count()
   println(columnName+" 缺失率: " + (1-missingRate)*100 + "%")
  }
  else{
    val creativeidMissing = data.select(columnName).filter(
        "creativeid = =0").count() / data.count().toDouble
    println(columnName+" 缺失率: " + creativeidMissing*100+"%")
  }
}
```

在主程序内调用 for 循环对各个字段进行统计，如代码 9-5 所示。

代码 9-5　for 循环计算数据字段缺失率

```
// 获取列名并存到列表中
val columnName = rawData.columns.toList
```

```
for (i <- columnName){
  MissingCount(rawData,i)
}
```

执行代码 9-4 和代码 9-5，结果如图 9-4 所示，由于数据字段较多，只截取了部分字段的缺失率结果。

```
rank 缺失率：0.0%
dt 缺失率：0.0%
cookie 缺失率：0.0%
ip 缺失率：0.0%
idfa 缺失率：92.19213756503227%
imei 缺失率：79.83116549325942%
android 缺失率：80.78859070248346%
openudid 缺失率：84.14450806675923%
mac 缺失率：78.82843921382691%
timestamps 缺失率：0.0%
camp 缺失率：0.0%
```

图 9-4　字段缺失率的部分结果截图

对于各个数据字段缺失率的完整统计结果如表 9-4 所示。

表 9-4　各个数据字段缺失率的完整结果

字段名称	缺失率	字段名称	缺失率
rank	0.0%	creativeid	98.38905404089067%
dt	0.0%	mobile_os	80.23365259243003%
cookie	0.0%	mobile_type	77.39617428941281%
ip	0.0%	app_key_md5	79.96577774074409%
idfa	92.19213756503227%	app_name_md5	80.5729411778513%
imei	79.83116549325942%	placementid	0.0%
android	80.78859070248346%	useragent	4.350839184721567%
openudid	84.14450806675923%	mediaid	0.0%
mac	78.82843921382691%	os_type	67.29080822507825%
timestamps	0.0%	born_time	0.0%
camp	0.0%	label	0.0%

在 1704154 条流量数据中，对 cookie、ip、idfa 等 22 个数据字段进行了缺失率统计。从表 9-4 中可以看出，idfa、imei、android、openudid、mac、creativeid、mobile_os、mobile_type、app_key_md5、app_name_md5、os_type 等字段的缺失率非常高，尤其是 creativeid 字段，高达约 98.39%，且原始数据为数值型数据，无法进行插补，因此，后续将编写程序删除缺失率过高的数据字段。

5. 分析冗余数据

数据集成往往会导致数据冗余，而数据冗余往往会影响模型构建的速度和质量。通过分析缺失率探索原始数据中是否存在冗余字段，结果如表 9-5 所示。

表 9-5　缺失率分析结果

字段名称	缺失率	备注
idfa	92.19%	可用于识别 iOS 用户
imei	79.83%	可用于识别 Android 用户
android	80.79%	可用于识别 Android 用户
openudid	84.14%	可用于识别 iOS 用户

idfa、imei、android 和 openudid 这 4 个字段均是用于识别手机系统类型的字段，且结合表 9-5 的统计结果，这 4 个字段的缺失率是偏高的，而且这 4 个字段均是用于识别手机系统类型的字段。因此，若后续构建特征时需要使用识别手机系统类型的字段，可以将这 4 个字段合并，以降低识别手机系统类型字段的缺失率，提取有效信息。

9.2.3　探索作弊流量的数据特征

在表 9-1 中列出了常见的几种流量作弊方式，不同作弊行为产生的数据特征不同。对虚假流量数据进行探索分析，对其根据作弊方式进行划分，为构建特征指标提供思路。

探索作弊流量的
数据特征

1. 脚本刷新网页作弊

脚本刷新网页作弊通过设定程序，使计算机按一定的规则访问目标网站。该作弊方式产生的数据记录中 cookie 与 ip 不变，且存在多条记录。例如，某用户（ip 为 44.75.99.61，cookie 为 646d9cd31ae2a674d1ed6d68acc6e019）在第 1 天利用同一浏览器多次访问某一网址上的广告位信息。在 cookie 和 ip 不变的情况下，如果在第 1 天里产生了 1000 条以上的数据记录，很明显是不符合常理的，那么该用户的行为极有可能属于利用脚本刷新网页的作弊行为，产生的流量为虚假流量。

在 cookie 和 ip 不变的情况下统计数据记录数，使用 groupBy()方法根据 ip 和 cookie 字段进行分组统计，并使用 withColumn()新增一个 ip_cookie_count_precent 字段，用于存放同一 ip 和 cookie 的数据记录数，如代码 9-6 所示。

代码 9-6　统计同一 ip 和 cookie 的数据记录数

```
val cookie_ip_distribute = rawData.groupBy(
    "ip","cookie").count().withColumn("ip_cookie_count_precent", col(
    "count") / rawData.count()*100).orderBy(desc("count"))
cookie_ip_distribute.show(false)
```

执行代码 9-6，结果如图 9-5 所示。在 7 天的流量数据中，确实存在同一 ip 和 cookie 的用户高频浏览广告的情况。

```
+---------------+--------------------------------+-----+------------------------+
|ip             |cookie                          |count|ip_cookie_count_precent |
+---------------+--------------------------------+-----+------------------------+
|44.75.99.61    |646d9cd31ae2a674d1ed6d68acc6e019|1208 |0.07088561245051797     |
|24.147.126.192 |8ce10846ee66427f8527780107aa200f|1109 |0.06507627831756989     |
|167.229.153.163|07de748dce9b1368c5b5130955ce7409|934  |0.05480725333508592     |
|236.197.41.7   |32eefef058200011e763d5e4fc29a8ec|632  |0.03708585022245642     |
|225.238.2.77   |a153835d4e80dd2669683f674ca708be|406  |0.023824137959362827    |
|2.90.65.111    |869b7e061094fad43425ebe6cbd70dde|369  |0.02165297267735193     |
|61.222.188.99  |8d3a4618fb892ac933e96cfe963aa337|354  |0.02077277053599616     |
|228.145.228.70 |4cba9c30eefdecf92543e19bd1caa052|350  |0.020538049964967955    |
|212.192.121.67 |9016201fad855101dd6c496dd1ccb9bc|349  |0.0204793698222109      |
|228.77.242.25  |cf8d9f33570ea11c9cecc64194e81da6|336  |0.019716527966369236    |
|97.200.72.4    |c9cea0a377a252f5fcf57f5028c852b9|335  |0.019657847823612185    |
|38.24.247.161  |8920d2e178764afece5a7b0537772a81|327  |0.019188406681555775    |
|228.65.20.94   |062bda023791ebb237d4b74594eef1af|321  |0.018836325825013468    |
|43.138.126.148 |d27ca52e9a76c2df1d4de6f87bfb594a|321  |0.018836325825013468    |
|206.173.197.159|efcec1dac79ccd5ef196a0a72c6af866|303  |0.017780083255386544    |
|190.21.41.53   |ea55bf69c4053b57d50684cd28e5fafc|302  |0.017721403112629493    |
|101.188.77.160 |1dde6f28fa24f9aec73378030e766fa0|290  |0.01701724139954488     |
|218.47.16.196  |92dbed09e2bb1b424d8fac3e1ebd7a4c|271  |0.015902318687160903    |
|218.13.60.59   |68a08e3a107c79ed4d96414eb7e7fd03|266  |0.015608917973375646    |
|38.69.182.243  |14d3a71fdd2ed6d81afab16fb620ed1e|252  |0.014787395974776926    |
+---------------+--------------------------------+-----+------------------------+
only showing top 20 rows
```

图 9-5　统计同一 ip 和 cookie 的数据记录数

正常情况下，极少有人在 7 天内频繁浏览某广告多达 100 次或以上，因此在 ip 和 cookie 不变的情况下，对广告的浏览次数超过 100 的记录进行简单统计。使用 filter()方法过滤出代码 9-6 中 count 字段值大于 100 的数据，并统计筛选后的数据记录数，如代码 9-7 所示。

代码 9-7　统计同一 ip 和 cookie 浏览次数超过 100 的记录数

```
val click_gt_100 = cookie_ip_distribute.filter("count > 100").count()
println("同一ip、cookie 出现 100 次以上的记录数: " + click_gt_100)
```

执行代码 9-7，结果如图 9-6 所示，7 天中 ip 和 cookie 相同、浏览广告超过 100 次的记录有 104 条，将所有的访问次数进行叠加，将占据大量的流量记录，如果不加以识别，那么将对广告主造成很大损失。

```
同一ip、cookie出现100次以上的记录数：104
```

图 9-6　同一 ip、cookie 出现 100 次以上的记录数

2. 定期清除 cookie，刷新网页作弊

同一 ip 和 cookie 的用户浏览数据很容易被识别，因此作弊者往往也会通过定期清除 cookie 来制造不同 cookie 的访问记录，使流量数据避免被广告主识别为虚假流量，该类虚假流量的特征为 ip 不变、cookie 不同。例如，某用户（ip 为 24.241.51.192）的流量记录有 10000 条，如果其中含有 9000 个不同的 cookie，那么该用户的流量数据就可能是通过定期清除 cookie 并刷新网页而产生的虚假流量。

使用 groupBy()方法根据 ip 字段进行分组统计，统计每个 ip 对应的不同 cookie 值的数

量分布情况，如代码 9-8 所示。

代码 9-8　统计每个 ip 对应的不同 cookie 值的数量分布情况

```
val ip_distribute = rawData.groupBy("ip").agg(
    countDistinct("cookie") as "ip_count").groupBy("ip_count").agg(count(
    "ip_count") as "ip_count_count", count(
    "ip_count") / rawData.count()*100 as "ip_count_count_precent").orderBy(
    desc("ip_count"))
ip_distribute.show(false)
```

执行代码 9-8，结果如图 9-7 所示，结果显示存在同一个用户高频访问广告的情况，这种情况占据着较高的数据比例，需要进行识别。

```
+--------+--------------+-----------------------+
|ip_count|ip_count_count|ip_count_count_precent |
+--------+--------------+-----------------------+
|10046   |1             |5.86801427570051305E-5 |
|6173    |1             |5.86801427570051305E-5 |
|5442    |1             |5.86801427570051305E-5 |
|5135    |1             |5.86801427570051305E-5 |
|4256    |1             |5.86801427570051305E-5 |
|4233    |1             |5.86801427570051305E-5 |
|4220    |1             |5.86801427570051305E-5 |
|4157    |1             |5.86801427570051305E-5 |
|4127    |1             |5.86801427570051305E-5 |
|4066    |1             |5.86801427570051305E-5 |
|4027    |1             |5.86801427570051305E-5 |
|3942    |1             |5.86801427570051305E-5 |
|3488    |1             |5.86801427570051305E-5 |
|3377    |1             |5.86801427570051305E-5 |
|3356    |1             |5.86801427570051305E-5 |
|3291    |1             |5.86801427570051305E-5 |
|3290    |1             |5.86801427570051305E-5 |
|3260    |1             |5.86801427570051305E-5 |
|3251    |1             |5.86801427570051305E-5 |
|3236    |1             |5.86801427570051305E-5 |
+--------+--------------+-----------------------+
only showing top 20 rows
```

图 9-7　同一个用户高频访问广告记录统计

3. ADSL 重新拨号后刷新网页作弊

作弊者利用 ADSL（Asymmetric Digital Subscriber Line，非对称数字用户线）重新拨号后刷新网页作弊，ADSL 重新拨号后刷新网页浏览广告这一行为产生的流量同样为虚假流量。其特征是在某一时间段里，多条访问记录的 ip 来源于同一个区域，因此 ip 的前 2 段或前 3 段相同。例如，ip 前 2 段为 97.200 的访问记录有 30000 条，其中 ip 前 3 段为 97.200.183 的访问记录有 5000 条，ip 前 3 段为 97.200.72 的访问记录有 25000 条。区域办公可能会导致用户 ip 的前 2 段或前 3 段相同，但是上万条的流量记录大大超出了正常范围，可认定为作弊流量。

根据 ip 前 2 段进行分组统计，统计 ip 前 2 段相同的记录数的分布情况，使用 substring_

index()方法根据"."对 ip 进行分割，取出前 2 段，统计 ip 前 2 段相同的记录数，并根据记录数进行降序排序，如代码 9-9 所示。

代码 9-9　统计 ip 前两段相同的记录数的分布情况

```
val ip_two = rawData.withColumn("ip_two",substring_index(
    col("ip"), ".", 2)).groupBy("ip_two").agg(
    count("ip_two") as "ip_two_count").orderBy(desc("ip_two_count"))

ip_two.show(false)
```

执行代码 9-9，结果如图 9-8 所示。ip 前两段相同的记录数在 10000 以上的情况较多。

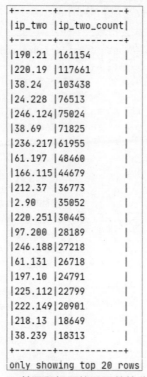

```
+-------+------------+
|ip_two |ip_two_count|
+-------+------------+
|190.21 |161154      |
|220.19 |117661      |
|38.24  |103438      |
|24.228 |76513       |
|246.124|75024       |
|38.69  |71825       |
|236.217|61955       |
|61.197 |48460       |
|166.115|44679       |
|212.37 |36773       |
|2.90   |35052       |
|220.251|30445       |
|97.200 |28189       |
|246.188|27218       |
|61.131 |26718       |
|197.10 |24791       |
|225.112|22799       |
|222.149|20901       |
|218.13 |18649       |
|38.239 |18313       |
+-------+------------+
only showing top 20 rows
```

图 9-8　ip 前两段相同的记录数的分布情况

根据 ip 前 3 段进行分组统计，统计 ip 前 3 段相同的记录数的分布情况，如代码 9-10 所示。

代码 9-10　统计 ip 前 3 段相同的记录数的分布情况

```
val ip_three = rawData.withColumn(
    "ip_three",substring_index(col("ip"), ".", 3)).groupBy("ip_three").agg(
    count("ip_three") as "ip_three_count").orderBy(desc("ip_three_count"))

ip_three.show(false)
```

ip 前 3 段相同的记录数有几万条的情况也较多，如图 9-9 所示，与 ip 前 2 段相同的情况类似，如果对应的记录数过于庞大，则可以大致判定这些流量为虚假流量。

```
+----------+--------------+
|ip_three  |ip_three_count|
+----------+--------------+
|38.24.247 |99894         |
|190.21.238|82338         |
|24.228.119|57354         |
|246.124.11|41771         |
|212.37.105|34408         |
|61.197.48 |32434         |
|190.21.41 |32032         |
|38.69.59  |29771         |
|190.21.130|26933         |
|2.90.198  |25022         |
|220.251.245|20805        |
|97.200.72 |19264         |
|24.228.179|18873         |
|166.115.204|18390        |
|166.115.71|17977         |
|166.6.39  |16879         |
|236.217.34|16788         |
|38.69.182 |16390         |
|190.21.123|16377         |
|218.13.60 |16059         |
+----------+--------------+
only showing top 20 rows
```

图 9-9　ip 前 3 段相同的记录数的分布情况

任务 9.3 预处理数据并构建特征

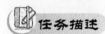 **任务描述**

预处理数据并
构建特征

在 9.2 节的数据探索分析中，我们了解到一些数据字段存在大量的缺失值，同时一些字段为说明性数据字段，不足以直接作为特征进行训练并构建模型。因此，本节的任务是根据 9.2 节的探索分析结果对数据进行处理，删除缺失率较高的数据字段，构建相应的新特征，并对特征进行数据标准化，以便用于后续的模型训练中。

9.3.1　删除缺失值字段

在 9.2 节的数据探索分析中，由于缺失率较高的数据字段多为字符类型的字段，因此不适宜对缺失值进行插补。为了减小缺失数据对模型产生的影响，删除缺失率过高的 mac、creativeid、mobile_os、mobile_type、app_key_md5、app_name_md5、os_type 等字段。而对于 idfa、imei、android、openudid 这 4 个数据含义相似的数据字段，由于后续构建特征时不确定是否需要使用到，因此先不对其进行处理。删除缺失率高的字段如代码 9-11 所示。

代码 9-11　删除缺失率高的字段

```scala
val data_new = rawData.drop("mac").drop("creativeid").drop(
    "mobile_os").drop("mobile_type").drop("app_key_md5").drop(
    "app_name_md5").drop("os_type")
```

将处理后的数据保存至 Hive 中。先在 Hive 中创建数据库 ad_traffic，使用 saveAsTable()方法将处理后的数据保存至 Hive 的 ad_traffic 数据库中，表名为 AdData，通过 mode()方法设置保存模式为覆盖保存，如代码 9-12 所示。需要注意，在 IntelliJ IDEA 中将数据保存至 Hive 时需要将 hive-site.xml（Hive 的配置文件）放入对应 Spark 工程的 resources 文件夹中。

代码 9-12   数据保存

```
data_new.write.mode(SaveMode.Overwrite).saveAsTable("ad_traffic.AdData")
```

9.3.2   构建广告流量作弊识别特征

对于分类模型，构建的特征对于标签列的识别需要存在一定的判别标准，9.2 节已对不同作弊行为对应的虚假流量数据特征进行探索，根据探索结果，分别构建 N、N1、N2、N3特征，详细说明如表 9-6 所示。

表 9-6   构建的特征说明

特征	构建方法	说明
N	统计在 5 小时内，原始数据集中，同一 ip、cookie 的记录的出现次数	ip 和 cookie 不变的情况下，出现的记录次数指标：N
N1	统计在 5 小时内，原始数据集中，同一个 ip 对应的不同 cookie 的数量	ip 不变，对应的不同 cookie 出现的次数指标：N1
N2	统计在 5 小时内，原始数据集中，ip 前 2 段相同的记录的出现次数	ip 前 2 段相同的次数指标：N2
N3	统计在 5 小时内，原始数据集中，ip 前 3 段相同的记录的出现次数	ip 前 3 段相同的次数指标：N3

表 9-6 所示的构建方法描述中，5 小时是根据广告点击周期的频率得出的。将 7 天按 5小时进行划分后，会得到多个区间。对每个区间内部的数据进行特征构建，同时将每个区间的特征数据合并至同一个数据集中作为特征数据集。实现的思路如下。

首先获取时间戳（timestamps）的最大值和最小值，以最大时间点和最小时间点作为界限，以 18000 秒（即 5 小时）作为分割点，构建多个时间区间。使用 for 循环对构建的时间区间进行遍历，获取对应区间内的数据，并对其进行特征构建。

由于 Scala 语言中的 for 循环内部构建的变量无法传出 for 循环，因此无法在代码中完成各个时间区间的特征数据集的拼接。但可以在循环中将每个区间内构建的特征保存至Hive 表中，当循环完成时，循环内所构建的特征数据集将保存至同一个 Hive 表中。此外，由于数据量非常大，同时需要构建每个区间内的特征，这一系列的操作对硬件要求极高，若要对 7 天的广告流量数据进行处理，则会耗费大量的时间，因此这里仅取出前 25 小时的广告流量数据作为构建特征前的数据集。

1. 划分时间区间

range()方法可以在自定义的区间内，以规定的间隔将自定义的区间等分切割成不同的小区间。选取 timestamps 字段，并将其转换为 Int 类型数据，使用 max()和 min()方法分别求出数据中的最大时间点和最小时间点，使用 range()方法对区间进行分割，最终得到一个时间分割点列表，如代码 9-13 所示。

代码 9-13　时间区间划分

```scala
// 实例化 SparkSession 对象
val spark = SparkSession
  .builder()
  .enableHiveSupport()
  .master("local[4]")
  .appName("Features")
  .getOrCreate()
// 设置日志级别为 WARN
spark.sparkContext.setLogLevel("WARN")


// 定义特征的名称
val timestamps = "timestamps"
val cookie = "cookie"
val ip = "ip"
val N = "N"
val N1 = "N1"
val N2 = "N2"
val N3 = "N3"
val ranks = "rank"
// 读取处理后的完整数据
val data = spark.read.table("ad_traffic.AdData")


// 取出时间戳的最大值和最小值
val max_min_timestamp = data.select(max(col(timestamps).cast(
  DataTypes.IntegerType)) as "max_ts",
  min(col(timestamps).cast(DataTypes.IntegerType)) as "min_ts").rdd.collect
val max_ts = max_min_timestamp(0).getInt(0)
val min_ts = max_min_timestamp(0).getInt(1)
// 以 18000 秒切割时间段
val times = List.range(min_ts, max_ts, 18000)
println("时间分割点: " + times)
```

执行代码 9-13，时间分割点的部分结果如图 9-10 所示。以 18000 秒为切割间隔将数据切割为多个区间。

时间分割点：List(0, 18000, 36000, 54000, 72000, 90000, 108000, 126000, 144000,

图 9-10　部分时间分割点

2. 构建特征

得到时间分割点列表后，需要根据时间分割点列表取出前 25 小时的数据。使用 for 循环，再通过 filter() 方法筛选出 timestamps 字段在相应区间内的数据，如第一个区间数据的筛选条件为 "0<=timestamps<18000"。

筛选得到前 25 小时内的数据后，以 5 小时的区间对数据进行特征构建，构建特征 N、N1、N2、N3。在得到 4 个特征数据集后，将这些数据集根据 ranks 字段进行合并得到含 ranks 和 4 个特征的完整特征数据集，将此数据集以 Append 的方式写入 Hive 表中，这时 Hive 表中就会存在前 5 小时数据的特征数据集。之后进行下一次的循环，4 个独立的特征数据集将会被重新赋值、合并，添加至 Hive 表中，如代码 9-14 所示。

代码 9-14　特征构建与数据保存

```
for (i<- 0 to 4) {
  // 获取前 25 小时数据用于模型的构建与评估
  // N、N1、N2、N3 特征构建
  val data_sub = data.filter(
  "timestamps>=" + times(i) + " and timestamps<" + times(i + 1))
  val data_N_sub = data_sub.groupBy(cookie, ip).agg(
    count(ip) as N).join(data_sub, Seq(cookie, ip), "inner").select(ranks, N)
  val data_N1_sub = data_sub.groupBy(ip).agg(
  countDistinct(cookie) as N1).join(
    data_sub, Seq(ip), "inner").select(ranks, N1)
  val data_ip_two = data_sub.withColumn(
    "ip_two", substring_index(col(ip), ".", 2))
  val data_ip_three = data_sub.withColumn(
    "ip_three", substring_index(col(ip), ".", 3))
  val data_N2_sub = data_ip_two.groupBy("ip_two").agg(
    count("ip_two") as "N2").join(
    data_ip_two, Seq("ip_two"), "inner").select(ranks, N2)
  val data_N3_sub = data_ip_three.groupBy("ip_three").agg(
    count("ip_three") as "N3").join(
    data_ip_three, Seq("ip_three"), "inner").select(ranks, N3)
  val data_model_N = data_N_sub.join(
```

```
    data_N1_sub, ranks).join(data_N2_sub, ranks).join(data_N3_sub, ranks)
  data_model_N.write.mode(SaveMode.Append).saveAsTable(
    "ad_traffic.TimeFeatures")
}
```

执行代码 9-14 后，在 Hive 的 ad_traffic 数据库中查询 TimeFeatures 表的前 10 行，并查看表中的字段名称及类型结果，如图 9-11 所示。注意，在 Hive 中不区分大小写。

```
hive> use ad_traffic;
OK
Time taken: 0.646 seconds
hive> select * from TimeFeatures limit 10;
OK
1420870  1        6       3335    99
1424639  1        183     1613    1569
1426272  1        179     3292    1439
1432100  1        7       3335    141
1434363  1        82      401     401
1444396  1        33      1176    93
1446485  1        3       131     3
1448619  1        120     127     125
1448795  1        104     3292    1439
1453517  2        99      2747    127
Time taken: 3.408 seconds, Fetched: 10 row(s)
hive> desc Timefeatures;
OK
rank                    string

n                       bigint

n1                      bigint

n2                      bigint

n3                      bigint

Time taken: 0.179 seconds, Fetched: 5 row(s)
```

图 9-11 特征数据表

从图 9-11 中可以看出，TimeFeatures 表中只存在 5 个数据字段，不包含 label 字段，label 字段存在于完整数据集中，因此需要对 TimeFeatures 和 AdData 表进行连接。完成特征构建后，读取 TimeFeatures 表和 AdData 表的数据并根据 ranks 字段进行连接，选取 4 个特征字段、dt 字段和 label 字段，并保存至 FeaturesData 表中，如代码 9-15 所示。

代码 9-15 构建 FeaturesData 表

```
val FeaturesData=spark.read.table("ad_traffic.TimeFeatures").join(
    data,ranks).select(col(ranks),col("dt"),col("N"),col("N1"),col(
    "N2"),col("N3"),col("label").cast("double"))
FeaturesData.write.mode(SaveMode.Overwrite).saveAsTable(
"ad_traffic.FeaturesData")
```

执行代码 9-15 后，在 Hive 中查询 FeaturesData 表的数据、字段名称及类型，如图 9-12 所示。

```
hive> select * from FeaturesData limit 10;
OK
9        1        1        3        10        10        0.0
9        1        1        3        10        10        0.0
22       1        1        52       229       207       1.0
22       1        1        52       229       207       1.0
50       1        1        26       140       34        1.0
50       1        1        26       140       34        1.0
62       1        1        28       555       555       1.0
62       1        1        28       555       555       1.0
64       1        1        11       526       503       1.0
64       1        1        11       526       503       1.0
Time taken: 0.416 seconds, Fetched: 10 row(s)
hive> desc FeaturesData;
OK
rank                     string
dt                       string
n                        bigint
n1                       bigint
n2                       bigint
n3                       bigint
label                    double
Time taken: 0.089 seconds, Fetched: 7 row(s)
hive>
```

图 9-12　FeaturesData 表

3. 特征标准化

如果特征之间的值存在很大的差异，那么可能会导致某一特征对模型的预测结果有着更大且不合理的影响，因此需要对特征数据进行标准化处理。由于特征数据之间的差值较大，因此将使用最小值—最大值归一化进行处理。

将需要进行归一化的字段合并至同一个向量中，再使用 MinMaxScaler()方法对其进行处理，如代码 9-16 所示。

代码 9-16　最小值—最大值归一化

```
// 实例化 SparkContext
val spark = SparkSession.builder()
  .config("spark.some.config.option","true")
  .master("local[4]")
  .appName("Scaler")
  .enableHiveSupport()
  .getOrCreate()
spark.sparkContext.setLogLevel("WARN")
// 读取表数据
val data = spark.read.table("ad_traffic.FeaturesData")

val VectorData = new VectorAssembler()
  .setInputCols(Array("N","N1","N2","N3"))
  .setOutputCol("VectorFeatures")
  .transform(data)
//最小值—最大值归一化
val MaxMin = new MinMaxScaler()
  .setInputCol("VectorFeatures")
```

```
    .setOutputCol("features")
    .fit(VectorData)
val dataScaler = MaxMin.transform(VectorData)
```

进行数据归一化后，使用 randomSplite()方法将数据按 7:3 进行划分，分别保存为 modelData 模型训练数据和 testData 模型测试数据，modelData 用于后续的模型构建与评估，testData 则用于模拟真实的模型应用阶段，如代码 9-17 所示。

代码 9-17 数据分割

```
val Array(modelData,testData) = dataScaler.randomSplit(Array(0.7,0.3))
modelData.write.mode("overwrite").option("header","true").saveAsTable(
    "ad_traffic.ModelData")
testData.write.mode("overwrite").option("header","true").saveAsTable(
    "ad_traffic.TestData")

println("模型训练数据量: "+modelData.count())
println("模型后期加载数据量: "+testData.count())
```

执行代码 9-17，可查看到 modelData 和 testData 的数据量，如图 9-13 所示。

```
模型训练数据量: 163967
模型后期加载数据量: 70078
```

图 9-13 模型数据量查看

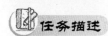

任务 9.4 构建与评估分类模型

构建与评估
分类模型

任务描述

在 9.3 节中已构建好模型的特征数据，本节的任务是使用逻辑回归算法和随机森林算法构建分类模型，并进行模型预测与评估。经过对不同模型的效果对比，选择效果较好的模型并应用至实际的模型加载及预测中。

9.4.1 构建与评估逻辑回归模型

通过观察 label 字段可以看出，广告流量作弊识别为经典的二分类问题，即该广告访问记录是否为作弊访问记录。

逻辑回归是解决二分类问题的一个经典模型，而且逻辑回归的原理简单，对于二分类问题的预测准确率也较高。在模型构建与评估中，编写的 Spark 程序将不以本地模式运行，而是对 Spark 程序进行编译打包，使用集群模式将程序上传至集群中运行，因此在 IntelliJ IDEA 中的 SparkSession 的实例化和部分参数的设置将会被调整，如代码 9-18 所示。

代码 9-18 SparkSession 的实例化和集群连接部分参数的设置

```
// 以逻辑回归代码文件实例化为例
// master 设置为 Spark 任务接收端口，appName 设置为该任务所对应的名称，此任务为逻辑回归，
// 因此设置为 Logistic
val spark = SparkSession.builder().enableHiveSupport()
```

```
    .master("spark://192.168.128.130:7077")
    .appName("Logistic")
    .enableHiveSupport()
    .getOrCreate()
spark.sparkContext.setLogLevel("WARN")
// 设置数据位置和模型保存位置为自定义输入参数，在 spark-submit 提交程序时设置具体的值
val inputTable = args(0)
val output = args(1)
```

1. 构建逻辑回归模型

在第 8 章中已介绍了 Spark MLlib 常用的机器学习算法的调用。使用 LogisticRegression() 方法设置相关正则化系数和最大迭代次数等相关参数。经过参数调优，发现将最大迭代次数设置为 15、正则化系数设为 0.03、其余相关参数为默认值时，模型效果较好。

使用 randomSplit() 方法先将数据集按 7:3 的比例随机划分为训练集和测试集，调用 LogisticRegression() 方法进行模型构建，该方法所使用的数据类型为 LablePoint 类型。LogisticRegression() 方法会自动将列名为 features 的字段作为特征字段，将列名为 label 的字段作为标签字段，因此构建模型时无须进行特征字段和标签字段的参数设置，如代码 9-19 所示。

代码 9-19　逻辑回归模型

```
// 读取表数据并进行切分
val ModelData = spark.read.table(inputTable)
val Array(train,test) = ModelData.randomSplit(Array(0.7,0.3))
// 构建并训练逻辑回归模型
val model = new LogisticRegression()
    .setElasticNetParam(0.03)
    .setMaxIter(15)
    .fit(train)
```

2. 评估逻辑回归模型

模型训练好后对测试数据进行预测，Spark MLlib 为模型提供多种评估标准，本文选择较为直观的 accuracy（准确率）进行评估，使用 MulticlassClassificationEvaluator 对象构建模型评估器，设置标签字段名称和预测标签字段名称，并设置评估标准为 accuracy，对测试数据的预测结果进行准确率计算，如代码 9-20 所示。

代码 9-20　逻辑回归模型评估

```
val pre = model.transform(test)
pre.select("label","prediction").show()
val evaluator = new MulticlassClassificationEvaluator()
    .setLabelCol("label")
    .setPredictionCol("prediction")
```

```
    .setMetricName("accuracy")
println("Logistic Model Accuracy: " + evaluator.evaluate(pre))
```

当对模型完成构建、训练、评估一系列操作后，可以对效果优良的模型进行保存。若后续需要对未知类别的广告流量数据进行作弊识别时，可直接加载保存好的模型并进行应用，模型的保存方法如代码 9-21 所示。

代码 9-21　模型保存

```
model.write.overwrite().save(output)
```

将工程编译打包，命名为 Model.jar。将 JAR 包上传至 Linux 的/opt 目录下，使用 spark-submit 提交程序至集群中运行，如代码 9-22 所示，设置输入数据为 ad_traffic.ModelData 表，设置模型的保存路径为 HDFS 的/Model/Logistic 目录。

代码 9-22　提交 Spark 程序

```
spark-submit --master spark://master:7077 \
--class Logistic /opt/Model.jar ad_traffic.ModelData /Model/Logistic
```

在代码 9-22 中，Spark 程序的运行模式为 Spark 的独立集群模式，执行代码 9-22，将看到测试数据的预测结果和模型评估的准确率，如图 9-14 所示。

```
+-----+----------+
|label|prediction|
+-----+----------+
|  1.0|       1.0|
|  0.0|       0.0|
|  0.0|       0.0|
|  1.0|       1.0|
|  0.0|       0.0|
|  1.0|       1.0|
|  1.0|       1.0|
|  1.0|       0.0|
|  1.0|       1.0|
|  1.0|       1.0|
|  1.0|       1.0|
|  0.0|       0.0|
|  1.0|       0.0|
|  1.0|       0.0|
|  1.0|       1.0|
|  1.0|       1.0|
|  1.0|       1.0|
|  1.0|       1.0|
|  0.0|       0.0|
|  1.0|       1.0|
+-----+----------+
only showing top 20 rows

Logistic Model Accuracy: 0.8588490770901195
```

图 9-14　逻辑回归模型部分预测结果及准确率

从图 9-14 中可以发现，逻辑回归模型预测的准确率较高，约为 85.9%，对大部分的作弊访问记录都可以进行识别。

9.4.2　构建与评估随机森林模型

随机森林算法是在决策树算法基础上改进的集成算法，可以由多棵决策树组合而成，对于二分类问题和多分类问题都有着优秀的预测效果。

1. 构建随机森林模型

在 Spark MLlib 中已对随机森林算法进行封装，与逻辑回归算法不同，随机森林算法需要使用的数据类型为 Vector 类型，因此需要设置相应的特征字段名称和标签字段名称。

完成相应的实例化、数据读取及数据分割后，使用 RandomForestClassifer()方法设置特征字段名为 features、标签字段名为 label，如代码 9-23 所示。

代码 9-23　随机森林模型构建

```
// SparkSession 实例化
val spark = SparkSession.builder()
  .appName("RandomForest")
  .master("spark://192.168.128.130:7077")
  .enableHiveSupport()
  .getOrCreate()
spark.sparkContext.setLogLevel("WARN")
val inputTabel = args(0)
val output = args(1)

val ModelData = spark.read.table(inputTabel)
val Array(traing,test) = ModelData.randomSplit(Array(0.7,0.3))
// 使用 5 棵决策树所构建的随机森林模型准确率较高
val rf = new RandomForestClassifier()
  .setFeaturesCol("features")
  .setLabelCol("label")
  .setNumTrees(5)

val model = rf.fit(traing)
val pre = model.transform(test)
pre.select("label","prediction").show()
```

2. 评估随机森林模型

构建随机森林模型及训练数据后，使用该模型对测试数据进行预测。由于需要对逻辑回归算法和随机森林算法构建的模型进行比较，因此使用同一种评估方法评估两个模型的优劣，即依旧使用 MulticlassClassificationEvaluator 对象评估模型的准确率，如代码 9-24 所示。

代码 9-24　随机森林模型评估

```
// 模型评估, 设置评估标准
val evaluator = new MulticlassClassificationEvaluator()
  .setLabelCol("label")
  .setPredictionCol("prediction")
  .setMetricName("accuracy")
println("RandomForest Model Accuracy: " + evaluator.evaluate(pre))
model.write.overwrite().save(output)
```

将工程编译打包，命名为 Model.jar（覆盖打包）。将 JAR 包上传至 Linux 的/opt 目录下，使用 spark-submit 提交程序至集群中运行，如代码 9-25 所示。设置输入数据为 ad_traffic.ModelData

表,设置模型的保存路径为 HDFS 的/Model/RandomForest 目录。

代码 9-25   随机森林模型运行

```
spark-submit --master spark://master:7077 \
--class RandomForest /opt/Model.jar ad_traffic.ModelData /Model/RandomForest
```

执行代码 9-25 后,可以看到测试数据的预测结果和模型评估的准确率,如图 9-15 所示。

```
+-----+----------+
|label|prediction|
+-----+----------+
|  1.0|       1.0|
|  0.0|       0.0|
|  0.0|       0.0|
|  0.0|       0.0|
|  1.0|       1.0|
|  0.0|       0.0|
|  1.0|       1.0|
|  0.0|       0.0|
|  1.0|       1.0|
|  0.0|       0.0|
|  1.0|       1.0|
|  1.0|       1.0|
|  1.0|       1.0|
|  0.0|       0.0|
|  1.0|       0.0|
|  1.0|       1.0|
|  1.0|       1.0|
|  0.0|       0.0|
|  0.0|       0.0|
|  0.0|       0.0|
+-----+----------+
only showing top 20 rows

RandomForest Model Accuracy: 0.9114584386436703
```

图 9-15   随机森林模型预测结果及准确率

随机森林模型的准确率约为 91.1%,对比逻辑回归模型,准确率提高了 5.2%左右。逻辑回归模型的实现比较简单,本质是在线性回归模型上加入了 sigmoid 函数,但在进行模型预测时很容易出现梯度消失的情况,而随机森林模型在数据足够的情况下的准确率更高。

9.4.3   模型加载

在实际的应用场景中,数据往往是实时产生的、没有类别的,而且数量非常庞大,不可能一有新数据产生就构建一次模型,所以在模型构建时会对效果较优的模型进行保存,之后若有新数据产生则可以直接加载保存好的模型对数据进行识别。

若想加载已构建好的模型,需要确定保存好的是什么模型,再使用相应的方法进行加载。如加载 9.4.1 小节和 9.4.2 小节中保存的逻辑回归模型和随机森林模型,对于逻辑回归模型使用 LogisticRegression Model 的 load()方法进行加载,对于随机森林模型使用 RandomForest-ClassificationModel 的 load()方法进行加载,如代码 9-26 所示。同时读取 9.3 节中分割出的 TestData 数据集,模拟新产生的数据,使用加载好的模型对新数据进行预测。

代码 9-26   模型加载与使用

```
// 实例化 SparkSession
val spark = SparkSession
    .builder()
```

```
    .master("local[3]")
    .appName("LoadModel")
    .enableHiveSupport()
    .getOrCreate()
// 设置日志级别为 Error
spark.sparkContext.setLogLevel("Error")
// 读取数据
val TestData = spark.read.table("ad_traffic.TestData")
// 加载逻辑回归模型并使用
val LogisticModel = LogisticRegressionModel.load(
    "hdfs://192.168.128.130:8020/Model/Logistic")
val LogisticPre = LogisticModel.transform(TestData)
    val LogisticAcc = new MulticlassClassificationEvaluator()
    .setLabelCol("label")
    .setPredictionCol("prediction")
    .setMetricName("accuracy")
    .evaluate(LogisticPre)
println("逻辑回归模型后期数据准确率: " + LogisticAcc)
// 加载随机森林模型并使用
val RandomForest = RandomForestClassificationModel.load(
    "hdfs://192.168.128.130:8020/Model/RandomForest")
val RandomForestPre = RandomForest.transform(TestData)
val RandomForestAcc = new MulticlassClassificationEvaluator()
    .setLabelCol("label")
    .setPredictionCol("prediction")
    .setMetricName("accuracy")
    .evaluate(RandomForestPre)
println("随机森林模型后期数据准确率: " + RandomForestAcc)
```

分别加载不同的模型对 TestData 数据集进行预测后，准确率如图 9-16 所示。

逻辑回归模型后期数据准确率：0.8587003053740118
随机森林模型后期数据准确率：0.9099289363280916

图 9-16　模型加载与使用结果

TestData 数据是从原始数据中抽取，作为模拟产生的新数据，其含有标签列，可以对预测结果进行准确率计算。而在真实业务场景中产生的新数据是没有标签的，因此在建模阶段要尽可能得到一个效果较优的模型。通过对比图 9-15 所示的计算结果可以了解到，保存的模型再次加载后并不会影响效果。

小结

本章展示了广告检测的流量作弊识别案例，从案例背景、实现目标、需求分析及系统架构设计展开，较为完整地实现了广告流量作弊识别，同时揭示了大数据技术在打击网络违法方面的巨大作用。在实现的过程中，数据探索分析、处理缺失值字段、构建特征、数据标准化、模型构建、模型评估、模型加载与应用等阶段均提供了相关的分析思路与参考代码，以便于读者实际操作。期望通过项目案例中每个环节的实现过程，读者能够深入体会 Spark 技术在真实生产环境中发挥的作用。必须指出的是，为了方便展示实现过程，本章使用的案例是一个经过简化的实现版本，实际业务环境下的工作版本会更加完整与复杂。